선박공작법

김옥삼

GS인터비전

머리말

배를 만드는 선박제조법은 강판 구조를 부품 절단·접합·조립하여 블록의 탑재, 정렬시킨 부품·기기장치 등을 배치·부착을 하는 거대한 종합 조립산업이다. 기존의 선박공작법에 관한 책들은 강선 공작기술의 진보와 국제규칙 등의 조선업을 둘러싸고 있는 세계의 변화에 의하여 오늘날 조선소의 실태와 다르게 기술하고 있는 부분도 많다.

이 책에서는 선체를 제조하기 위한 각 조선소의 개별정보가 상세하게 설명하고, 귀중한 기술자료를 제공하고 있다.

그러나 그와 같이 자세한 내용들은 외부인들에서 공개하는 것은 곤란한 점도 있고, 대학 학부나 대학원 교육에 이용하는 것도 적당하지 않았고, 또 설명이 너무 상세하여서 혼자서 공부할 수 있는 분량을 넘었기 때문에, 축약된 내용을 압축한 출판을 원하였다.

제1장은 강선공작의 전반적인 흐름을 대략 설명한 후 제2장에서 공작·건조의 요소기술, 즉 강판의 절단·굽힘 가공, 조립, 블록탑재, 진수, 용접, 도장에 관하여 해설하고 제3장에서는 각종 공장설비에 관하여 소개하고 있다. 그리고 제4장에서는 생산관리 개요와 공정계획·관리기술을 해설하였으며 제5장에서 건조공정에서 품질관리를 설명하고 있다. 그리고 제5장 까지 내용에 관련하여 보충설명이 필요하다고 판단되는 진수공작법, 안전위생, 현도에 관하여 제6장에서 제8장까지 설명하고 있다. 각장의 내용은 기본적으로 개정판에 준거하고 있지만 2.7절(塗装)이 IMO도장 성능기준에 대응하는 내용으로 변경하는 등 최신정보를 반영시키기 위하여 많은 변경을 하였다.

2018년 3월

저자

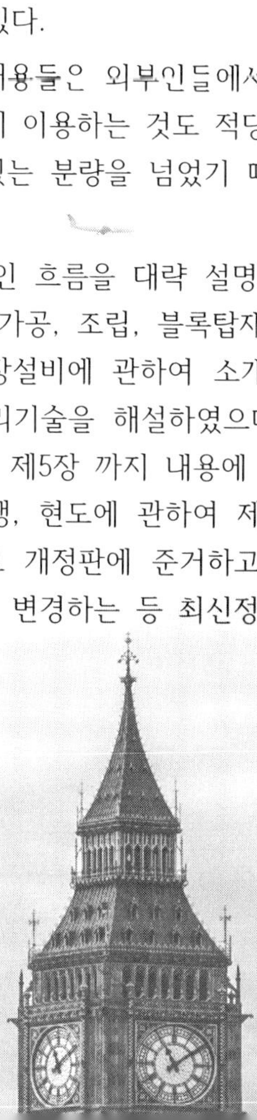

차 례

01

총론

1.1 강선건조(鋼船建造)의 변천

강철로 선박을 건조하는 공정은 선대위에서 선저판에 가공되어진 골재를 직접 선대위에 배치시키고 이것에 판을 한 장씩 리벳팅(riveting) 접합하는 이른바 리벳건조법부터, 현재의 용접에 의한 블록건조법에 이르기까지 공작법상의 많은 어려움이 있었는데 여러 사람들의 노력에 의해 어려운 난점이 극복되었다.

최초로 용접 건조법이 채용될 때는 제1차 세계대전의 말기 경이였는데 이 무렵은 용접에 대한 신뢰성이 낮아, 선박의 중요 부분에는 적용하지 못하였다. 제2차 세계대전을 계기로 선복(船腹) 수요증대에 따라 각 나라에서도 적극적으로 용접을 채용하였고 특히 미국에서는 전시표준선을 비롯한 약 4,700척에 이르는 선박을 전체 용접으로 건조시켰으나, 2~3년간 중에 1/5에 이르는 1,000척이 외부 충격없이 자기취성(自己脆性)으로 파괴되었고, 그 가운데는 항행 중에 선박이 두 넝어리로 쪼개지는 참사도 발생하였다. 이러한 전시표준선은 블록건조 방식의 모체가 되는 방법으로 양산되었다.

이후 각국은 선체건조에 용접을 적용시킨 경우의 여러 문제점을, 활발하게 종합적으로 연구하였고 그 결과를 재료, 설계 및 공작법 등의 각 방면으로 많은 개량과 진보를 이루었으며 귀중한 경험을 획득하면서 블록건조 기술이 점차 확립되어 졌다.

용접법으로 제작한 선박이 블록건조 쪽으로 전환이 본격적으로 시작한 것은 1960년대 무렵부터 이지만 조선업이 조립 산업으로 체질개선하는 것에 5, 6년 세월이 경과하였다. 블록을 지상에서 조립하는 새로운 건조법 채용으로 내·외업 조직이 발족되고 부재(部材) 가공공정이 조립공정에서 분리·독립하여 전문화되었다. 또 부품도의 작성 기능으로 생산설계가 이루어지기 시작하였다. 그러나 초기의 정밀도 중점은 조립공정에서 부재 가공정밀도 불량을 보완하기 위하여 선대에서 수정기능을 발휘하며, 근로자의 기능 숙련도에 의지하는 생산형태가 대세를 이루고 있었다.

약간의 불확정 요소가 있더라도 해결하는 것이 중요한 과제이므로, 통계적인 품질관리 기법 도입이 계기가 되어 정밀도 향상과 조립순서 표준화가 진행되었다. 조립작업의 순서를 정상화시키고 공정의 단순화를 도모하여 관리기술의 향상과 맞물려 조선업에서도 택트 시스템(tact system) 적용 가능 및 부재형상 정밀도 향상으로 조립작업을 용이하게 할 수 있었다.

블록 건조법은 단순히 선각공작법의 혁신뿐만이 아니라 의장을 포함한 선박 건조공정 전반에 있어서도 공기단축(工期短縮)과 생산성 향상을 지향하여 여러 가지 합리적인 대책의 기초가 되었다.

1950년대 중반 이후에는 선박 생산관리 기술이 발전하여, 컨베이어에 의해 흐름 작업방식을 도입되어 근대적인 조선공정이 형성되었다. 당시의 기술개발 가운데 가장 주목되어진 것 중의 하나는 서브머지드 아크 용접법(submerged arc welding)을 중심으로 편면(片面)용접의 개발과 보급이다. 이 용접법에 의해 평판 블록의 반전 작업이 불필요하게 되었고, 컨베이어 시스템과 병용하여 공정의 분화가 촉진되었다.

1960년대 후반, 대폭적인 선대 기간 단축이 도모되었으며 건조 기점을 두 점 또는 세 점으로 하는 다점(多點) 건조방식이 채용되었다. 용접기술 면에서 중력 용접법이 광범위하게 적용되어졌으며, 또 선대에서는 종강도(縱强度)에 직접 영향을 미치는 선측외판 등의 후판 입향 맞대기 용접에 일렉트로 슬래그(electro slag) 용접법이 실용화되었다. 이후 선체 대형화에 대처하기 위하여 도크건조를 주체로 레이아웃(lay out)이 이루어졌으며 작업단위 통일, 유사성

표 1-1 고안된 주요 건조법

공법/방식	목적/내용
2분할, 3분할 다점 건조방식	대형 건조도크의 고도 활용을 위하여 생산성 증대, 기공·진수·탑재 최성기를 통하여 작업량 평균화를 목적으로 하는 건조법
프리이렉션 공법	선각의장 공사를 할 때 크리티컬 패스(critical path)가 되는 선미기관실, 거주구 등을 지상에서 선행건조를 하는 공법
감마시스템	일련의 조립공정에서 시작하여, 블록 탑재전 지상에서 실제로 블록 상호를 결합하고 수정하는 것에 의하여, 선내작업의 지상화, 작업환경 개선을 목적으로 하는 공법
작업유니트 공법	선체 그대로를 공장화시킨 높은 장소에서 작업방식, 작업환경 개선을 목적으로 하는 공법
로터스 시스템	선체를 모듈화로 분할하고 각각의 블록 상호위치를 결정·부착·용접은 지상의 기계장치를 구사하고 옥외작업의 옥내화로 인하여 작업환경 개선·능률향상을 도모하기 위하여 각 모듈의 부착하기까지 기계화·자동화하는 공법

집약, 부재 흐름의 계열화와 같은 대량생산 수법을 적용하기 위한 조선공업 장치화가 가속되어졌다. 그 후에도 환경안전을 고려하여 점차 건조공법을 합리화하기 위한 연구와 개발이 지속적으로 이루어져 표 1-1에 표시한 것과 같이 여러 가지 공법이 고안되어 졌다.

근래는 공장자동화와 무인화가 이루어져 NC 플라즈마·레이저 절단기에 의해 절단 능률화와 정밀도가 향상되고 있다. 용접기술은 1970년대에 각종 편면용접법이 실용화되어졌고, 1980년대에 이르러서는 탄산가스 아크용접법(CO_2용접)이 급속도로 진보되었고, 간이 자동용접기가 조선용접의 주류를 이루게 되었다. 공작법도 진화하여서 종통재(longitudinal)의 선행부착, 트랜스(trans)의 인입공정 등이 보급되어 졌다. 블록 정밀도에 관해서는 대형 구조물 계측이 가능한 3차원 계측기가 보급되어 블록탑재의 사전검증이 가능하게 되었다. 1990년대 이후에 3차원 CAD(computer aided design)의 본격적인 보급, 의장일체화 촉진, 알루미늄합금이나 극후강판(極厚鋼板) 등의 비 재래재료 공작법 고도화, 레이저 용접 도입 등의 선체제작법 기술 고도화를 지향하는 노력이 계속되었다.

1.2 의장·도장 공작법

선체 블록건조와 프리 이렉션(pre erection) 건조 보급에 따라서 의장에서도 조기의장이나 공사 지상화가 일반화되었다. 구체적으로는 대 조립 공정기간에 첫 스테이지(stage)에서 제작한 블록에서 의장을 하는 블록 의장방식, 플랫폼 상태의 기관실 블록 상에서 보조기계 유닛·파이프 등을 의장하는 플랫폼 의장, 상부 구조를 지상에서 층상으로 조립의장을 하는 상부층상 의장방식 등이 보급되었다. 근래는 여러 가지 실내의장이 조기에 개시되고, 블록탑재까지 호스 테스트, 파이프 종류의 수압 테스트, 방열재 및 내장 등이 완료되는 것이 보통이다.

또 선각·의장·도장에 대한 일체 생산관리 방식이 정착되어져 설비개선, 컴퓨터 도입 및 QC(quality control)수법의 도입 등에 의해 시공법과 공작정밀도가 향상되어 졌다. 조선소 현장에 밀착된 생산설계 개념이 정착되어 생산성 향상, 공사 합리화, 가공 외주가 촉진되고 의장품 유닛(unit)화, 품질 향상, 의장 공정수 감소가 이루어 졌다. 도장작업에서는 블록도장이 일반화되었고, 블록도장이 옥내 공장에서 이루어져 날씨에 좌우되지 않는다.

IMO(국제해사기구)에서 규정한 높은 품질의 발라스트 탱크 도장사양이 의무화되어져, 도장공사 중요성이 증대하여, 조선소 공장마다 다양한 검토가 이루어지고 있다. 구체적으로는 온도와 습도관리 정비와 더불어 도장공장에서 블라스트(blaster) 처리, 에칭(etching) 처리 등 강재 처리법의 고품위화, 검사·계측·기록 등의 품질관리 체계 강화, 도장검사 유자격자를 포함한 전문기술자 육성, 도장에 용이한 선체 구조형상 및 다양한 형상의 형강(形鋼) 사용 등이 구체적인 방안으로 진행되고 있다.

1.3 강선건조 과정

강성건조 과정을 그림 1-1에 나타냈다.

1.3.1 기본설계

배를 건조할 때에는 우선 화물과, 승객의 적재능력, 속력, 항로 등 배의 제원 성능에 관한 사항을 기초로 기본설계 및 선가산정을 한다. 즉, 선형, 선체각부의 주요치수, 주기관(main engine)의 종류 및 출력 등이 결정되면 선도, 일반배치도, 중앙 횡단면도, 강재구조도, 또는 주 기계 및 보조기계 배치 등을 설계를 한다. 이러한 선체 설계와 더불어 여러 기계들의 성능, 요목, 사용재료, 비품장치들의 사양도 결정한다. 이와 같이 기본설계를 완료하여 선박가격을 결정하고, 선주와 조선소 사이에 정식 발주계약이 맺어진다.

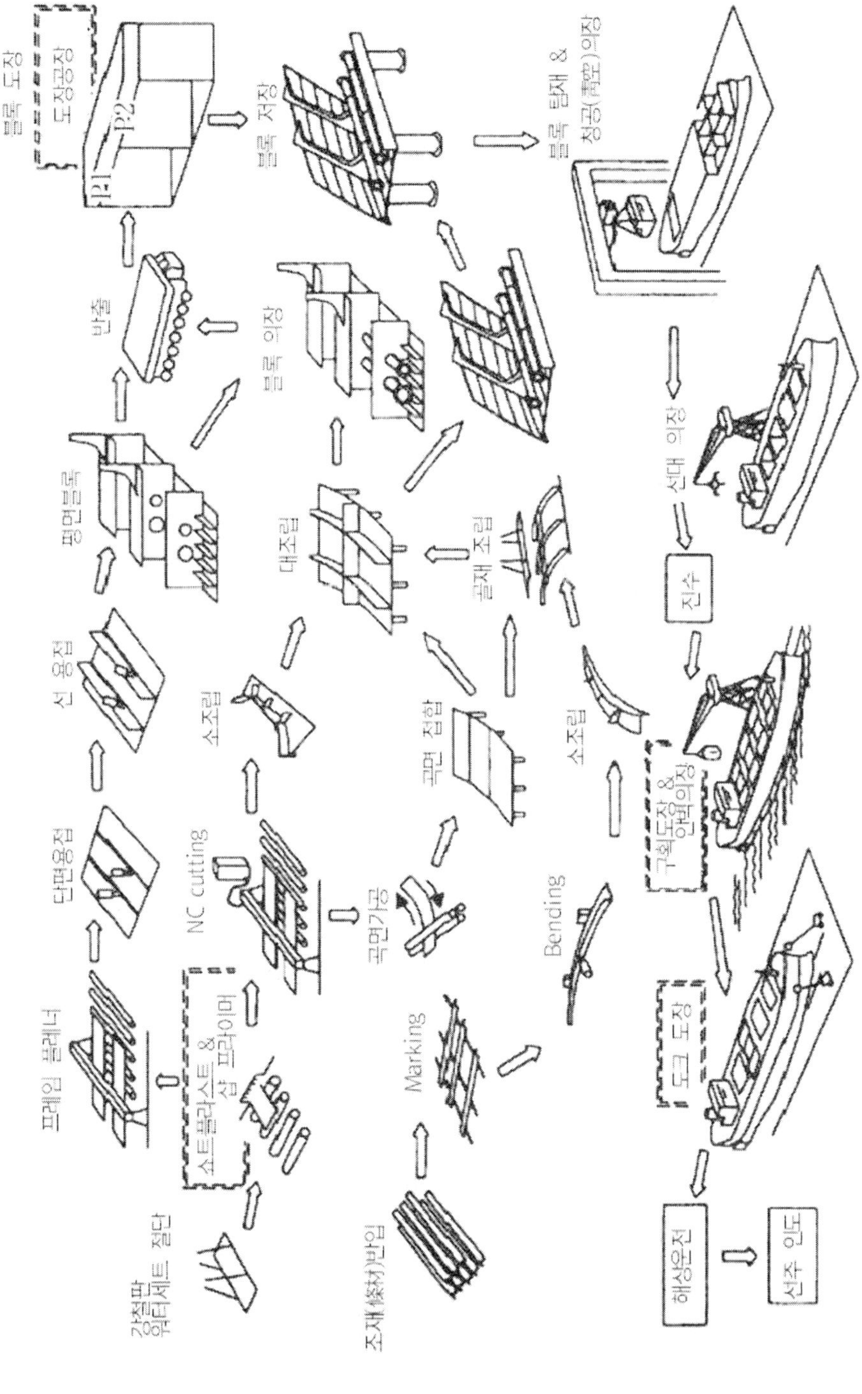
강철판 워터제트 절단
쇼트블라스트 & 샵 프라이머
프레인 플레너
단면용접
선 용접
평면블록
반출
블록 도장
도장공장
P1
P2
블록 저장
블록 탑재 & 청공(靑空)의장
NC cutting
소조립
대조립
블록 의장
곡면가공
곡면 접합
골재 조립
조재(條材)반입
Marking
Bending
소조립
선대 의장
진수
구획도장 & 안벽의장
도크 도장
해상운전
선주 인도

그림 1-1 강선건조 과정

1.3.2 상세설계

기본설계가 확정되면 상세설계를 진행한다. 상세설계는 선각구조, 갑판의장, 거주구 의장, 기관 의장 및 전기 의장 등으로 나누어서 시행한다. 예를 들면 선각구조는 중앙 횡단면도 등을 기본으로 강재배치도, 외판전개도, 기관실 구조도, 선수와 선미 구조도 등이 작성되어 진다. 이 단계에서 재료 예산이 산출되고 재료 발주가 이루어져야 한다.

상세설계에 이어서 생산설계를 한다. 상세설계 정보에서 공작기술상의 지침에 따라서 현도작업을 하며 관리 지표를 기입한 공작도를 작성한다. 생산설계 등은 기본설계와 기능설계에 기초를 두고 선체 각부 등에 필요한 부재 형상이나 가공방법, 부품명칭 등을 도면에 그리는 작업이며, 이 도면을 기반으로 현장에서 가공이나 조립을 한다. 생산설계는 효율이 좋고 확실한 건조를 위해 "어떻게 만들 것 인가"를 제안하는 기본정보로 이루어져 있다.

생산설계는 선체 관계와 의장 관계로 나누어져 있다. 선체 관계에서는 블록분할도, 선각공작도 및 일품데이터로 구별된다. 블록분할도는 가장 큰 단위 도면으로서 선박 전체를 어떻게 블록으로 분할할 것인가를 표시하고 있다. 일품(一品) 데이터는 각 부재 가공방법을 일품으로 나타내고 있기 때문에 가장 작은 단위로 구성되어 있다. 의장 관계도 부착도, 의장 공작도, 일품 데이터로 나누어져 있다.

(1) 현도

컴퓨터 기술의 발전과 더불어 현도작업은 제도사의 손으로 그리는 것으로 부터 수치계산에 의한 그래픽 작업으로 옮겨가는 추세이다. 컴퓨터에 의해 수치처리에서 현도정보를 작성하는 작업이 수치현도이다. CAD나 CAE의 도입에 의해 설계정보도 수치화되어져 있기 때문에 설계에서 현도, 가공까지 일관된 관리가 가능한 정보처리 시스템이 개발되어져 있다. 이 때문에 제조부분에 속해 있던 현도 제작이 설계부분으로 이관되는 경우가 많다.

(2) 공작도

상세설계 단계에서 작성되는 선각구조도, 여러 가지 의장도 등을 기반으로 선각공사 시공요령 등의 선체제조 기술상 소정의 지침이 들어가 있는 공작도 및 부재표가 부재별, 블록별 및 구획별로 작성되어 있다. 공작도에서는 각 스테이지(stage)에 대응하는 소 조립도, 대 조립도 및 부착도 등이 있고, 이 공작도에 의해서 실제 작업을 하고 있다. 또 이 단계에서 소 조립 부재 및 블록 중량, 용접길이가 산출되어 각 스테이지에서 생산관리 지표로 활용된다.

1.3.4 가공

(1) 가공 스테이지 역할과 특색

가공 스테이지는 강철판재 반입에서 표면처리, 마킹, 절단, 굽힘 가공을 하며 그 부재를 블록단위에 분류하기까지 공정이다. 제철소에서 배나 차량으로 운반되어져온 강재를 크레인으로 받아 조선소로 들여오는 작업, 적재 및 반입은 크레인 사용이나 컨베이어화 등의 성력화(省力化)가 시도되고 있으며 정보처리 기술에 의해서도 공정단축을 지향하는 시도들이 계속 이루어지고 있다.

현재는 수치제어(Numerical Control)를 이용한 NC 마킹(Numerical Controlled Marking)에 의해 각인(刻印)과 그리기가 주류를 이루고 NC 플라즈마 절단기 적용범위 확대에 의해 강재와 철판 등의 절단 고속화가 시도되고 있다. 굽힘 가공은 유압프레스(hydraulic press), 벤딩 롤러(bending roller)등의 냉간 굽힘과 가열 굽힘이 병용되고 있으며 굽힘 가공에서 공장 자동화가 도모되고 있다.

(2) 가공 스테이지 변천

과거 조선업은 노동집약형 산업의 전형으로 공장자동화가 곤란하였으나, NC 기술 도입이 선체공작법을 크게 변혁시키는 추진력이 되었고, NC는 성력화로 가는 유력한 수단이었다. 효과로서는

① 부품 정밀도 향상에 의해 조립 등 후 공정 생산원가 절감
② 오작 감소로 인하여 버리는 자재나 공정수 저감
③ 현장 공정의 안정 및 단축
④ 설계 및 현도공정 안정화
등을 들 수 있다.

(3) 가공작업 내용

① 표면처리 방법

강재적재 야드(steel storage yard)에서 내업 공장으로 반입되어진 강판은 쇼트 블라스트(shot blast)처리로 강재표면 흑피(mill scale)을 제거하고 샵 프라이머(shop primer)가 도장된다. 쇼트 블라스트는 φ1~2 mm 크기의 강구(鋼球)를 강판에 타격을 하는 것이다. 샵 프라이머 도장은 블록 건조 중인 강판의 방식(防蝕)이나 후 공정도장 면과 밀착성을 좋게 할 목적으로 실시한다.

② 그리기, 절단방법

그리기는 NC 마킹으로 이루어지고 있으며, 그리기 공정에서 용접 개선(groove) 표시, 부재명칭 등의 표기를 한다. 절단기에 관해서는 프레임 플레이너(flame planning machine), NC 플라즈마 절단기(numerical controlled laser & plasma cutting Machine)가 보급되어져 있다.

③ 굽힘가공 방법

프레스(press) 보급에 의해 냉간가공(cold working) 적용 범위가 확대되어 졌다. 냉간 굽힘가공 확대에 의해 고도 기술을 요구하는 선상 가열(line heating)에 의해 가열 굽힘 가공에서 공정수 저감이 시도되고 있다. 고주파 유도가열 굽힘장치(induction line heating machine)이나 곡률선 전개법 소프트웨어 도입에 의해 철판의 굽힘 가공에서 탈 기능화를 도모하는 조선소도 많다.

1.3.5 조립

(1) 조립 스테이지 역할과 특색

선체를 건조한다는 것은 다수의 철판이나 형강 등의 소재를 미리 가공과 각각의 부품을 제작하고 그 일부를 정반 위에서 결합시켜 부품 대형화를 한다. 그리고 조립정반에서 이 부품을 운반시켜 블록을 제작한다. 또 이 블록들을 결합시켜 큰 블록을 제작하는 조선소도 있다. 마지막 공정에서는 각각의 블록을 선대 위 또는 도크에서 탑재시켜 총 조립에 의하여 최종적으로 선체를 완성하는 것이다. 일반적인 조립공정은 블록을 선대 위 또는 도크에서 탑재하기 전까지 공정을 말한다.

(2) 조립 스테이지 변천

크레인 대형화, 선형 대형화, 선대기간을 단축하는 추세에 따라서 조립공장이 대형화되었고, 옥내 전문공장(내업공장)이 출현하였으며, 대 조립 공장과 소 조립공장으로 분리되어 졌다.

소 조립부터 대 조립 공정에 있는 여러 작업은 조선소에서 다수 직종의 작업을 필요로 하고 있다. 그리고 블록 의장과 블록 도장이 이루어져야하기 때문에 탑재 전 까지 의장도장 직종을 필요로 하는 경우도 많다. 이와 같이 복잡한 공정을 가진 블록조립은 제한된 작업면적에서 동시에 다수 조립을 하여야 하는데, 그것들의 완성 시기는 가능한 일치시키는 것이 바람직하다. 그러므로 조립공정을 합리적으로 운영하고 소정 기간 내에 필요한 블록을 완성시키기 위해서는, 각 직종사이에 긴밀한 연락과 조정만으로는 불충분하며, 각각의 조립정반에서 발생한 문제를 긴급히 그리고 적절하게 처리하기 위해서는 콘트롤·엔지니어(control engineer)를 배치하여 강력한 통제를 하는 것이 필요하다. 현재는 생산정보 관리시스템에 의하여 공정 산포도(工程 散布度)와 손실을 시뮬레이션하여 평준화하고 있다.

(3) 조립 스테이지 내용

조립 스테이지는 크게 나누면 소 조립(sub assembly)과 대 조립(assembly)로 분류하는데, 이것은 공장 내에서 하는 경우가 많다.

1) 소 조립

각각의 부재와 철판 등의 가공과 대 조립 사이에 존재하는 공정으로 대 조립의 효율을 올리기 위한 스테이지이다. 고속으로 작동하는 크레인을 구비하여 비교적 소형 부재를 조립하는 것이다. 용접자세는 거의 아래보기(下向)을 취하도록 해야 한다. 대형 표준부재 조립에는 컨베이어를 사용하며 자동조립 장치도 이용된다.

소 조립의 대상부재는 선체내부 대골재(大骨材), 불워크(bulwark), 해치 코밍(hatch coaming), 마스트 포스트(mast post) 및 다이(die) 종류 등, 1 ton 미만 소형부재 부터 20~30 ton을 넘는 대형부재이다. 소 조립 부재는 트레일러 또는 해상운송에 의해 외부에서 납품되는 것도 가능하며, 그 일부를 사외 협력기업에서 외주로 가져오는 경우도 많다. 특히 조립 완성된 종통재(longitudinal)를 전문 제작회사에서 납품받는 경우가 많다.

2) 대 조립

대 조립은 외업(또는 총 조립) 스테이지에 블록을 공급하는 스테이지로서 내업의 최종공정이며 많은 조선소에서 공정 기계화와 자동화가 진행되고 있다. 통상적으로 선체 평형부 블록과 선수와 선미의 굴곡진 블록은 별도의 전용 공장에서 조립되어 진다.

평행부 블록용 공장에서는 컨베이어를 장착하는 경우가 많으며, 스킨 플레이트(skin plate)판 이음은 편면 자동용접이 널리 사용되고 있다. 조립공법은 각 조선소의 상황에 맞게 골조방식(骨組方式), 단판방식(單板方式) 및 대판방식(大板方式) 등이 채용되고 있다. 입향 자동용접이 보급되어져 용접 성력화와 고속화가 시도되고 있다. 굴곡진 부분의 블록은 전용 지그와 고정 장치(jig & fixture)상에서 가공 및 조립되는 경우가 많다.

조립이 완료되면 선급협회 및 선주 감독관의 검사를 반아야 하는데 그 전에 각 조선소 담당부서의 자주검사(自主檢査)를 하여 높은 공작품질 실현에 노력하는 조선소가 많다. 검사 후 탑재 전에 블록 의장과 블록 도장을 한다. 대 조립의 공사소모량은 거의 일정하므로 자유도는 적다. 탑재의 조기 전개를 우선으로 하는 경우는, 선행 제작되었던 상당량 블록을 조립할 필요가 있으므로 블록의장 장소를 포함하는 적재장소가 필요하다.

1.3.6 외업(外業)

(1) 외업 스테이지 역할과 특색

외업 스테이지 등은 일반적으로 조립공정에서 제작되어진 블록을 선대 위 또는 도크에서 탑재시켜 선체를 만들며, 선박을 진수시켜 도크에서 나가기까지 일련의 공정이다. 외업 스테이지는 선각공사의 마지막 공정이기 때문에 선각공사 품질을 종합적으로 보증할 수 있어야 한다. 의장 공사도 도크에서 선각공사와 병행하여 진행시켜야 하므로, 후속 의장공정에 대하여 충분한 검토와 조정을 할 필요가 있다.

외업 스테이지는 선각공사와 의장 공사의 접점이므로 각 직종사이에 공정조정을 면밀하게 해야 한다. 또 주로 옥외작업으로 이루어지므로 높은 위치 장소작업이나 매우 좁은 장소작업 등이 필요하기 때문에 제한된 작업환경에서 근로자들의 안전확보에 특별한 배려가 중요하다.

(2) 외업 스테이지 변천

오늘날 외업공사는 여러 개의 블록을 지상에서 결합하여 탑재시키는 총 조립 탑재방식이 주류를 이루고 있으며, 외업 공사의 지상화가 진행되고 선대보다 도크에서 건조하는 것이 주류를 이루고 있다. 선박의 대형화와 생산량 증가에 따라서 선대 또는 도크 회전율을 향상시키는 건조법은 세미텐덤(semi-tandem) 방식, 다 스테이지 방식, 총 조립 이동방식 등이 고안되어지고 있다.

(3) 외업작업 내용

외업 작업조직이나 직종의 명칭과 더불어 직무내용은 조선소에 따라서 다르기 때문에 여기에서는 외업공정 작업의 내용과 의의에 관하여 서술한다.

1) 총 조립 스테이지

총 조립(grand assembly)등은 몇 개의 대조립 블록을 평면 혹은 입체적으로 일체화시켜, 거대한 블록을 조립하는 공정이다. 총 조립 블록 크기는 탑재 크레인(또는 도크내 반입된 양중설비)의 능력에 따라서 결정된다. 다른 것과 비교하여 현저하게 큰 블록을 조립공장내에서 조립하는 것은 공장 회전율을 저하시키는 것이므로 블록을 옥외로 반출한 후 총 조립하는 것이 보편적이고, 이 경우 총 조립은 탑재크레인 작업범위 내에서 시공된다.

블록이 대형화 될수록 현장에서 건부작업(建付作業)이 곤란해지기 때문에 조립 정밀도는 매우 엄밀하게 요구된다. 총 조립의 유리한 점은 작업 지상화가 이루어져, 도크 사용기간 단축, 품질향상 등이 있으며 조선소 수익창출을 위해서는 그 의의가 매우 크다.

2) 선대·도크 스테이지

① 반목·지주 작업

선체는 킬(keel) 반목, 선복 반목 등의 반목과 지주에 의하여 선대와 도크에 지지되어 있다. 반목과 지주 배치는 선각중량 및 수압테스트 시의 물 중량을 지지할 수 있는 강도 이상으로 결정하여 반목·지주 배치도에서 지시된다. 반목이나 지주는 지상공정에서 정반과 마찬가지로 선체 형상을 만드는 작업의 기초가 된다. 이것들은 시공 정밀도 및 건조 도중 배의 상하 움직임에 대한 조정의 좋고 나쁨이 선체형상 정밀도에 큰 영향을 미친다. 반목·지주 작업은 선형 유지 또는 선형 결정방법 상 매우 중요한 작업이다.

② 탑재 전 공사

지상조립을 종료한 블록에 관하여 탑재 전에 이루어지는 공사를 탑재 전 공사라고 부른다. 탑재 전 공사는 지상공정과 외업 공정의 시작점이 되며, 다수 직종이 단시간에 작업을 해야 한다. 탑재 전 공사로서는 아래와 같은 작업을 들 수 있다.

- 블록 가공 검사
- 반전(反轉) 후 취부(取付) 또는 용접
- 선행의장 및 도장

- 선행 발판가설
- 양중 피스(piece)나 고정 장치의 부착공사

③ 탑재 작업

대 조립이나 총 조립된 블록을 대형 크레인으로 선대나 도크의 소정 위치에 부착하는 것을 탑재(erection)이라고 한다. 조립공사에 의해 반출되어진 블록은 앞에서 설명한 탑재 전 공사장에서 작업을 완료한 것이므로 탑재 크레인으로 선대 또는 도크의 소정위치에 탑재할 수 있다. 탑재 블록중량은 1,000 ton을 넘는 것도 있으므로, 탑재작업에서는 안전에 대한 세심한 주의가 필요하다. 블록의 탑재 위치가 나쁘면, 다음 항의 결정 작업에서 중대한 장애를 초래할 수 있다.

④ 결정 작업

크레인에 의해 탑재되어진 블록을 지정된 위치에 고정하고, 배의 형태를 정확하게 만드는 것을 선형결정법 또는 간단히 결정 작업이라 부른다. 결정 작업은 탑재 블록을 기준선(buttock line, plan line, mark line & water line)을 이용하여 정확한 위치에 자리 잡게 하는 것으로서, 기 결정방법이 완료된 부분의 선형 변동량을 확인하여서 다양한 방법의 선형 변동 방지책을 강구하는 작업이다. 결정법의 정밀도가 불량한 경우, 후 공정에서 취부 및 용접 작업에 나쁜 영향을 미치고, 총 조립공정에서 정밀도 불량이 발생할 수 있다. 따라서 블록 정밀도와 마찬가지로 결정 정밀도를 향상시키려는 노력이 필요하다.

⑤ 받침대 작업

외업 공사의 대부분은 높은 위치에서 작업하기 때문에 고소 작업차 또는 받침대가 필요하다. 받침대를 가설할 때에는 해체 용이성을 감안해야 한다.

⑥ 진수 작업

선대의 설치 목적은 도크에서 선각공사가 종료되었을 때, 선체를 진수(launching) 시키는 것이다. 선대위에서 선체 중량은 킬(keel) 반목, 선복 반목 및 지주 등에 의해서 유지된다. 이 선체 중량을 반목 등에서 진수대로 이동시키고, 반목 지주 등을 제거하는 작업을 진수 작업이라고 한다. 진수대는 선대에 고정되어져 있는 고정대와, 선체를 올려서 고정대를 움직이게 하는 활주대로 구성되어 진다. 진수방법은 고정대와 활주대의 사이에 마찰경감 방법에 의하여 우지(牛脂) 진수, 볼(ball) 진수 및 롤러(roller) 진수 등으로 분류되지만, 대형선 건조에는 볼 진수가 채용되는 경우가 많다. 현재에는 시운전 전에 도크에서 도장을 하지 않은 논-파이널(non-final) 도크 방식의 조선소들은 진수 전에 선측외판 도장을 완료시키고 있다.

(4) 도크 건조방식

선박 대형화에 따라서, 선대구조의 강도 및 진수 시 안전성 등의 문제가 생겨 도크 건조가 일반화 되었다. 건조 도크방식 사용에 따라서 여러 종류의 선체 건조방식이 고안되어 졌다. 아래에 선박 건조시의 블록 전개방식과 건조방식의 특징에 대하여 개략적으로 설명한다.

1) 전개 방식

일반적인 선박 건조에는 처음부터 선체 부착상태에서 안정성이 있는 블록(기점 블록)을 도크에 설치하고 그 후 순차적으로 블록이 탑재된다. 직전에 탑재되어진 블록에 대하여 후속 블록의 방향(선수미 방향, 좌우방향, 상하방향)을 (블록의) 전개방향 결정방법을 전개방식이라고 부른다. 전개방식은 아래와 같이 3가지로 분류된다.

① 층식방식 : 선수미 방향으로 전개에 주안점을 두는 방식

② 윤절방식 : 상하방식으로 전개하는 것을 주안점을 두는 것

③ 사다리방식(피라미드 방식) : 선수미 방향과 상하방향을 조합한 것

전개방식은 기점 블록의 개수에 의해 단일 1점 방식과 여러 개의 기점을 두는 다점방식으로 분류된다.

2) 건조 방식

건조 작업량은 배의 건조기간을 변동시킬 수 있다. 일반적으로 건조 초기는 작업량이 적지만, 탑재가 진행될수록 작업량이 증가되며, 진수 직전에는 감소된다. 이 때문에 생기는 작업량 변동은 여러 척의 배를 동시에 건조하여 작업량을 평준화하는 것이 가능하다. 이 경우 예를 들면 주 기관 부착 및 기관실 의장의 개시시기를 빠르게 하기 위해 기관실 부근 선각공사를 선행하는 등, 작업량 평준화 이후의 요건도 고려하여 전체공정을 최적화할 필요가 있다. 이 때문에 각 조선소의 사정에 따라서 여러 가지 건조방식이 고안되어 실시하고 있다.

아래에서 대표적인 건조방식에 대하여 설명하고자 한다.

① 세미텐덤(semi tandem) 방식과 양문개방 도크방식

선박의 한 척 이상 길이를 가진 선대 또는 도크에서 앞의 배를 건조하고 있는 중에 후속 선박 신체 일부를 건소하고, 앞의 배를 진수한 후에 규정된 지정위치까지 이동하여 이것을 기점으로 남은 부분의 탑재를 하는 건조방식을 세미텐덤 방식이라고 부른다. 거대한 건조도크를 가진 조선소에서는 앞의 배가 도크를 나간 후에 다음 선박을 띄워서 정규 위치까지 이동시키는 방식도 있다.

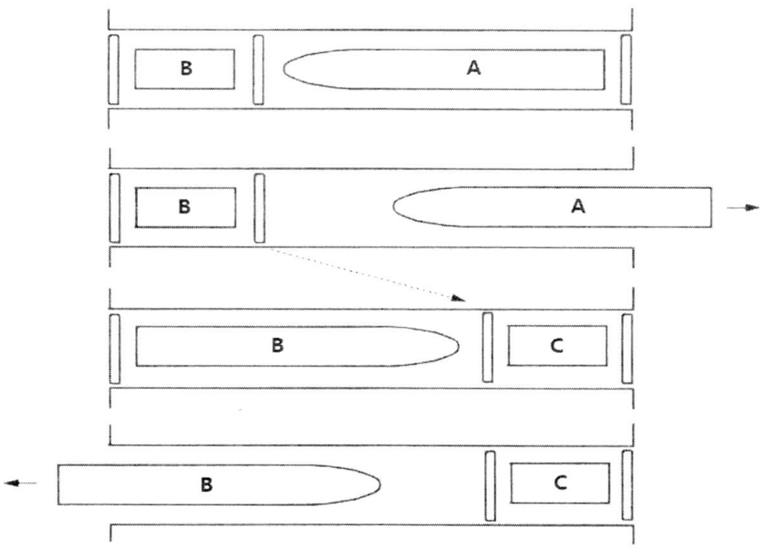

그림 1-2 양문개방 도크방식

세미텐덤 방식과 마찬가지로 앞의 배와 동시에 다음 선박의 선미구획을 건조하지만 도크의 양쪽 및 중간에 게이트(gate)를 설치한 경우를 양문개방 도크방식(kernel dock type)이라고 부른다. 이 방식에서는 그림 1-2에 나타낸 것과 같이 A 선박의 진수에는 전혀 무관하게 B 선의 작업이 진행되며, A 선 진수 후 중간 게이트를 이동시켜 B 선박의 남은 부분과 C 선박의 선미 구획건조를 한다. 이와 같은 경우는 도크 2기를 가진 것과 마찬가지 효과를 기대할 수 있다. 한쪽이 열리는 게이트의 세미텐덤 방식보다도 설비효율 및 공정 평준화에 유리한 면이 있다. 이 방식에서는 외업 스테이지를 도크 사이드의 한쪽 측에 두는 것이 많고 도크와 도크 사이드 근처에 골리앗 크레인(goliath crane) 아래에 총 조립장을 설치하면 보다 효율적이다.

② 다(多) 스테이지(multi stage) 방식

복수의 선각·의장 시스템을 혼용하여 도크에서 메인 엔진을 부착 및 시험 운전 스테이지를 설치하여, 공정관리의 원활화, 작업장소의 고정화, 작업의 전문화, 각종 인력 절약용 장치 도입 및 도크를 나간 직후의 시험운전을 하는 건조방식을 다 스테이지 방식이라 부른다. 단일 도크의 경우 장대한 건조도크 속에서 선미건조, 선수 및 평행부 건조, 의장 공사로 세 개 스테이지를 나누고, 각 스테이지의 공정진행을 완전하게 일치하도록 조절하는데 이러한 건조방식을 3 스테이지 방식이라고 부른다.

복수의 도크를 사용하는 경우는 선미부와 선수부를 별도의 도크에서 건조하여 마지막에 양 선체를 결합시켜 도크 밖으로 보낸다. 이 경우 선미부 건조 및 주기 탑재, 상부 구조탑재 및 기관의장, 선체 결합 및 주기·보기 운전, 평행부 선체 건조, 평행부·선수부 건조의 다섯 스테이지를 설치하는 것을 5 스테이지 방식이라 부른다.

③ 총 조립 이동방식

조립과 탑재사이에 총 조립 스테이지를 설치하고 총 조립단위의 거대 블록(MEGA & GIGA block) 조립하며 이것을 도크 부착위치까지 이동시켜서 건조하는 방식이다. 도크 작업을 지상으로 이동시키는 것이 의하여 작업환경 개선, 노동력과 작업공정의 성력화 및 자동화가 가능해 진다. 총 조립의 방법, 설비에 따라서 도크 쪽으로 이동시키는 방법에 따라서 표 1-1의 로터스 시스템, 감마시스템 등으로 나누어진다.

1.3.7 의장·도장 공사

의장(outfitting)공사는 조선소에서 일하는 여러 직종이 동일 또는 인접구간에서 작업을 하고 있다. 이 공동 작업은 우선 각 공사의 절점이 되는 주요 공사예정(대일정)을 결정하고, 각 직종의 의장 공사예정(중일정)을 짜고, 이후 세밀한 직원인원 배성(수간·일 단위)을 해야 한다.

의장 공사에서는 지상에서 시행하는 선행 의장과 선대위 또는 도크에서 탑재 후에 시행하는 선대위·도크 공사 및 선내의장이 있다. 최근에는 진수 후 의장공사 단축을 목적으로 선행의장을 확대하여 선대 상·도크 공정과 선내 공정을 적극적으로 감소시켜 지상화 하는 것이 대세로 이루어지고 있다.

선행의장 확대에 수반하여 의장 장소에서 기관실 선각 블록을 설치하는 것이나, 의장 공장(건물) 내 작업화가 이루어지고 있다. 또 기관실 선각블록의 대형화(MEGA block)등에 따라서 선대·도크 주변에 대형 크레인 설비를 배치하는 조선소도 많다.

(1) 주기(主機)·축계(軸系) 및 타(舵) 공사

주기는 분할되어져 조선소로 들여오는 경우가 많기 때문에 과거에는 선내에서 주기를 조립하는 경우가 많았지만, 크레인의 대형화에 따라서 최근에는 지상에서 주기를 조립하여 일괄 탑재하는 것이 일반화되어 있다.

주기 탑재 전에는 주기를 부착하는 볼트 구멍을 가공하기 위하여 임시로 견통작업(見通作業)을 하고, 주기 탑재 후에 축계공사를 하여 추진축·추진기 및 타(타취기)를 부착한다. 축관 확공가공(boring)공사는 선미구조 블록이 형성되기 전까지 한다. 주기와 축계의 부착공사를 마치고 관련 보조기계들의 공사가 끝나면, 계류운전을 하여 주기의 동작확인을 한다.

(2) 보조 추진장치

선박의 운항을 보조할 목적으로 설치한 바우 스러스터(bow thrust) 및 핀 스테빌라이저(fin stabilizer)는 진수 전에 부착하며, 관련 보조기계 공사 완료 후에 조정과 기동 및 안전장치의 확인을 하고, 시 운전 또는 공시운전에서 성능확인을 한다.

(3) 보조기계 공사

보조기계는 지상에서 파이프, 받침대, 탱크 등을 유닛(unit)화시켜, 선내로 탑재시킨다. 또 지상의장으로 블록과 일체화시켜 탑재하는 경우도 있다.

(4) 선창공사

해치 코밍(hatch coaming)은 수밀성을 확보하기 위하여 해치 커버 정도의 높은 정밀도를 요구하고 있다. 냉동화물선 등 특수한 선창을 필요로 하는 경우는 특히 주의할 필요가 있다.

(5) 하역·갑판·교통 장치

중량물 양하 장치는 전동 유압구동이, 그 외 하역장치는 전기구동이 일반적이다. 갑판 장치의 취부공사는 진수 전에 앵커를 감는 장치(anchor windlass)를 설치하여 양묘를 시키고, 그 후 계류장치(mooring winch)를 부착한다. 사다리나 현측 승강대 및 구명정 대빗(davit) 등은 선각공사의 진척도에 따라서 시공한다.

(6) 항해·통신 장치

큰 바다를 안전하게 항해하기 위해서 무선장치·항해 장치 등이 필수적이다. 오늘날에는 자동 항법장치나 GPS(global position system)장비가 일반화되어 있다. GPS는 선내 의장공사 종료 후에 해도대(chart table)에 설치한다.

항해·통신 장치의 조정·동작확인은 시험운전 시에 하고 있다. 무선기는 시 운전 시에 동작확인 기록을 기초로 선급에서 작동검사를 하고 있다.

(7) 제실(諸室) 공사

거주 공간의 공사는 블록의장 시에 하고 있다. 과거에는 거주공간을 분할 탑재하는 경우가 많이 있었지만 최근에는 크레인 설비의 대형에 따라서 일괄탑재도 가능하다. 제실 공사에서는 유닛 부스(unit booth) 등이 보급되어져 선내공사량이 현저하게 줄어들었다.

(8) 관 공사

관 의장은 서포터, 기기대, 천장 연결고리의 부착으로 부터 시작하고 블록이장(이중저내, 화유조(貨油槽), 기관실, 거주구, 갑판상)에서 약 90%의 배관이 설치되어지고 있다. 선내에서 배관 부착이 완료 후에 수압·후레싱(flashing)·통유·통수 확인의 배관성능 확인을 해야 한다. 최근에는 밸브 류의 원격조정을 하기 위해 작은 직경의 고압 공기관·유압관이 증가하며 배관장치의 주요공사가 되고 있나.

(9) 전기공사

보조 기계·발전기·배전판·분전기의 설치와 더불어 배관공사가 진행되어져야 한다. 발전기의 부하시험은 선내전력만으로 하는 것은 어렵고 수저항기[1]를 이용하여 시험한다. 기관실의 배관공사와 평행하게 갑판 거주구, 배선공사도 이루어져야 하며 선교(bridge)까지의 전선로를 결선 완료시킨 후에 각 기기의 확인 시험을 해야 한다. 기기의 무선화에 따라서 배선이 다소 줄어들기는 했지만 원격조작이나 자동화에 동반하여 전기공사의 결선작업은 복잡해지는 경향이 있다.

(10) 도장공사

선각공사의 각 스테이지와 도장공정 관계를 그림 1-1 우측 상단에 나타냈다. 탑재 전 블록도장(block painting)과 탑재 후 구획도장(compartment painting)으로 분류되어 진다. 블록 도장 등은 대 조립이나 총 조립되어진 블록을 지상에

---

1) 전극이 있는 용기에 물이나 전해액을 채운 것. 액 중의 전극 위치를 붙였다 떨어지게 하면 저항값을 무 단계적으로 변화시키는 것이 가능함

서 도장하는 것도 있다. 탱크 내 또는 외판부와 같이 높은 방식성능(防蝕性能)이 요구되는 장소는 우선 블록을 도장공장(painting shop)으로 반입시키고, 용접 장소와 샵 프라이머의 손상 부위를 블라스트 작업으로 하지처리(下地處理)하여, 표면의 녹이나 오물을 제거하고 도장을 한다.

구획도장 등은 하지에 도장되어진 블록을 선대나 도크에서 탑재하고 인접한 블록과 용접이 완료된 후 용접부 및 손상부의 하지처리 도장을 하고 있다. 도장공사는 유기용제 등을 사용하기 때문에 안전 면에서 환기와 화기대책과 타 직종과의 밀접한 연락조정이 필요하다. 강판 절단면의 자유 모서리부(free edge)는 도막 두께가 확보되지 못하면 녹이 발생되기 쉽다. 이 대책으로서는 도장전의 에칭(etching) 처리, 그라인더나 R-cutter에 의한 면취 처리 등이 필요하다.

1.3.8 선행의장과 블록도장 확대

(1) 선행의장

블록 건조법이 보급되기 이전의 강선건조(鋼船建造)에서는 선각공사가 완료된 이후 의장 공사가 시작된다. 그 후 블록 건조법이 사용되어지고 선각공정의 각종 공사는 소 조립, (중 조립), 대 조립 및 총 조립의 각 조립 공정으로 집약화 된다. 의장공사에서도 선각공사와 마찬가지 공사의 집약화를 도모하기위해 유닛 의장이나 블록의장이 고안되어진다. 또 안전성, 작업성 및 합리성으로 고려하여 의장공사를 대 조립 이전에 조립 스테이지(소 조립, 중 조립)과 병행하여 실시하는 것이 보급되며 조립 스테이지에 실시하는 의장공사를 선행의장이라고 부른다.

선행의장이나 유닛 의장을 효율화 하는 것은 선각공사, 의장공사 및 의장공사 등의 쌍방향의 효율을 고려하여 블록분할을 하는 것이 중요하다.

(2) 블록 도장

선대 또는 도크 내에서 협소한 장소와 구획이기 때문에 발라스트(ballast) 탱크·선창구획 등은 블록 단계에서 도장을 완료하는 방법도 있다. 폭로부(暴露部)인 상갑판·외판 등의 구획에서도 블라스트(blast)에 의해 하지처리를 한 후에, 선행도장을 실시하는 조선소도 많다. 이와 같이 작업환경이 좋은 지상 시공범위를 확대시켜 공기단축(工期短縮)이나 작업효율 향상을 도모할 수 있다.

1.3.9 검사

공사를 완료시킨 구간에 대해서 조선소의 품질담당자, 선급협회 및 선주감독관에 의해서 검사가 이루어진다. 검사는 주로 선체구조 및 용접 부위에서 이루어진다. 검사는 외관검사, 비파괴검사(X선, 자분탐상, 초음파 탐상, color check), 수압 또는 공기압에 의하여 누설검사 및 강도시험(structural test) 등이 실시된다. 의장품에 관해서도 내압검사, 의장품 성능검사 및 도장에 관한 표면처리 도막두께 검사가 실시되고 있다.

각 조선소는 높은 품질을 확보하기 위하여 ISO9001을 취득하고 품질 매뉴얼에 따라서 검사규정을 제정하여 자주적인 관리를 철저히 하고 있다. 이에 작업자, 관리감독자에 의한 검사 및 확인 부서에 의한 2중, 3중의 자주점검을 하는 검사체계가 확립되어 있다.

1.3.10 공시운전

의장 공사가 마무리 되면 선박 성능을 시험하기 위한 시운전(예행운전)을 한 후에 건조사양에 합당한 성능을 만족시키고 있다는 것을 공시운전에서 확인한다. 공시 운전에서는 선주, 승무원 및 선급협회 관계자 등이 승선하여 확인 운전을 하고, 소음·진동, 그리고 각종 기계들의 운영 및 보수 등에 관한 문제점이 있으면 조선소 쪽에서 확인하고 조정한다.

공시운전 후 선주 요구사항에 따른 보완이나 남은 공사를 마치고 의장 공정을 완료한다. 그 후 제조된 선박은 조인과 인도식을 마치고 처녀출항을 시작한다.

1.3.11 사후 처리(after service)

선박에 탑재되어진 여러 가지 기기·장치는 항상 점검과 정비가 지속적으로 이루어져야 할 필요가 있다. 배의 운항이나 하역에서 사용되어지는 기계는 그 고장이나 파손이 하주에서 큰 손해를 유발하기 때문에 선원들이 일상적으로 보수점검을 하고, 긴급 대응이 요구되는 고장·파손이 발생하는 경우에는 선주·하주와 기계 메이커와의 사이에 조선소(A/S 담당부서)가 개입하여 연락 및 조정을 신속하게 해야 한다. 고객과 조선소 사이의 신뢰관계를 형성하기 위하여 중요한 부서이다.

선박에서도 자동차와 마찬가지로 검사제도가 있다. 이 제도는 연차검사(1회/년), 중간검사(1회/36개월), 정기검사(1회/5년), 선저검사(1회/3년), 보일러 검사(1회/3년) 등이 각 나라의 선급협회 규정에 따라 정해져 있다.

1.4 조선 공작기술의 장래

1.4.1 효율화

선박의 건조 효율화는 영원한 과제이다. 각 조선소에서는 로봇기술을 개발하여 작업 자동화나 크레인 대형화에 의하여 효율향상 등을 도모하고 있다. 크레인 대형화로 800 ton, 1,000 ton 급의 골리앗 크레인이 설치되어지고 점점 더 대형화를 계획 중인 조선소도 있다. 크레인 대형화는 탑재 블록을 대형화 시켜 도크 건조기간을 단축하는 것을 목적으로 하고 있다. 조선분야에서는 여러 가지 종류의 부재를 사용하기 때문에 자동차공장과 같이 전체 생산라인의 공장 자동화는 곤란하다. 이 때문에 대부분의 경우 생산공정의 반자동화에 의해 효율개선을 기대하고 있다.

1.4.2 기술전승

2015년 대 후반부터 제1차 베이비 부머(baby boomer) 세대의 퇴직시기가 도래하면서 다수의 숙련 근로자가 조선분야 노동시장에서 자취를 감추게 되었다. 조선업계 기능직 종업원 연령 구성은 그림 1-3에 나타낸 것과 같이 퇴직시기 근처 숙련기능인의 지식·기능을 전승하려는 40~45세에 이르는 중견 세대층이 극단적으로 적다.

그 때문에 베이비 부머 세대의 대량퇴직에 의한 기술전승이 큰 문제가 되고 있으며, 세대 교체에 의하여 기술 수준저하가 걱정이 되고 있는 실정이다. 이 문제에 대처하기 위하여 각 조선소에서는 젊은 근로자 육성의 장을 미련하고 직극적으로 임하고 있다.

요철(撓鐵) 등의 특수한 작업에 관해서는 젊은 근로자 육성과 동시에 작업의 자동화를 시도하는 움직임이 있다. 이와 같은 기술전승은 숙련자 기능을 다음세대에게 몸으로 느끼게 해주는 방법과 IT를 활용하여 기능을 보완하는 두 가지 방향으로 세대교체를 준비해야 한다.

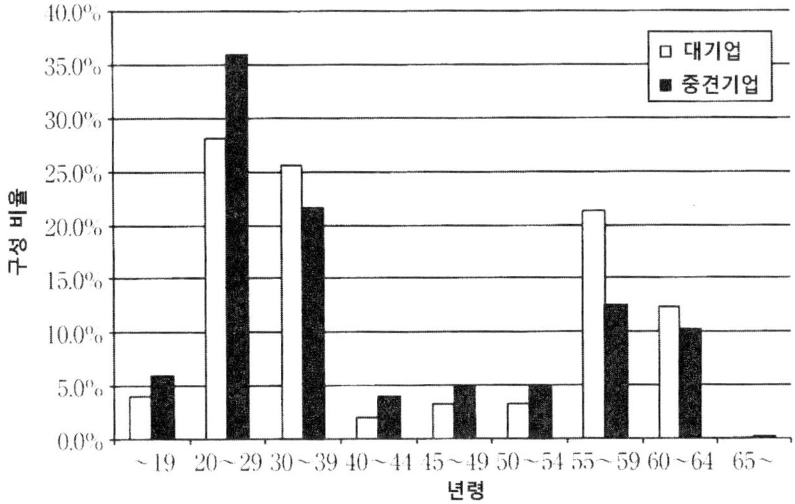

그림 1-3 조선 분야 근로자(기능직) 연령구성(2015년 4월 기준)

1.4.3 안전 위생

조선소에서는 많은 중량물이나 불안정한 형상의 재료들을 다루고 있다. 또 가스절단·용접·도장·받침대 가설작업 등의 위험한 작업이 많고, 높은 장소나 협소한 부분 등 작업환경도 나쁜 장소가 많다. 과거는 재해의 반성이나 안전관리 개선에 의해 직장에서 위험에 조우하는 확률은 감소시켰지만, 일단 재해가 발생하면 그것이 큰 손실로 이어지게 된다. 그 때문에 조선소는 안전위생과 건강관리에 주력하고 재해 없는 작업장을 목표로 꾸준하게 개선을 해나가야 한다.

1.4.4 사회와 관계

(1) 환경문제에 대한 대응

오늘날은 환경대책의 중요성이 증대하고 있다. 이것에 따라서 배출유해 가스의 억제, 유출배수의 관리, 재생자원의 유효한 이용 등을 취급하는 부서가 필요하다. 조선소에서는 예를 들면 온실효과 가스배출량 삭감을 목표로 에너지절약 선박에 관한 기술개발이나, 휘발성 유기화합물(VOC, volatile organic compounds) 배출량 저감을 위하여 신형 도료의 채용, 선박 발라스트수에 서식하는 외래생물 이동을 방지하기 위한 발라스트 수처리 장치에 관한 기술적 검토 등이 면밀하게 이루어지고 있다.

해양환경 안전 면에서는 기름 유실에 의한 해양 오염방지를 위한 이중 선각구조 강제화(强制化)규칙이나, 노후 선박 강도저하를 예방하기 위한 고 품질의 발라스트 탱크 도장기준 등을 제정하고 이것이 대응 가능한 시설 정비나 기술개발이 필요하다. 해양환경 관련 기준이나 규제는 앞으로 더욱 강화되어질 것으로 예측된다.

(2) 해외와 공존

최근, 우리나라 여러 조선소들은 생산성 향상을 목적으로 해외에서 블록제작 외주 및 해외에서의 새로운 공장을 건설하는 노력들이 있다. 해외에서 블록의 제작은 국내 제작에 비해서 저렴한 가격으로 만들 수 있는 이점이 있지만, 원유 가격이나 수송가격의 변동이나 해상 기상상태에 따른 납기 지연 등의 불리한 점도 있다.

연습문제

(1) 블록건조법이 선박건조 분야에 큰 발전을 가지고 온 이유를 서술하시오.

(2) 선각공정과 의장 공정의 관련성을 조사하시오

(3) 조선 현장에서 기술·기능전승에 있어서 문제점을 논하시오.

02

선체공작법

2.1 가공

2.1.1 강재 준비

(1) 강재 적치장(강재 야드)

선체의 소재가 되는 강재 형상은 강판과 형강으로 분류할 수 있다. 해상 운송 또는 육상 운송에 따라 운반되어 온 강재는 조선소내의 강재 적치장에 적재된다. 생산성을 향상 시키려면 이 적재 양을 최소한으로 하고 처리 횟수를 감소시키거나, 강재 구분용 중간 기착지를 마련해 입고(入庫)와 출고 일치(just in time)화를 도모하여, 강재 적치면적을 감소시켜 공장부지의 유효한 활용을 추구하는 등의 노력이 필요하다. 적재량을 최소한으로 하기 위해서는 다음 공정 계획, 가공량이나 납기설정 등에 대한 충분한 검토가 필요하며, 무계획적으로 적재량을 감소시키면 다음 공정에 지장을 초래하는 경우도 있다. 적정한 강재 적재 면적은 조선소의 설비 능력, 가공량 등에 따라 결정해야 한다. 표 2-1에 그 일례를 나타낸다.

(2) 강재 입고 및 검수 작업

강재의 입고 작업에는, 그림 2-1과 유사한 문형크레인을 사용하는 조선소들이 많다. 철재의 입고작업 시에는 다음과 같이 검수작업을 한다.

- 일반 강재와 특수 강재의 구분을 명확히 하기 위해, 특수용 강재의 판끝에 페인트 등으로 표시를 한다.

표 2-1 강재 적재장 면적의 예

항목	생산가공량(ton/월)	적재장 면적(m^2)
A 공장	5,600	5,670
B 공장	8,700	8,430
C 공장	18,600	22,918

그림 2-1 강재처리장에 설치 된 문형 크레인

- 강재 제조업체에서 화물명세서 및 현물과의 일치성확인을 실시한다(규격, 치수, 도장(塗裝)확인).

(3) 강재 선별·반입

입고작업으로 반입된 강재는 먼저 표면처리가 필요가 있는 것과 그렇지 않은 것으로 나눌 수 있다. 선각공장의 제품은 블록 단위로 관리되는데, 내업 공장에서는 가공 장소별로 더 세분화로 나누어 관리한다. 즉,

- 평탄한 스킨 플레이트(skin plate)
- NC 절단(numerical controlled cutting)하는 내부 부재
- 기타 내부 부재
- 규칙적인 모양의 형강
- 굽힘가공이 필요한 스킨 플레이트 및 형강 등

표면처리 대상 부재의 선별은 가공 장소별로 블록 단위로 우선순위를 고려하여 적치해야 한다. 강재 두는 곳에서 가공공장으로 반입은 일반적으로 크레인과 컨베이어를 사용하여 이루어진다. 반입을 용이하게 하기 위해서는 가공공정 순서에 따라 적재해 둘 장소 예측이 필요하다.

(4) 표면 처리

내업가공 전에 실시하는 쇼트 블라스트(shot blast)와 도장(塗裝)에 대해 설명한다. 또한 도장 공정에 대한 자세한 내용은 2.7 절에 있다.

1) 쇼트 블라스트

강재 압연가공 시에 강판표면에 발생하는 밀 스케일(mill scale : 흑피)을 제거하지 않고 도장하면, 페인트 부착성이 약화되어 초기에 도막손상(도막 균열, 기포, 박리 등)이 발생한다. 이러한 이유로 밀 스케일을 제거하기 위해서 강판 및 형강은 쇼트 블라스트 처리가 필요하다.

그림 2-2와 같이, 스틸 샷(steel shot), 그리드(grid), 컷 와이어 (cut wire) 등의 연마재를 고속의 압축공기로 강판표면에 투사(投射)하고 그 충격파와 예리한 모서리 등의 절삭력 작용으로 강판 표면에 있는 밀 스케일이나 이물질(異物質) 등을 제거하고, 앵커 패턴(anchor pattern)을 생성하여 페인트 부착을 촉진하는 가공공정이다.

강판 표면처리 상태는 연마재 종류, 크기, 투사 속도, 투사 밀도에 따라 다르다. 표면처리 상태의 기준으로 표면 조도와 제청도(除銷度) 등이 있지만, 페인트 종류에 따라 표면조도와 제청도의 요구 값이 다르고, 이러한 요청 값에 의해 연마재 투사밀도가 정해져 있다. 일반적으로 투사밀도는 투사량(kg/min)과 처리

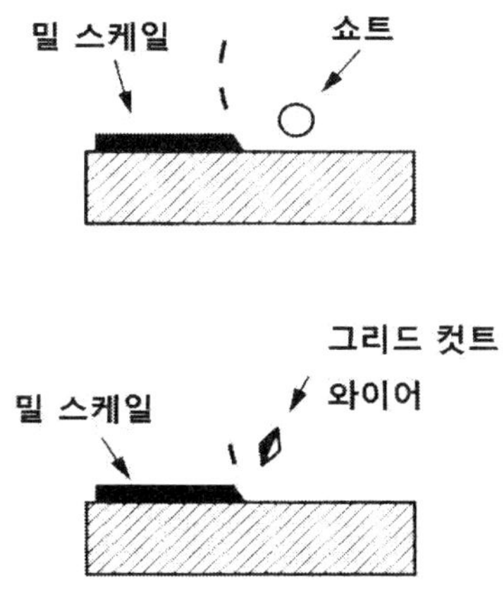

그림 2-2 쇼트 블라스트 원리

강재면적(㎡/min)과의 관계에 달려있다. 투사량 조정은 로터(roter)의 소비전류를 기준으로 투사장비에 직결되는 연마재 주입구 밸브의 개폐에 따라 변하며, 처리면적의 조정은 컨베이어 속도 변속 및 연마재 투사각도 등으로 제어된다. 강판 표면처리의 품질 관리에 대해서는 5.4.2에서 설명한다.

2) 도장

쇼트 블라스트에 의해 밀 스케일이 완전히 제거된 강재는 가공·조립 공정 중 녹스는 것을 방지할 목적으로 쇼트 블라스트 직후 일차 방청도료(防錆塗料)가 도포된다. 이 페인트를 샵 프라이머(shop primer)라 하고, 이 방청방법을 샵 프라이머 방식(防蝕)이라 부른다. 샵 프라이머 방식은 1차 표면처리의 고 능률화와 1차 방청도장에 의한 2차 표면처리 작업감소를 목적으로 개발되었다. 선박 도장처럼 대상과 환경 조건이 다양한 경우, 각 대상 환경에 대한 샵 프라이머 적합성이 방청도장 성능에 큰 영향을 준다.

현재는 내(耐) 피팅(pitting)성이 뛰어나 열손상 부분에서도 방청성능을 유지할 수 있는 내열(耐熱) 무기(無機) 아연(zinc) 프라이머가 주류를 이루고 있다. 이 프라이머는 CO_2용접 고속화에 대응하기 위해 1980년대 후반(1985년대 초)에 개발되었다. 내열 온도는 800℃ 정도에서, CO_2 자동용접의 용접속도를 80 cm/min 정도까지 증가시킬 수 있고, 건조성과 상도성(上塗性)등의 성능도 높다. 그러나 도막의 경도가 약간 높고, 대곡률(大曲率)의 냉간 굽힘가공으로 가공도막 균열이 발생한 사례가 보고된 바 있다. 샵 프라이머의 종류와 그 특징은 표 2-2와 같다.

2.1.2 마킹 또는 각인(刻印)

마킹 또는 각인은 강재나 철판 등의 가공·조립에 필요한 여러 요목 사항에 대한 기준, 형태, 투영 등을 강판표면에 선이나 글자를 기입하는 작업이며, 가공·조립 공정이 마킹을 기반으로 작업하기 때문에 정확하고 명료하게 표시하는 것이 특히 중요하다.

표 2-2 샵 프라이머 종류별 성능 비교

도료의 종류		장기간 노출형 워시 프라이머	에폭시 징크 리치 프라이머	에폭시 비 징크 프라이머	무기 징크 리치 프라이머	내열 무기 징크 프라이머
도료 조성		부티랄 인산 징크로	에폭시 아연말	에폭시 방청안료	에틸 실리케이트 고농도 아연	에틸 실리케이트 저농도 아연
표준 건조막 두께 (μ)		13~15	15~20	20~25	13~18	13~18
도장 작업성		◎	○	○	○	○
건조성(20℃)		○	△	△	◎	◎
강재와 부착성		◎	◎	◎	◎	◎
덧칠 부착성	유성계	○	×	○	×	×
	고무계	△	◎	○	◎	◎
	에폭시	△	◎	○	◎	◎
	비닐계	◎	○	○	○	○
	타르 에폭시성 메틸계	△	◎	○	◎	◎
	알키드계	○	△	○	△	△
노출방식성 (개월)		3	6	4	6	6
내수성		△	◎	◎	◎	◎
절단성		○	△	△	○	◎
용접성		△	△	△	○	◎
내열성	변색성	△	△	△	○	◎
	방식성	△	△	△	○	◎

각인작업은 기존의 템플릿, 스틸 테이프, 필름, 형(型) 등을 사용하는 현척형 각인, 직각자, 빔 컴퍼스(beam campass) 등을 사용하여 손으로 각인하는 방법과 축척된 그림에서 생성된 필름을 광학적으로 확대·투영하여 직접 강판표면에 정착시키는 전자사진 각인법(EPM : electro print marking)등의 방법이 사용되어 왔지만, 오늘날에는 NC절단기에 각인 토치를 장착하여 수치제어에 의해 각인 작업을 수행하는 방법이 일반적이다. 각인 작업의 종류와 작업 방법에 대해 다음에 설명한다.

(1) NC 각인 (NC 마킹)

NC 절단기에 각인장치를 장착하고, 수치제어(NC, numerical control)에 의해 각인작업을 수행하는 방법이다. 절단기에 각인기능을 부가하는 장점은 다음과 같다.

- 절단과 각인이 동일 좌표계에서 이루어져 위치 오차가 발생하기 어렵다.
- 절단과 각인이 한 번에 처리되기 때문에 재료 처리시간이 감소한다.

그러나 NC각인에는 다음과 같은 단점이 있다.

- 각인속도가 느려 문자가공에 적합하지 않다.
- 절단기와 병행할 경우, 본체 무게가 무거워지고 각인 전용기에 비해 각인 속도가 느려진다.
- 각인 이전에 오프셋(offset)이 어긋나 있는 경우, 절단선과 각인이 어긋나 버린다.

따라서 절단기 가동률 향상과 각인기계의 고속화를 도모하기 위해, 절단기와 다르게, 빠른 인쇄기능을 가진 '각인 전용기'를 배치할 수 있다. 일반적으로 NC 각인방법은 선 각인과 문자 각인으로 분류되는데 대부분의 각인기계는 NC 데이터에 따라 운영된다.

1) 선 각인

① 펜 마킹 방식(그림 2-3)

마킹기의 끝에 "공업용 펜"을 장착하고, 강판에 에어 실린더 등으로 각인하는 방법이다.

펜 마킹 방식의 장점은 다음과 같다.

- 다양한 색상이 사용 가능
- 열을 사용하지 않기 때문에 장비사용 전에 조정이 불필요
- 각인이 물에 강하고, 쉽게 지울 수 있다.

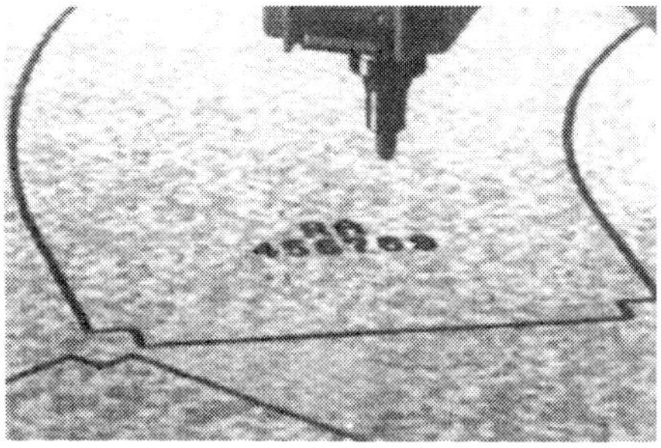

그림 2-3 펜 마킹

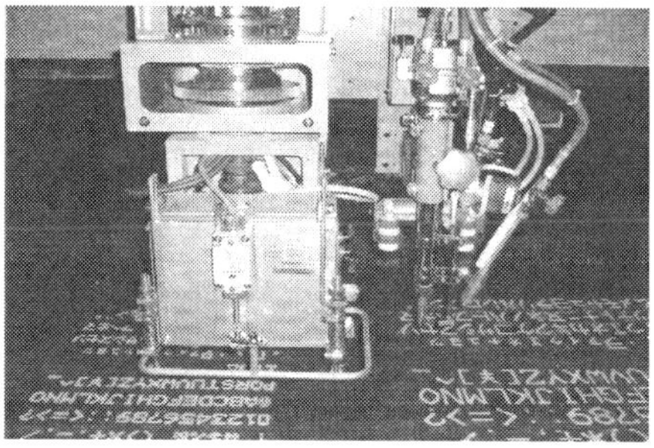

그림 2-4 스프레이 마킹

단점으로는

- 렌더링 속도 느림 (3 m/min 정도)
- 빨리 지워짐
- 열에 약함(변색이 용이)

등을 들 수 있다.

② 스프레이 마킹 방식(그림 2-4)

가스절단 화구(火口)와 같은 구조로 산소와 각인용 분말가루를 강판에 불어 원형모양의 화구로부터 강판에 분말가루를 부는 방법이다. 각인 재료는 아연분말과 비닐 파우더(vinyl powder)가 있고, 일반적으로 아연분말이 사용되고 있다.

아연분말을 사용한 경우, 가스절단 및 레이저 절단에서 중심선 바로 위를 절단하면 용융 불량이나 버닝(burning)이 발생하지만, 비닐 파우더를 이용하면 이러한 절단공정의 품질불량을 방지할 수 있다. 스프레이 마킹 방식의 장점은

- 가스와 산소를 사용하고 있기 때문에, 절단 현장에서 유체공급이 간편하고, 시설 설치비가 비교적 저렴하다.
- 아연 소비량이 적고, 장시간 연속사용이 가능하며 운영비용이 저렴하다.
- 비교적 빠르게 각인할 수 있다(최대 30 m/ min 정도).

단점으로는

- 가스 화구의 온도상승에 의해 막힘이 발생한다.
- 시작과 끝에서 선 두께가 비교적 굵다.

- 화염조정 등이 경험적이고 조건이 수치화되어 있지 않다.

등을 들 수 있다.

③ 플라즈마 표시 방식

플라즈마 절단과 같은 원리로, 절단 대신에 낮은 전류아크를 이용하여 강판에 작은 홈을 파는 방법이다.

플라즈마 표시 방식의 장점은

- 조건 설정이 디지털화되어 있다.
- 잘 지워지지 않는다.

등을 들 수 있다. 단점은

- 다른 방법에 비해 비용이 비싸다.
- 전극봉 등의 소모품이 필요하다.
- 선이 굵으면 지워지지 않고, 강판 표면에 흔적이 남아있다.
- 선폭이 강판 두께에 영향을 받아 얇은 강판에 사용하지 못한다.

2) 문자 각인

문자 각인은 네스팅(nesting)되어진 원화(原畫)에서 문자정보(라인정보 포함)를 스캐너로 읽고 강판의 폭 방향으로 재분배하여 잉크젯 노즐에서 마킹 페인트를 연속적으로 분사하여 이루어진다. 잉크젯 각인은 작은 노즐 끝에서 잉크를 분사하여 선을 그리는 방법이다. 이것의 장점은

- 여러 색을 사용할 수 있다
- 지우기 및 수정이 쉽다

등을 들 수 있다. 단점은

- 설비가 비교적 고가이다
- 노즐이 막힐 수 있어 세심한 관리가 필요하다
- 관리비가 비교적 높다

등을 들 수 있다.

2.1.3 열 절단

(1) 열 절단이란

열 절단(thermal cutting)은 고온의 열을 이용하여 재료를 녹여 절단하는 것을 의미한다. 그림 2-5에 열 절단의 종류를, 표 2-3에 특징과 용도를 나타냈다. 조선소에서 일반적으로 이용되고 있는 열절단법은 가스 절단, 플라즈마 절단 및 레이저 절단이 대표적이다. 열절단법의 원리와 특징에 대해 간략하게 적는다. 열 절단법에 관한 전반적인 지식은 [2.1] [2.2]를 참조하시오.

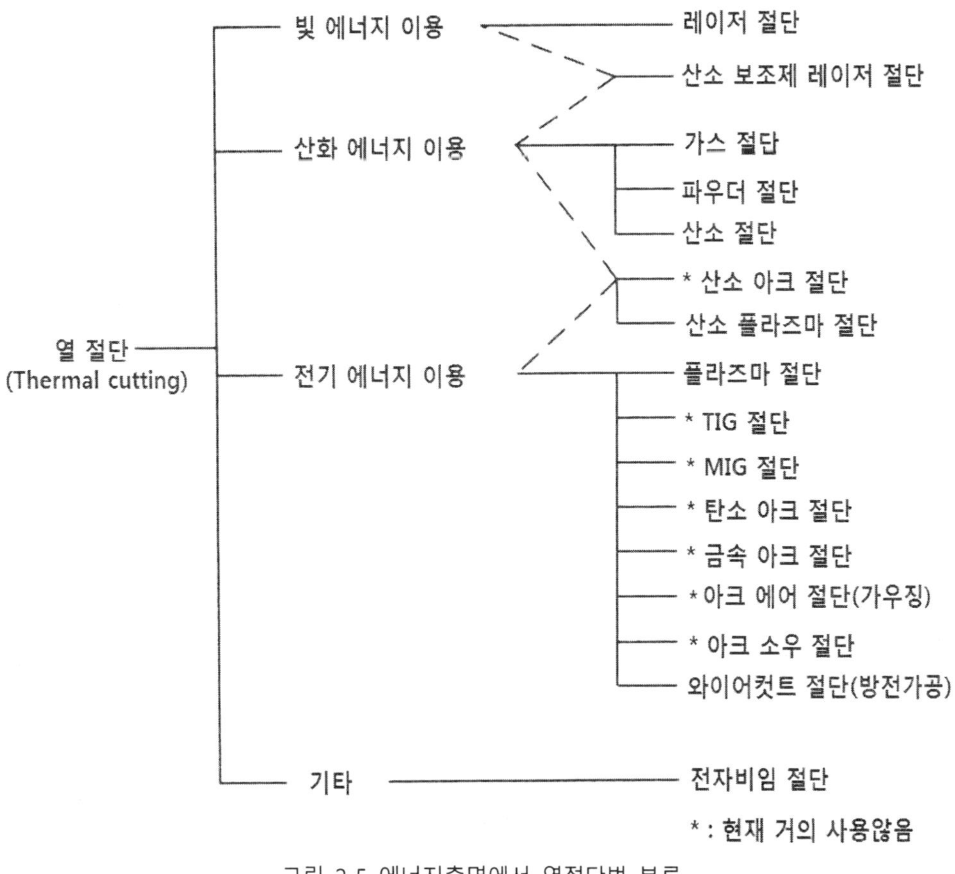

그림 2-5 에너지측면에서 열절단법 분류

표 2-3 각종 열절단법 특징과 용도

절단 에너지	절단방법	특징 및 용도
빛 에너지	레이저 절단	금속 재료뿐만 아니라 목재, 세라믹 등 다양한 재료의 정밀절단이 가능하다. 그러나 고효율 금속의 절단은 산소를 보조가스로 하는 것이 필수적이다. 금속판(연강)에 대해서는 통상 1~25 mm이며 절단변형이 적다. 간단한 프레스 금형의 작성 등에도 적용 가능하다. 절단 속도는 600~10,000 mm/min으로 상당히 빠르다. 운용 형태 : 자동
산화 에너지	가스절단	철 및 산소, 탄소강을 이용하는 일반적인 절단 방법으로서 가장 경제적으로 연소열을 이용하는 방법이다. 가스 불꽃에 점화온도 이상으로 가열 절단하면 후에 절단부의 시작부분을 절단할 수 없다. 절단 속도가 수백 mm/min 정도로 느리고 절단 후 열변형도 크다는 단점도 있다. 현재는 6 mm 이하의 박판용 절단기는 실용화되어 있지 않다. 후판 측은 4,000 mm 정도 이상의 두께 판재에 적용된 실례가 있다. 운용 형태 : 자동, 반자동, 수동
산화 에너지	파우더 절단	가스절단 기류 중에 철분을 혼합한 연소열을 이용하여 절단에 필요한 발열량을 확보하는 방법이다. 스테인레스 스틸 등 일반 가스절단법으로 절단이 어려운 재료의 절단방법으로 개발되었다. 현재 일반적으로 플라즈마 절단법은 100 mm 정도 이상의 후판 스테인리스 절단 이외에 거의 이용되지 않는다. 운용 형태 : 반자동
	산소 절단	지름 ∅3~12 mm의 두꺼운 원형 강관의 내부에 절단 산소를 흘려 강관의 연소열을 이용하여 절단하는 방법이다. 가스절단 등에서 피어싱(piercing) 작업이 어려운 극후 판재의 시작 홀의 구멍(천공)용 등으로 자주 이용되고 있다. 강관에 특별한 경우와 암석과 콘크리트 절단에 사용되는 경우도 자주 있다. 운용 형태 : 수동
전기 에너지	플라즈마 열원	고온의 교류 속의 아크를 이용하는 절단법이다. 가스 절단 경우와 달리, 절단재의 재질을 가리지 않고 비교적 깨끗한 절단을 할 수 있다. 25 mm 두께 정도 이하의 판재의 절단에 적합(최대 절단가능 두께는 180 mm 정도), 절단 속도도 1,000~3,000 mm /min 빠르고, 절단 변형이 적다. 절단 홈 폭은 가스 절단에 비해 다소 넓고, 경사 각도가 넓은 단점이 있다. 또한 여기에는 플라즈마 아크 방식과 플라즈마 전기 에너지 제트 방식이 있는데, 일반적으로 금속 재료에 전자가 사용된다. 운용 형태 : 자동, 반자동, 수동
	와이어 절단 (방전가공)	50~300 μm라는 극 세경 와이어를 일정한 속도로 절단재료 사이에 지속적으로 불꽃 방전시켜 절단하는 방법이다. 레이저 절단법에 비해 가공 속도는 느리지만 가공 정밀도는 뛰어나 μm 단위의 정밀도를 쉽게 얻을 수 있다. 금속가공 등에 이용되고 있다. 운용 형태 : 자동
기타	전자빔 절단	고밀도 전자빔 에너지를 이용하여 절단하는 방법이다. 진공을 필요로 하고 장비도 고가이지만, 1 μm 이하 좁은 폭의 미세가공을 고정밀도를 유지하면서 고속으로 할 수 있는 특징이 있다. 운용 형태 : 자동

(2) 열 절단의 특징

가스 절단, 플라즈마 절단, 레이저 절단 등의 구체적인 특징을 설명하기 전에 열절단 전체의 특징을 기계절단과 비교하여 설명한다.

그림 2-5에 나타낸 다양한 열절단법은 일부 예외를 제외하고 절단 부위를 용융(또는 증발)하고 이 용융(또는 증발) 부분을 가스로 제거하여 절단하는 방법이라고 할 수 있다.

열절단법 장점은

- 비접촉 절단법이기 때문에, 이론적으로 모든 방향의 절단이 가능하다.
- 일반석으로 절단 시 재료의 제한이 없다.

반면 단점은

- 열변형이 생겨 절단 정밀도가 나쁘다.
- 설단면 부근의 경도 및 금속학적 조직 변화를 유발한다.

등을 들 수 있다.

(3) 대표적인 열절단 원리

공업적으로 이용되고 있는 가스 절단, 플라즈마 절단, 레이저 절단 등의 간단한 원리는 그림 2-6, 그림 2-7 및 그림 2-8과 같다. 이러한 원리도를 보면 모든 절단법에 가스가 사용되고 있음을 알 수 있다. 열절단이라고 하면, 공급 에너지원이 주목되지만, "가스 절단"의 명칭을 "산소 절단"이라는 명칭으로 변경하면 이 절단법은 모든 가스 절단법이라고 할 수 있다[2]. 즉, 열절단은 에너지원뿐만 아니라 가스(유량 공급 방법)이 중요한 역할을 하고 있다.

1) 가스절단

가스 절단법은 그림 2-6과 같이 고온에 가열된 철에 산소기류를 분사하여 철을 연소시키고, 이 때 발생하는 산화열을 이용하여 모재를 절단하는 방법이다.

---

2) 해외의 문헌에서는 가스절단을 oxygen cutting 또는 oxy-fuel cutting로 표기.

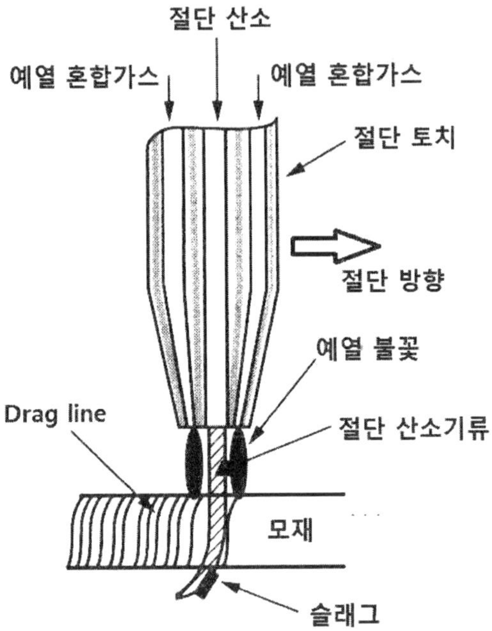

그림 2-6 가스 절단의 원리

가스 절단법은 1900년대에 실용화되어 오랜 역사를 가진 절단법이며, 현재에 있어서도 탄소강의 절단에 대표적인 존재이다.

가스 절단 장치는 산소예열 가스용기 또는 공급 장치, 압력 조정기 및 절단 토치로 구성되어 있다. 절단 토치는 본체와 분화구 장치로 나눌 수 있다. 또한, 가스 절단법 특징은 장비의 낮은 비용과 운영 및 관리의 간편성에 있다.

절단 능력은 몇 ㎜ 에서 몇 m에 이르는 다양한 두께의 강재를 고품질로 절단할 수 있다. 반면 금속과 산소와의 산화열에 의해 절단이 진행된다는 점에서 산화 열량이 작은 금속에 적합하다. 또한, 절단을 시작할 때 절단시작 부분을 발화온도(900~950℃ 정도) 이상으로 가열한 후 시작해야 되기 때문에 몇 ㎜ 이하의 극 박판 재료에는 적용이 곤란하다. 가스 절단장치가 간편하기 때문에 조선소 생산현장 시공을 위한 수동 절단을 비롯하여, 다수 개의 절단 토치를 탑재한 자동 절단장치를 이용하여 효율적인 절단이 가능하다. 가스 절단에 대한 자세한 내용은 [2.3] 등을 참조하는 것이 바람직하다.

2) 플라즈마 절단

플라즈마 절단법은 그림 2-7과 같이 전극(電極)과 절단재료(또는 노즐) 사이에 발생시킨 아크를 노즐(tip이라고도 함)을 이용하여 고온, 고속 유체흐름인 고밀도 열원을 절단 부위에 집중시켜 절단하는 방법이다.

플라즈마 전원은 직류 전원이 이용되고 있으며, 절단 재료를 플러스(+), 토치에 전극을 마이너스(-)로 설정하여 사용한다. 작동 가스로서 공기, 산소, 아르곤 + 수소(+ 질소), 질소가 공급된다.

플라즈마 절단 토치의 전극과 절단재료 사이에 아크를 발생시키는 플라즈마 아크 방식과 전극과 노즐 사이에 아크를 발생시키는 플라즈마 제트 방식의 두 가지로 분류된다. 금속 재료의 절단은 플라즈마 아크 방식이 일반적으로 사용되고 있다. 플라즈마 제트 방식은 미세한 부품 등의 입열(入熱)을 억제한 절단이나 세라믹 등의 전도성이 없는 비금속 재료에 적용된다. 국내 조선소의 플라즈마 절단기는 거의 모두 플라즈마 아크 방식이다.

플라즈마 절단은 모든 금속재료 절단이 가능하다. 전원 용량도 수십 암페어에서 1,000 암페어까지 포괄적이며, 절단 재료의 두께와 가공 속도 등에 따른 절단이 가능하며, 가스 절단에 비해 예열을 필요로 하지 않기 때문에 작업 성능이 좋다.

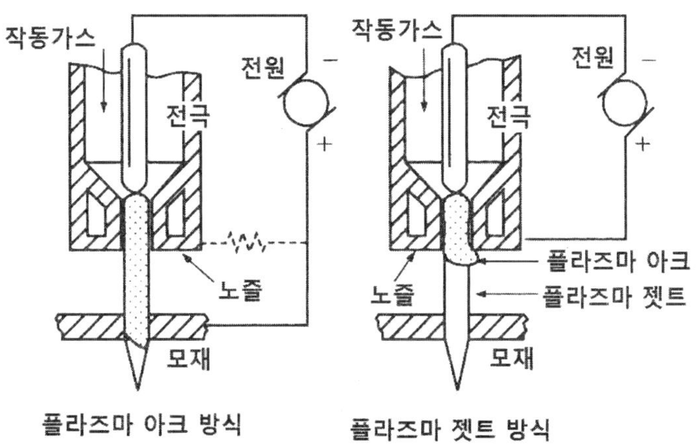

그림 2-7 플라즈마 절단 원리

- 장치 도입 비용이 높다.
- 소모품이 고가이다.
- 절단면의 가장자리가 둥글게 가공된다.
- 두께 100 mm 이상의 극 후판은 절단이 어렵다.
- 전극과 노즐 등의 소모품 수명이 짧다.

등의 단점을 가지고 있다.

플라즈마 절단에 대한 자세한 내용은 [2.4] 등을 참조하기 바란다.

3) 레이저 절단

열절단 가공분야에서 가장 새로운 절단법이다. 렌즈로 빛을 모아 그 빛에 의한 열에너지로 재료를 용융 또는 분해·증발시켜 그것을 가스(레이저 절단에서는 어시스트 가스)로 제거하는 절단법이며, 절단 재료로 금속이나 비금속을 불문한다는 점이 가장 큰 특징이다. 그림 2-8에 레이저 절단의 원리를 나타냈다. 레이저 절단은 어시스트 가스를 레이저 빔(beam)과 동축의 절단재료에 투사하여 절단한다. 기본 어시스트 가스의 역할은

- 레이저 빔의 투사에 의해 용융물을 절단 재료에서 제거한다.
- 절단재료의 연소를 촉진하고 절단 효율을 높인다(산소를 사용하는 경우).
- 용융 비산물(飛散物)로 부터 집광 렌즈를 보호한다.

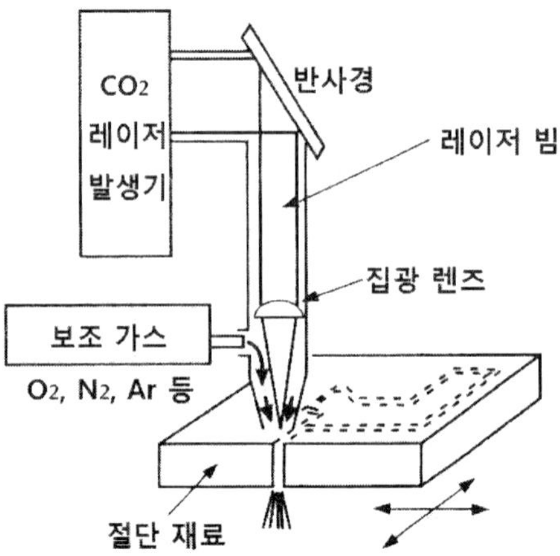

그림 2-8 레이저 절단의 원리

이다. 어시스트 가스의 종류에 따라 절단성능이나 품질이 다르기 때문에 절단재료 및 필요한 절단면의 품질에 따라 구분하고 있다. 어시스트 가스로 사용되는 산소, 공기, 질소 및 아르곤가스 등이 있다. 레이저 절단은 [2.5] [2.6] 등을 참조해야 한다.

(4) 각종 열절단법의 절단능력

열절단은 절단 부위에 공급 에너지를 증가시킬수록 절단 능력은 증대한다. 그림 2-9는 각종 절단법의 절단능력을 절단두께와 절단속도의 관계로 나타낸 그림이다. 이 그림에는 열절단이 아닌 어그레시브 워터 젯트 절단(abrasive water jet cutting)[3)]도 포함되어 있다. 와이어 컷트 방전가공의 속도가 가장 느리고 가스 절단, 레이저 절단 등의 순서대로 절단속도가 빨라지고, 플라즈마 절단이 가장 빠른 절단법이며, 광범위한 절단속도가 있음을 알 수 있다.

절단 두께는 그림에는 상한이 나타나고 있지 않지만, 가스 절단이 가장 크다(최대, 4,000 mm). 이어서 플라즈마 절단, 와이어 컷트 방전 가공 및 레이저 절단 순이다.

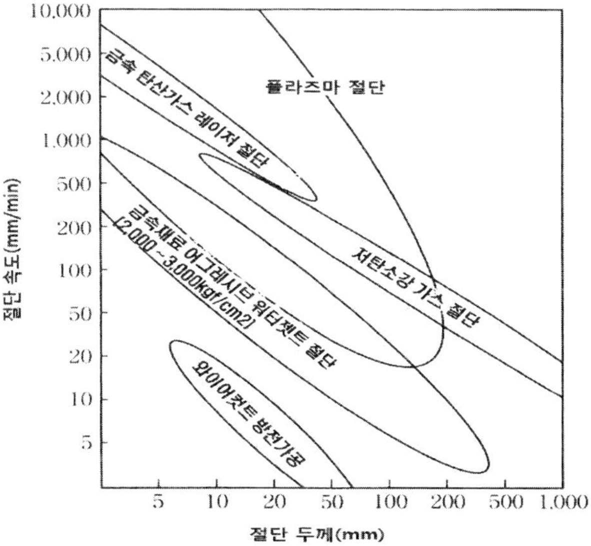

그림 2-9 각종 절단 방법별 절단 능력

3) 어그레시브 워터 젯트 : 고압 물과 연마제를 사용하여 절단한 것.

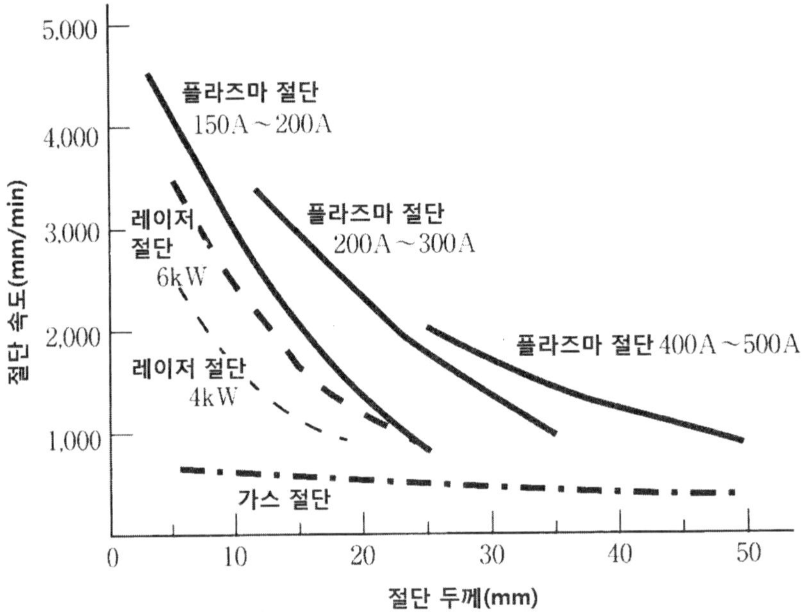

그림 2-10 열절단법의 절단속도 비교

그림 2-10은 두께 6~36 mm의 연강(mild steel)을 대상으로 각종 열절단법의 절단속도와 절단두께의 관계를 나타냈다.

(5) 각종 열절단법의 품질과 특징

표 2-4에 가스 절단, 플라즈마 절단 및 레이저 절단의 특징을 나타냈다. 이 표는 절단 품질, 생산성 및 작업 환경은 모든 가스 절단을 기준으로 평가를 실시하였다. 따라서 ○수가 많을수록 가스 절단보다 우수한 것이다. 또한 ×가 있는 항목은 가스 절단보다 바람직하지 못한 품목이다. 절단법의 특성을 생각하며 표 2-4를 보면 모든 항목에서 우수하거나, 열등한 절단법이 아니라 절단법 선택은 요구되는 절단두께, 절단 품질 및 가공 비용 등에 대하여 상대적 우수성은 감안하는 것이 좋다.

표 2-4 가스 절단, 플라즈마 절단, 레이저 절단 특성 (단위 : mm)

평가항목		가스 절단	플라즈마 절단	레이저 절단
대상 절단 재료		산소와 반응하는 금속(연강, 티타늄 등)	모든 금속[*1]	모든 재료, 그러나 반사 물질 및 광 투과성은 제외
대상절단두께[*2]		연강 6.0~600	연강 0.5~50 스테인레스 1.0~100 알루미늄 1.0~100	연강 0.1~25 스테인레스 0.1~25 알루미늄 0.1~25
절단 품질	거칠기(연강)[*3]	○	○○(알루미늄×)	× ~ ○
	평면도	○	× ~ ○	○
	베벨 각도	○	× ~ ○	○
	위쪽 가장자리 녹음	○	× ~ ○	○○
	슬래그부착[*4]	○	× ~ ○	○
	치수 정밀도 (열변형)	○	○○	○○○
	경도(연강)	○	○	○
	용접성(연강)	○	○[*5]	○
생산성	절삭시간	○	○○	○○
	절단속도	○	○○○	○○
	수율(홈폭)	○	×	○○
	다수 동시절단	○	×	××
	공통선 절단	○	×	○
	자동화율	○	○○	○○○
	유지보수	○	×	××
	유지비용[*6]	○	○○○	○○
	부대시설	○	×	×
	설비비	○	×	××

평가항목		가스 절단	플라즈마 절단	레이저 절단
작업 환경	흄(분진)	○	××	×
	소음	○*7	×	○○*7
	빛	○	×	××
	열복사	○	○○	○○○

(가스 절단을 기준. ○ (×)의 수가 많을수록 가스 절단보다 우월(열등)하다.)
*1 비금속 절단도 가능하지만 실적에 맞췄다.
*2 일반적으로 적용되는 두께의 기준.
*3 거칠기에 관해서는 연강판 두께 12~20mm로 평가했다.
*4 플라즈마 절단, 레이저 절단은 슬래그를 찌꺼기로 표현하고 있다.
*5 에어 플라즈마의 경우 절단면에 질화물 생성 가능성 있음.
*6 토치 1 개당. 연강판 두께 25mm까지를 대상으로 했다.
*7 아웃 믹싱(가스 절단) 및 고압 질소(레이저 절단)의 경우, 소음은 커진다.

(6) 조선업에서 절단작업 종류

조선산업의 가공 공정에서 발생되는 절단 작업을 기능에 따라 분류하면 부재 윤곽절단 및 단면 절단 등으로 분류된다.

부재 윤곽의 절단은 도면에서 정의된 부재 윤곽을 정확하게 절단하는 것으로 절단 토치와 철판 표면을 직각으로 고정하고, 토치를 X, Y 방향으로 이동하여 이루어진다.

단면 절단은 절단 각도를 조절하여 부재 단면의 절단과 동시에 다양한 개선(groove)를[4] 가공할 수 있다. 절단 효율을 향상시키기 위해 부재의 판 두께, 모양, 정밀도 등을 고려하여 최적의 절단기로 가공되어야 한다. 조선소에서 사용하고 있는 대표적인 절단기는 반자동 절단기, 직선 절단기, 평행 절단기, 프레임 플레이너(flame planer), 아이 추적기(eye tracer) 및 NC 절단기로 효율적인 절단작업이 이루어지고 있다. 그러나 현척으로 그려진 부재 절단선이 곡선이거나 절단길이가 짧고, 자동 절단기 장점을 살릴 수 없는 경우에는 수동절단도 하고 있다. 이러한 절단기에 대한 자세한 내용은 3장 "공장 시설"에서 설명하고 있다.

---

4) 개선(groove) : 부재와 부재가 직각이 아닌 각도로 설치되는 경우, 설치 각도에 따라 절단면을 기울여 경사시켜 가공을 한다.

(7) 절단 변형의 방지 대책

철판을 고열로 절단하면 넓은 부분에 가열, 냉각을 받기 때문에 절단 가장자리에 팽창과 수축현상이 발생하는데 이 결과로 부재에 열변형이 유발된다. 이 변형은 이후의 가공공정에 다양한 악영향을 끼치므로, 절단할 때 필요 이상의 열을 추가하는 것은 최대한 피해야 한다. 절단 변형의 방지책으로는 피 절단재를 구속하는 방법, 수냉에 의해 열을 제거하는 냉각 방법, 절단 부분과 대칭 위치에 있는 판 가장자리를 가열하여 철강판 전체의 열균형을 맞추어주는 예열법 등이 있다.

어느 방법을 사용해도, 열변형 방지대책을 강구하는 것과 큰 잔류응력과 유해한 새실변화가 발생하지 않도록 하는 것이 가장 중요하다. 그림 2-11에 열절단에 의해 변형이 발생하는 메카니즘을 도식적으로 나타냈다. 또한 절단 변형의 방지 대책은 다음과 같다.

1) 가열법

철판의 양쪽 절단선을 동시에 절단하면, 열응력이 서로 영향주어 변형 발생을 최소화할 수 있다. 또한 두 절단선의 개선(groove) 형상이 다른 경우나 한쪽 절단선을 절단하지 않는 경우에는 양쪽 시임(seam)에 미치는 열량이 같아지도록 비절단측을 가열하면, 근사적으로 대칭 절단한 경우와 열 변형량이 비슷하게 된다.

2) 구속법

절단열에 의해 팽창과 수축함에 따라 강판의 이동 또는 회전이 불가피하지만 이를 외력에 의해 억제하고 충분히 냉각한 후, 외력을 제거하면 열변형을 줄일 수 있다.

다수의 플랫 바(flat bar)를 평행하게 절단할 때 판 끝에서 20~30 mm 들어간 위치에서 절단을 시작하고, 끝을 구속하면 변형 발생을 감소시킬 수 있다. 이 과정에서 변형이 허용 범위를 초과하는 경우에는, 지그(jig)를 사용하여 절단재료를 고정하거나 다른 재료를 임시부착 용접하여 상호 변형을 억제한 후, 제거 및 절단하는 등의 조치를 취한다.

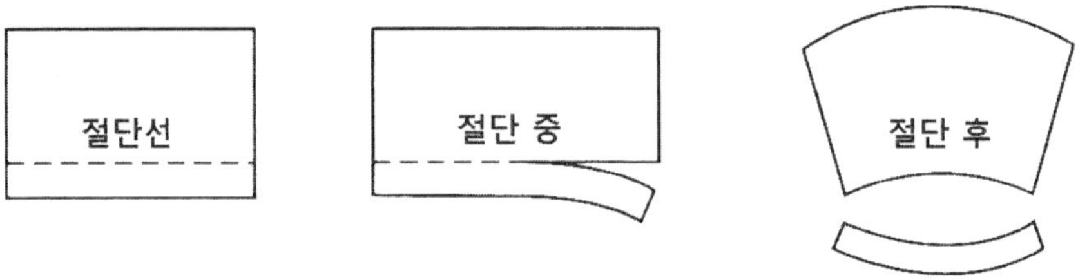

그림 2-11 열절단에 의해 발생하는 강판의 변형

3) 수냉법

대칭 절단법이나 가열법은 부재 치수 형상의 관계상 사용하지 못할 수 있다. 박판의 경우는 판 두께 방향의 강성(强性)이 작아 좌굴(挫屈)이 발생하기 쉬우므로 바람직하지 않다. 이 경우는 수냉법을 적용하면 좋다.

이 방법은 가스 절단토치 바로 뒤에 수구(水口)를 설치하고 여기에 물을 공급하고 절단면에 물을 뿌려 급랭시켜 절단열을 빨리 제거하면 절단 변형을 최대한 감소시킬 수 있다. 이 경우 급냉에 의해 마르텐사이트(martensite) 조직 생성에 따른 체적팽창[5]으로 수냉 시의 수축을 제거할 수 있다. 이 때 절단 가장자리에 가까운 재료는 취성이 발생하지만, 용접 이음으로 용접하는 경우는 용접열 때문에 템퍼링(tempering)처리가 되므로 열변형 문제는 생기지 않는다.

4) 각인·절단 순서

한 장의 단일 강판에서 여러 형상의 부재를 자르는 경우는, 절단 변형에 기인하여 강판과 부재의 이동과 변형이 발생하므로 윤곽 형상의 정확성이나 중심선과 상대위치 정밀도를 확보할 목적으로 다음과 같은 대책이 필요하다.

① 강판 전체의 이동을 최소화하는 방법 : 먼저 전체 면을 각인하고, 영향이 작은 순서부터 절단한다.
전체면 각인 → 내부(incut) 절단 → 부재 윤곽절단 (소부재 → 대부재)

5) 체적 팽창 : 고온으로 가열한 강재로 면심입방 결정의 오스테나이트로 존재하고 있던 금속 조직은 냉각 중에 체심입방 결정의 마르텐사이트로 변화한다. 체심입방 결정은 면심 입방 결정보다는 동일한 체적에 포함된 원자수가 많아지므로, 면심입방에서 체심입방으로 변화하면 부피 팽창이 발생하게 된다.

② 부재 단위에서의 이동의 영향을 최소화하는 방법 : 부재마다 절단을 반복한다.

부재 각인 →내부(incut) 절단 → 부재 윤곽절단 → 부재 각인 → (이상 반복)

5) 브리지(bridge)

브리지는 열응력에 의한 부재의 변형 강판이나 부재의 이동 및 부재나 스크랩(scrap) 부분의 튀어 오르는 변형을 방지하기 위해 절단 도중 또는 절단완료 후, 부재 움직임을 구속하는 것으로 다음과 같은 것이 있다.

① 열변형 방지 브리지 (그림 2-12)

절단열에 의한 부재의 변형이나 이동을 방지하고, 절단 정밀도를 유지하기 위해 부재 사이 또는 개구(開口) 중간에 설치되는 것이다.

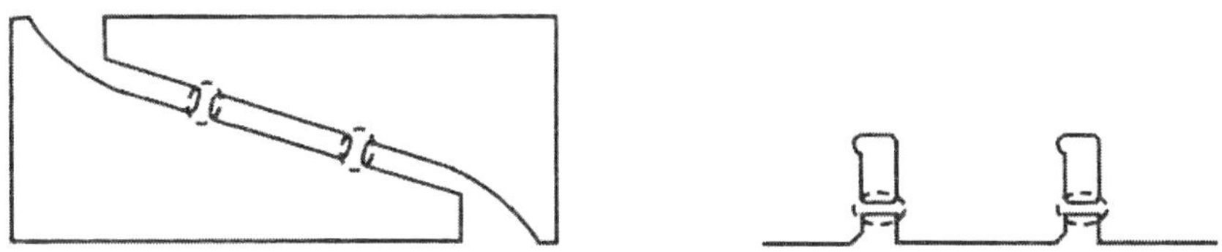

그림 2-12 열변형 방지 브리지

② 용접기의 노즐손상 방지용 브리지(그림 2-13)

절단 중 강재에서 분리된 부재나 잔재가 열에 의해 변형되어 돌출하거나 탈락되면서, 용접기 노즐과 충돌하면 손상될 위험이 있다.

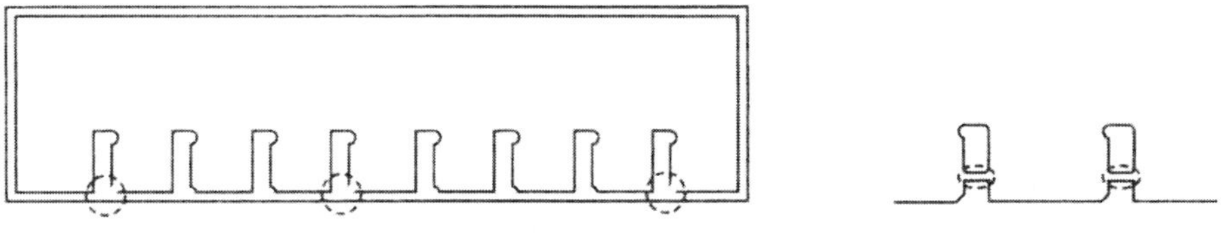

그림 2-13 용접기의 노즐손상 방지용 브리지

③ 부재의 낙하 방지용 브리지

절단 공정의 기준이 되는 정반에서 강재에서 분리된 작은 부재와 개구부의 스크랩 등이 절단되어 정반 사이에 떨어지거나 외팔보(cantilever) 상태의 강판면보다 돌출되는 것을 방지할 목적으로 설치한다. 그 방법은 절단 정반의 형식과 구조에 따라 다른 것이 보통이다.

2.1.4 굽힘 가공

(1) 굽힘 가공의 종류와 시공 범위

굽힘 가공은 재료의 재결정온도를 기준으로 하는 열간 및 냉간 가공법이 있다. 두 방법의 특성을 잘 인식한 다음, 곡선의 모양에 따라 한 가지 가공법을 채택해야 한다.

1) 냉간가공

① 판재의 냉간 가공

판재의 냉간 가공에는 롤러(roller)와 프레스(press) 기계가 사용된다.

- 롤러와 프레스 기계에 의한 원형 벤딩(bending)
  선체의 라운드 건넬(gunwale or gunnel)과 빌지 외판(bilge shell)을 곡선으로 만들려면 벤딩 롤러(bending roller)를 사용한다. 롤러는 판의 가장자리를 굽힐 수 없기 때문에, 먼저 프레스 기계에서 판의 끝을 구부린 후 롤러로 마무리한다. 판재를 프레스 기계에서 원형에 구부릴 때, 특히 판의 양단(이른바 곡면시작 부분)를 정확하게 가공하는 것이 중요하다.

- 롤러 또는 프레스 기계에 의한 외판 굽힘
  외판의 횡 굽힘 및 여유가 작은 판은 벤딩 롤러 또는 프레스 기계에서 마무리 할 수도 있지만, 보통은 3개의 벤딩 롤러로 가공한 후, 부분 가공 또는 선상가열(線狀加熱) 가공을 하여 굽힘 형태를 완성한다. 외판을 규정 모양으로 완성할 때에는 투시형태를 곡선을 맞추고 투시선이 직선을 유지하도록 가공한다.

- 면재(面材) 굽힘
  외판의 종통재(longitudinal)나 프레임 등의 면재(face plate)는 10~20 톤 정도의 이동 수압압축기 또는 100 톤의 수압 압축기로 굽힘 가공하는 경우가 많았지만, 선박 대형화에 따라 페이스 플레이트(face plate) 전용의 프레스(400 톤 압축기)와 벤딩 롤러가 사용되고 있다.

- 판 플렌지 굽힘
  판의 플랜지(flange)는 프레스 기계로 가공한다. 판 플랜지 곡률 반경은 판 두께의 3배 정도가 보통이다.

- 물결모양의 벌크 헤드의 굽힘 가공
  물결모양의 벌크 헤드(corrugate bulkhead) 굽힘가공은 일반적으로 폭 10 m~20 m, 하중 2,000 톤급 프레스로 가공한다.

② 형재(形材)의 굽힘

일정한 모양의 곡선을 갖는 갑판의 굽힘가공은 빔 벤디(beam bender)을 이용하지만 프레임처럼 다양한 곡선을 갖는 형재 굽힘은 프레임 휨을 위한 전용 프레스, 즉 프레임 벤더(frame bender)를 사용하여 가공한다. 이 경우 역직선법(그림

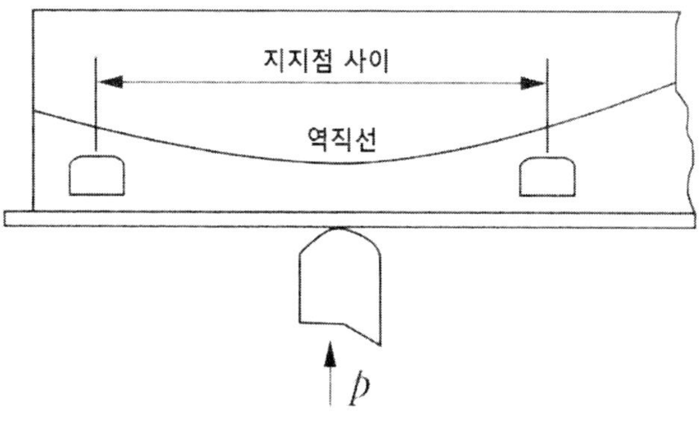

그림 2-14 역직선법 원리

2-14)을 이용하면 좋다. 이 방법에서는 굽힘가공 후 직선이 되는 선을 굽힘가공 전에 재료에 마킹하여, 가공 후 제품 정밀도를 확인 및 유지한다.

2) 열소성(熱塑性) 가공

① 열소성 가공의 원리

가열 및 냉각에 의해 재료에 발생하는 열변형을 역으로 이용하는 것이다. 그림 2-15에 도식적으로 나타낸 바와 같이, 가열을 받는 영역(그림 중 A)은 팽창하려고 하지만, 가열되지 않은 A 영역의 주위가 팽창변형을 구속하기 때문에 A 영역에는 압축응력이 발생한다. 또한 온도가 상승하면 항복응력이 저하하기 때문에 A

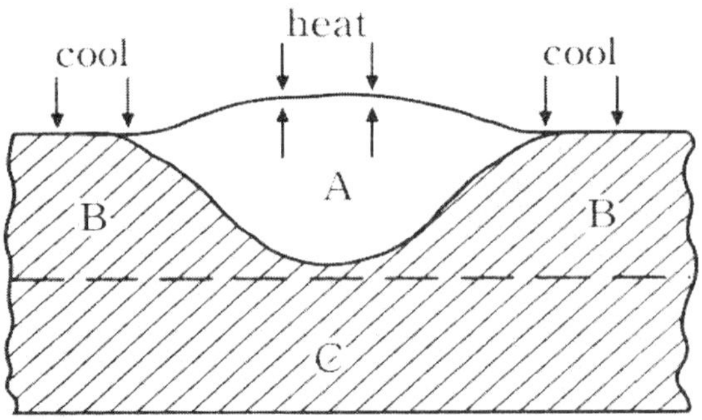

그림 2-15 열소성 가공(가열 중)

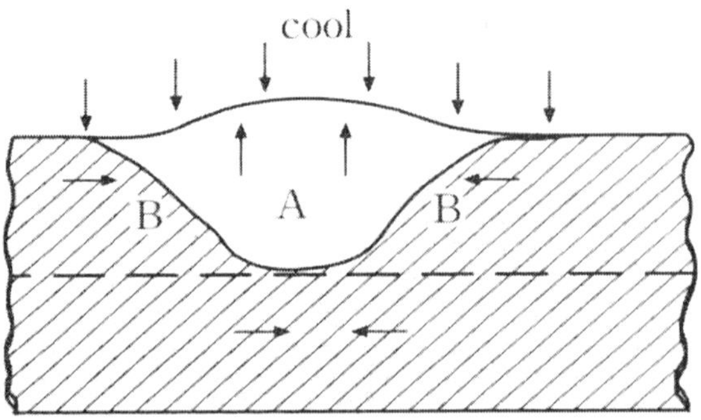

그림 2-16 열소성 가공(냉각 중)

영역은 압축응력의 소성변형[6]이 발생하는 한편, 가열되지 않는 주변 영역 B는 항상 탄성변형 범위 내에 머물고 있다. 열소성 가공에 의해 굽힘변형을 야기할 경우 그림 C 부분이 탄성변형 범위 내에 머물도록 가열하면 않되지만, 면내 수축변형을 야기할 경우 영역 C 부분에서도 소성 변형이 생기도록 가열할 필요가 있다. 냉각 과정은 그림 2-16에 나타낸 바와 같이, 영역 A는 수축하려고 하지만 주변 영역 B가 구속 역할을 하기 때문에 인장응력이 발생한다. 이 인장응력은 두께 방향의 온도분포에 대응하고 판 두께 방향으로 분포하는 휨 모멘트(bending moment)가 발생하여 판에 휨 변형이 생긴다. 가열에 의한 굽힘 가공에서는 굽힘과 수축이 동시에 발생하는 것에 주의할 필요가 있다.

② 가공법

- 선상 가열(線上 加熱)

  강판 표면에 가스 버너를 직선으로 약 10 mm 폭으로 위빙(weaving)하지 않고 가열하여 국부적으로 수냉하는 방법이다. 미리 벤딩 롤러나 프레스 기계 등으로 대략적인 냉간 굽힘 가공한 후, 선상 가열에 의해 완성시키는 경우가 많다. 선상 가열을 할 경우 최고 가열온도는 강판 종류나, 가열 후 냉각 방법에 따라 시공의 표준 범위가 규정되어 있다.

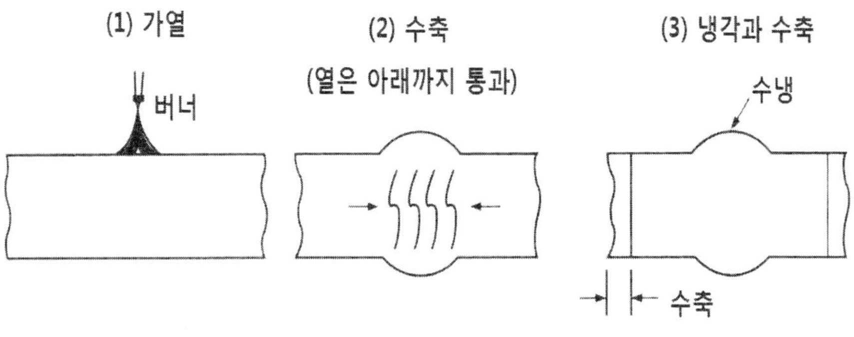

그림 2-17 점 가열

---

6) 소성 변형 : 일반적으로 강재의 항복응력은 온도 상승에 따라 감소한다. 역학적 용융온도(약 750℃)를 넘으면 항복응력은 제로가 되어, 고체 상태에도 힘을 받을 수 없게 된다.

- 점 가열(그림 2-17)
  강재의 한 점을 가열 후 냉각하면 강재는 수축하는데 선상 가열과 달리 각 변형(角變形)은 발생하지 않는다. 굽힘 가공보다 왜곡변형 제거에 많이 사용된다.

③ 판의 부분 점 가열

판의 가장자리를 가열하여 성형하는 것이며, 옆 곡선과 수직 곡선이 모두 큰 판의 성형에 사용된다. 가열하여 판을 곡선 모양으로 바꾸고 롤러나 프레스 가공 후 부분적인 점 가열 가공이 이루어진다.

④ 형강의 부분 점 열가공

형강의 굽힘은 프레임, 벤더 등에 의한 냉간 굽힘으로 가공된다. 가열 가공은 비틀림이 있는 종통재(longitudinal)의 성형과 프레임 벤더의 굽힘가공 후 국부 가열에 의한 곡선 수정 등에 사용된다.

(2) 굽힘 가공의 자동화

굽힘 가공은 원래 장인기술로 전승된 것이므로, 가열에 의해 변형하는 복잡한 현상을 취급하는 숙련된 기술을 습득하기 어렵다. 최근 컴퓨터를 이용한 굽힘 가공의 이론적 분석이 진행되어, 굽힘 가공의 자동화가 실용화되고 있다. 다음에 그 예를 소개한다.

1) 냉간 가공

선체 프레임 구조 및 현측 종통재(side longitudinal)에 사용되는 조재(條材)는 웹(web)의 면내 굽힘 가공을 필요로 하는 경우가 많다. 이 굽힘 가공의 수치 정보를 바탕으로 연속적으로 자동화한 것이 NC 프레임 벤더이다.

NC 프레임 벤더에 의한 가공에서는 먼저, 각 조재에 대하여 굽힘 가공에 관한 수치정보를 기반으로 재료 이동량을 검출한 후, 유압 실린더로 굽힘 가공을 한다. 그리고 재료의 선단(先端) 위치를 검출하고 원하는 소정의 곡선을 얻을 수 있도록 제어한다.

2) 열간 가공

일부 조선소에서는 자동 선상가열을 통한 굽힘 가공법이 실용화되고 있다. 유한요소법(FEM, finite element method)를 이용한 탄소성 열응력과 열변형 해석 결과에서 가열과 변형의 관계를 정리한 S/W 프로그램을 구축하고, 가열 장치를 수치 제어하여 소정의 형상을 얻는다[2.8] [2.9]. 열원은 고주파 유도가열이 사용된다. 이 굽힘 가공을 위한 자동화 시스템의 개요는 다음과 같다

① 평면 형상으로 탄성 변형시키는 경우에, 발생하는 변형을 유한요소법(FEM) 해석으로 해석하고 원하는 형상을 얻기 위하여 필요한 열변형 분포 거동을 구한다.

② 가열 조건과 고유 변형의 관계를 데이터베이스화 하고, ①의 계산으로 변형 분포가 발생시키는 가열 방안(가열선 배치 및 가열 조건)을 작성한다.

③ FEM 탄소성 변형 해석하여 ② 가열 방안에서 발생하는 변형을 추정한다. 변형 형상이 원하는 모양에 일치하는 경우 해당 조건에서 가열한다.

④ 가열 후의 판 형상을 측정하고, 수정 가열의 필요 여부를 결정한다.

3) 외판 전개법 (곡률선 전개법)(그림 2-18) [2.10] [2.11]

곡률선 전개법은 곡면의 곡률선을 계산하고 이 곡률선을 전개기선으로 곡률 외판을 평면으로 전개하는 새로운 외판전개 방법이다(그림 2-18). 전개도에는 냉간 굽힘 시공선과 가스 가열용 평판가공 시공선이 그려지고 냉간 굽힘 시공선을 따라 롤러를 사용해 굵고 큰 굴곡을 먼저 가공하고, 그 후 가스 가열에 의해 평판가공 굽힘을 한다. 이 방법은 복잡한 평판에서도 숙련 기능과 관계없이 효율적인 굽힘 가공이 가능하기 때문에 이용하는 조선소가 증가하고 있다.

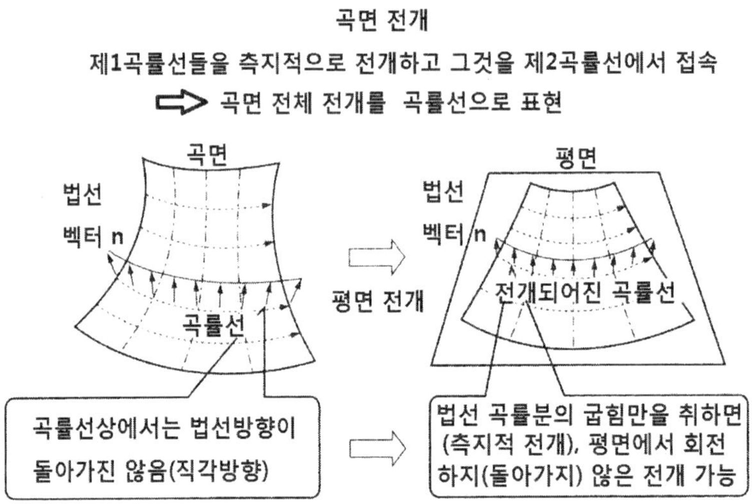

그림 2-18 곡률선 전개법 원리

2.1.5 운반과 정리

(1) 일반사항

조선소 생산현장의 운반 및 정리 방법에 대한 일반적인 주의사항은 다음과 같다.

- 경제적일 것
- 계획적일 것
- 단순화를 도모하는 것
- 기계화를 도모하는 것
- 안전할 것
- 재료 및 부재의 소재가 분명할 것

이를 실현하려면 작업 경로도(經路圖)를 작성하고 계획적으로 운용할 필요가 있다. 불필요한 지연이 없는 원활한 공정을 실현하기 위해 운반과 정리 중요성은 매우 높다. 최근 최적 물류관리의 라인을 실현하기 위해 각 장치와 컨베이어 제어를 컴퓨터 네트워크에서 수행하는 공장자동화(FA, factory automation) 시스템을 도입하고 있는 조선소도 점차 증가하고 있다.

(2) 운반 작업의 종류

조선소 내업 공장에서 운반 작업의 대부분은 기중기, 운반 차량 및 컨베이어로 이루어진다. 내업 가공에 있어서 강재의 이동·운반은 크레인과 이송용 롤러 및 컨베이어를 사용하는 경우가 많고, 절단된 부품의 구분 및 다음 공정으로 운반에는 천장 크레인(overhead traveling crane) 혹은 간이 호이스트(hoist), 대차(台車) 및 지게차 등이 사용되고 있다.

대부분의 선박생산 현장에서는 소조립 정반·절단 정반에 컨베이어 이동방식을 채용하여 작업 능률의 향상을 도모하고 있다.

(3) 정리 작업

현재, 대부분의 조선소가 부재표(material list)를 작성하고, 이를 이용하여 자료 정리 및 공정 관리 등을 일원화하여 사용하고 있다. 부재표를 사용하여 각 가공 공성에 늘어가기 전에 재료의 상태를 파악하고 각종 공사계획에 따라 재료의 배치와 정리를 실시하여, 각 가공 공장에서 가공공정 사이의 관계 밀접화를 도모할 수 있다.

필요한 시기에 필요한 물품이 필요한 수량만큼 정확한 치수로 가공현장에 준비할 수 있다면, 직·간접적으로 큰 이익이 된다. 재료는 굽힘 공정이 필요한 재료, 굽힘 공정이 불필요한 재료, 굽힘 공정이 완료된 재료 및 스크랩(scrap) 등으로 분류할 수 있다. 이들을 구별하지 않고 이송 및 배송하면 작업의 경제성, 안전성 및 신속성이 손상된다.

부재(部材) 정리는 부재의 크기에 적합한 방법으로 할 필요가 있다. 중간 크기의 부재와 큰 형상의 대물(大物)부재는 팔레트(pallet)[7]에 정리하여, 중간 부재는 상자단위로 대물 부재는 팔레트와 리프트 랙(lift rack) 등으로 취급할 수 있게 정리하면 용이하게 다룰 수 있다.

---

7) 팔레트 : 부재를 블록으로 운반하기 위한 받침대. 지게차, 트레일러 등의 운반 종류에 따라 모양이 다르다.

2.2 조립

2.2.1 조립 작업

조선업의 초기에는 가공된 부재를 직접, 선대(building berth, building slip)에서 조립하고 건조를 하였지만, 용접 기술의 급속한 발전과 함께 가공과 선대 공정 사이에 블록(block)이라는 중간 제품을 제작하는 조립 공정이 탄생했다. 이 가공, 조립, 선대 또는 도크(dock)로 진행되는 공법을 "블록 건조법"이라고 부른다. 현재는 생산 관리기술 및 응용 기술의 진보에 따라 선대·도크 작업을 블록 탑재 전에 하는 지상공정화(地上工程化)가 적극적으로 이루어지고 있다. 예시로

- 실내 공장에 설치된 정반(surface plate)에서 조립 작업을 많이 하고, 최대한 선대와 도크 작업을 적게 함으로써 생산성을 높일 수 있다.
- 선대·도크 작업량을 줄여 선대·도크 공사기간을 단축하여 선대·도크사용 회전속도를 올릴 수 있다. 선대·도크는 투자액에 비해 점유 면적도가 크므로, 투자효율 관점에서도 회전율 향상이 유리하다.
- 의장(equipment, outfit) 및 도장(painting, coating)공사를 블록 조립 중에 시공할 수 있으므로 선대나 도크에서 작업에 비해 안전성, 작업성이 모두 높다.

등이 주된 이유이다. 특히 블록 조립 중에 시공하는 선행의장 철저화가 최근 주목할 만하다.

선체 구조는 일종의 용기(船殼, hull)로 간주할 수 있으며, 외판(shell plate, 강판)과 크고 작은 골재(평강, 형강, 조립강 등)로 구성할 수 있기 때문에 선체를 분할하여 얻어지는 블록도 외판과 골재로 구성되어있다. 조립 공정에서는 가공된 부재를 결합하지만, 크기와 모양에 따라 다양하게 부른다. 일반적인 조립 공정은 가공된 부재를 사용하여 부품을 조립하는 소조립(sub-assembly stage)부재와 소조립를 조합하여 블록을 만든 대조립 공정(assembly stage)이 있다. 또한 앞에서 서술한 바와 같이, 대조립 공정 중에 의장 제품을 설치하는(선행의장처럼 각 조립공정 종료 후) 여러 가지 마무리 작업이 존재한다.

재료 배치작업은 조립 공정의 첫 번째 작업으로 부재를 크레인 등으로 운반하여 정반에 놓아두는 작업이다. 소조립 공정에서는 작업인력을 줄일 목적으로 전문 크레인 운전기사를 두지 않고, 기중기[8] 작업자가 운전기사를 겸하기 때문에 공장바닥에서 조작하는 크레인이 일반적으로 사용되고 있다. 최근에는 대형 조립 공정에서도 크레인 오퍼레이터를 줄이고, 대형 크레인의 무선 조작화가 진행되고 있다.

소조립 공정에서는 우선 기초가 되는 모재(母材)를 크레인으로 정반에 설치하고 그 위에 골재(형강, 평강)을 배치한다(그림 2-19).

대조립 공정의 예로서 소조립된 트랜스(transverse member)를 클램프(clamp)에 2곳을 매달아 조립하는 모습을 보여 준다(그림 2-20). 또한 운반용

그림 2-19 재료 배치(소조립 공정)

그림 2-20 재료 배치(대조립 공정)

그림 2.-21 종통재(longitudinal)

그림 2-22 마무리 가공작업(그라인더)

8) 기중기 : 와이어 등의 운반용 리프트를 적재에 걸거나 분리하는 작업.

그림 2-23 마무리 열가공 작업(변형교정)

리프트를 분리하기 전에 전도 방지(轉倒 防止)를 위한 지그(jig)를 부재에 반드시 하며 마찬가지로 종통재(longitudinal) 등을 조립하는 경우에도 지그를 미리 설치하여야 한다. 그림 2-21처럼 전도 방지용 지그를 배치하는 것 등의 작업 지침이 있다.

설치 작업은 배치된 부재들끼리 가 용접(tack welding) 하는 것이며, 자세한 내용은 2.5절을 참조하라. 용접 작업은 재료의 배치·설치 작업이 끝난 부재를 결합하기 위해 하는 것이며, 자세한 내용은 2.6절에서 기술한다. 마무리 작업에는 설치작업 시에 사용한 각종 비품이나 잔재나 남은 조각을 철거한 후, 마무리 가공에 필요한 그라인더 작업(그림 2-22), 부재의 용접 변형을 교정하는 작업(그림 2-23) 및 재료 배치용으로 달린 부품조각들의 철거작업 등이 수반되어야 한다.

2.2.2 블록 조립방법

(1) 소조립 개요 및 조립의 예

1) 소조립의 개요

소조립 공정은 대조립 공정의 선행공정(先行工程)이며, 내업 가공된 부재를 형상, 모양 및 무게가 큰 부품으로 조립하여, 대조립 공정에 적절하게 공급함

그림 2-24 트랜스 웹(transverse web)

그림 2-25 소조립 대형화의 예

으로써 부재의 분류, 배치 및 운반을 용이하게 하고 대조립 정반 회전율을 향상시킬 목적으로 한다. 일반적으로 트랜스 웹(transverse web, 그림 2-24)와 플로어(floor), 거더(girder) 등의 대형 골재(primary member) 조립을 대상으로 힌다.

소조립 작업은 블록 단위로 부품의 조립을 실시하는 것이 보통이지만, 표준화, 단순화 및 전문화에 착안하여 부품의 특징을 고려하여 로트(lot) 생산의 장점을 채택한 방법도 사용되고 있다. 이에 따라 부품의 종류, 모양 및 무게 등에 따라 부품을 분류하여, 각각의 부품을 조립하기 쉬운 공장별로 계열화하여 제작 전문 공장이나 조립 작업의 기계화 및 자동화가 추진되고 있다. 특히 용접 작업에서는 자동화 및 무인화 장비 도입이 진행되고 있다.

2) 소조립 대형화

소조립 공정에서 제작된 부품의 대형화는 대형 조립장으로 운반 횟수를 줄이고, 작업 자세 개선(改善), 더 큰 조립 정반의 효율향상 등의 이점이 있기 때문에, 여러 조선소들이 적극적으로 진행하고 있다. 이 공정은 중간조립 또는 2차 소조립 공정이라 부르는 경우도 많다. 소조립의 범위는 각 조선소의 시설에 따라 다양하기 때문에 중간조립 공정의 범위는 조선소마다 차이가 있다. 그림 2-25는 중간 조립공정에 해당하는 기관실(machinery space, engine room)구조 블록의 조립 모습이다.

(2) 블록 조립방법의 분류와 특징

1) 블록 조립방법의 분류

블록(block) 형상은 비교적 단순한 구조와 입체 구조화 된 것, 굽힘 가공이 있는 복잡한 것 등이 있고 그 조립 방법은 각 조선소의 설비, 기술 및 관리면 등의 역량을 고려하여 결정된다.

일반적으로 블록은 선체강재 총중량의 60~65%를 차지하는 선체 평행부(parallel part)블록과 선수와 선미부의 곡선면 및 굴곡부 블록으로 대별된다. 그들은 블록의 모양에 따라

- 평행블록 계열
- 입체블록 계열
- 곡선블록 계열
- 기타 블록 계열

등의 계열 분류에 대하여, 각 조선소 설비에 적합한 조립 방법이 채택되고 있다. 각 계열의 블록 조립방법은 다음의 방법으로 분류할 수 있고, 조립공정을 최적화하여 복잡한 형상의 블록과 입체 블록을 효과적으로 제작한다.

2) 평행 블록의 조립 방법

평행 블록의 각종 조립 방법 장단점을 표 2-5와 같다.

표 2-5 각 조립 방법의 장점과 단점

조립법	장점	단점
낱개배치조립방법	a) 종통재 설치와 동시에 트랜스나 늑판 설치도 할 수 있다. b) 작업 장소가 한정되지 않기 때문에 정반 계획에 자유도가 높다. c) 동일 장소에서 부재의 주요 재료에서 용접까지 시공하여 블록으로 정리되기 쉽다.	a) 블록마다 배재(配材) 준비를 필요로 하기 때문에 비효율적이다. b) 작업 장소가 한정되지 않기 때문에 작업자의 이동이 많아진다. c) 기계화, 자동화가 어렵다. d) 재료 적치장에 따라 크레인 이동거리가 길어진다.

조립법		장점	단점
종통재 선행부착법	대판 공법	a) 종통재 설치, 용접 기계화·자동화가 용이하다. b) 작업성이 좋다. c) 평행 블록의 전 • 후부에도 적용할 수 있다. d) 배치 작업의 분리에 의한 크레인 집중화를 피할 수 있다.	a) 종통재 용접에 의해 변형이 발생 쉽기 때문에 슬롯부 취합부가 집중되면 능률적인 품질저하를 초래. b) 트랜스나 플로어 배재 작업이 다중 배선 작업에 비해 어렵다. c) 각 공정 타이밍을 맞추기가 어렵다. d) 컨베이어를 사용하는 경우, 컨베이어의 길이가 길어진다.
종통재 선행부착법	단판 공법	대판 공법의 장점 이외에 다음의 장점이 있다. a) 단판에 종통재를 선부착하는 정반의 점유율이 대판 공법에 비해 낮다. b) 쌓을 수 있고, 장비가 소형화 할 수 있다.	a) 이음매 또는 종동재 사이에 치수 오차가 생기기 쉽다. b) 종통재를 블록 단위의 로트(lot)가 아니라 단판별로 관리할 필요가 있다.
종통재 선행부착법		주) 트랜스 삽입 공법 a) 슬롯부 색상 플레이트 절감. b) 정반 크레인 점유 시간이 짧아진다.	a) 종통재 사이 치수 정밀도가 나쁜 경우 슬롯부에 다시 절단작업이 발생할 가능성이 높다. b) 정반의 끝부분에 드럼 윈치 등 대규모 장치가 필요하다.
격자조립법		a) 전용 정반에 있기 때문에 기계화, 장비화하기 쉽고, 배치보전 방법의 안전성이 높다. b) 전도 방지 지그가 감소한다. c) 정밀도 유지가 쉽다. d) 종통재 또는 횡통재 삽입 방식은 다음과 같은 이점을 갖는다. - 칼라 플레이트가 필요 없다. - 종통재, 횡통재 플로어 교차 부의 구조가 간단하여 피로 강도가 향상되는 것과 동시에 수직 방향 용접량이 감소하며 자동 용접 채용이 용이해진다	a) 외판 부재와 격자조립 공정을 맞추기가 어렵다. b) 격자가 되지 않는 블록은 적용할 수 없다. c) 격자 이동이 발생한다. d) 용접 길이가 긴 종통재 용접의 자동화가 어렵다. e) 전용 정반이 필요하다.

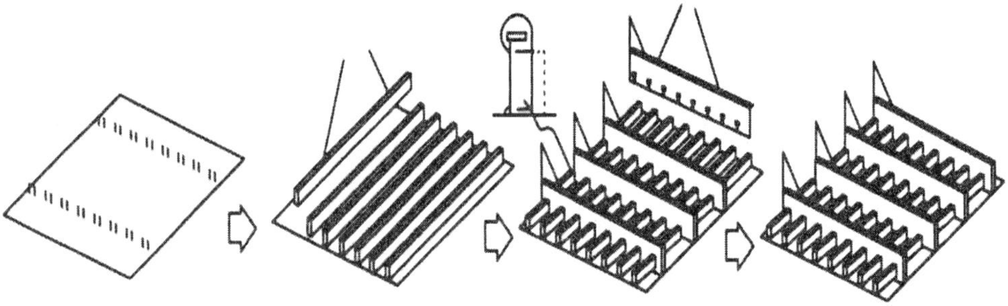

그림 2-26 낱개 배치 조립방법

① 낱개 배치 조립방법(그림 2-26)

판이 연결된 이음으로 되어진 평판에 종통재, 횡통재 및 거더 등의 골재를 순차적으로 배재하고, 설치하는 방법으로 오래 전부터 이루어졌고, 특별한 장치나 설비를 필요로 하지 않아 평면 블록 및 굽힘 블록에 관계없이 이용되어 졌다.

② 종통재 선행부착 공법

종통재 선행부착 공법은 대판 종통재 선행부착 공법(大板 工法)과 단판 종통재 공법 (單板 工法)의 두 종류로 나뉜다. 다음은 두 가지 종류의 순서를 나타낸다.

(가) 대판 종통재 선행부착 공법(그림 2-27)

- 본체에 강판을 설치하고, 판이음 공정의 맞대기 용접을 한다. 이것을 외판 패널(pannel) 이라고 부른다.
- 주변을 마킹하고, 절단한다.
- 종통재를 외판 패널에 배치하고, 용접한다.
- 대조립 공정에서 횡통재, 플로와 및 거더 등을 배치하고 부착한다.

(나) 단판 종통재 선행부착 공법(그림 2-28)

- 단일 판에 종통재를 배치 및 장착한다.
- 종통재 용접장비(line welder)로 종통재를 용접한다.
- 용접에 의한 단판의 변형을 교정기로 수정한다.

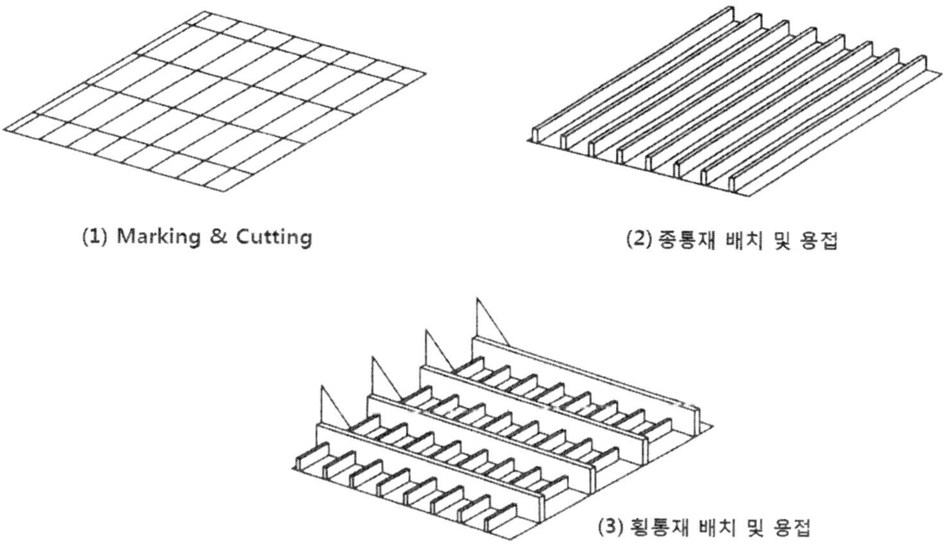

그림 2-27 대판 종동재 선행부착 공법(大板 工法)

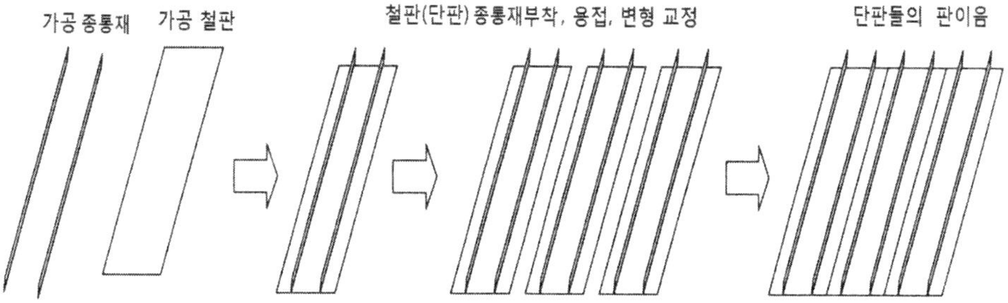

그림 2-28 단판 종통재 선행 부착공법(單板 工法)

- 전 선행공정에서 만든 단일 판끼리 판이음을 한다.
- 대조립 공정에서 횡통재나 늑판을 배치하고 부착한다.

또한 고정식 윈치 드럼을 배치한 전용 시설이나 임시로 끝 단부에 배치한 이동식 윈치 드럼에 의해 횡통재나 늑판을 배치하는 방법을 도입하는 조선소도 증가하고 있다.

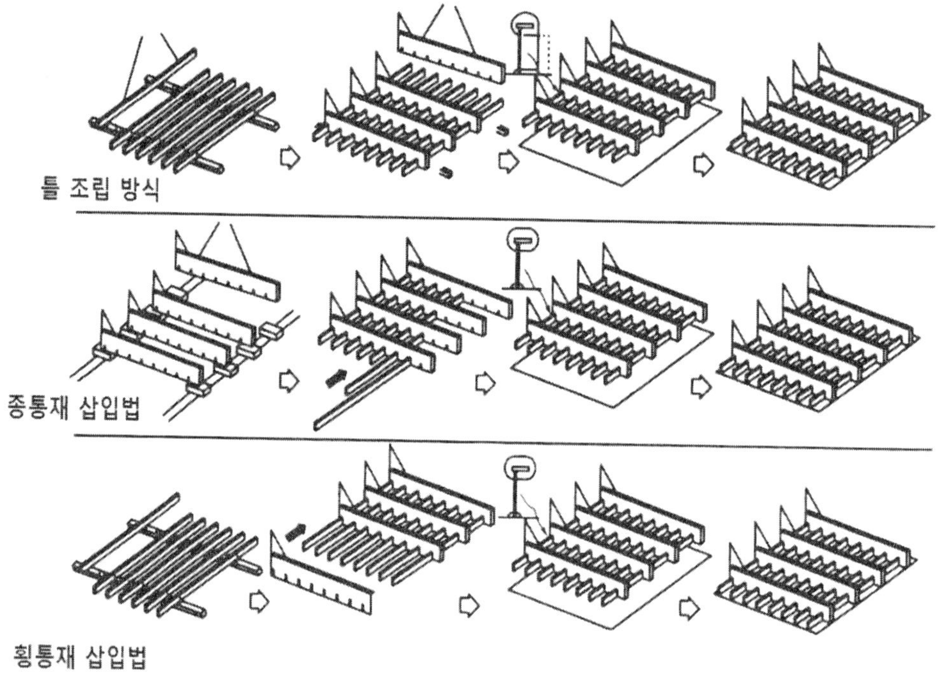

2.-29 격자 조립법

③ 격자 조립법(그림 2-29)

골재(종통재, 횡통재, 플로어, 거더 등)를 정반 위에 먼저 격자모양으로 구성하고, 그것의 아래에 외판 패널에 넣어 격자와 외판 패널을 일체로 하는 방법으로 골재에 견고한 격자모양이 있는 블록에 적용된다.

격자 조립법은 그림 2-29와과 같이 세 가지 방법이 있다. 이 방법의 장점으로 (a)의 방법은 특수 장비를 사용하지 않고도 가능하고, (b)와 (c)의 방법은 슬롯(slot)부의 칼라 플레이트(collar plate)를 삭감할 수 있다는 점을 들 수 있다.

종통재 삽입법은 선행 부착된 횡통재나 플로와에 종통재 삽입장치에 의해 다수 개의 종통재를 동시 삽입해 나가는 방법이며, 횡통재 삽입법은 많은 종통재를 종통재 팔레트 등을 이용하여 선행 배치하고, 소정의 위치를 결정 후에 횡통재 늑판을 삽입 지그로 한꺼번에 삽입하는 공법이다.

표 2-6 파나막스 벌크 캐리어 선체 구조 및 조립 방법

		선 창 부		비 선창부			상부구조	특수구조
		평행부	굴곡부	선수구조	선미구조	E/R		
중조립		B	A	A	A	A, B	A	A
대 조립	평판	B	A, B	A, B	A, B	A, B	-	-
	입체	B, C	A	A	A	A	A	A

범례 A : 다중 배선 조립 법, B : 종통재 선행 부착법 및 C : 격자 조립법

3) 선체 구조과 조립법의 관계

앞에서 서술한 바와 같이 선체 블록은 블록 모양에 따라 4 가지 계열로 나눈다. 선체 블록의 분류는 선박 종류별로, 각 조선소마다 차이가 있다. 여기에서 파나막스 벌크 캐리어[9](Panamax Bulk Carrier)를 예로 각종 블록과 거기에 이용되는 조립 방법과의 관계를 표 2-6에 나타내었다.

(3) 평행부 블록

빌지 부(bilge part) 블록을 그림 2-30에, 탑 사이드(top side) 블록을 그림 2-31에 나타냈다.

그림 2-30 빌지 부 블록(날개 배치 조립방법)

그림 2-31 탑 사이드 탱크 블록

9) 파나막스 벌크 캐리어 : 파나마 운하를 통행 할 수 있도록 선폭을 그 제한의 최댓값으로 한 선형을 가지는 벌크 캐리어의 통칭. 6~7 만 재하중량톤 정도이다.

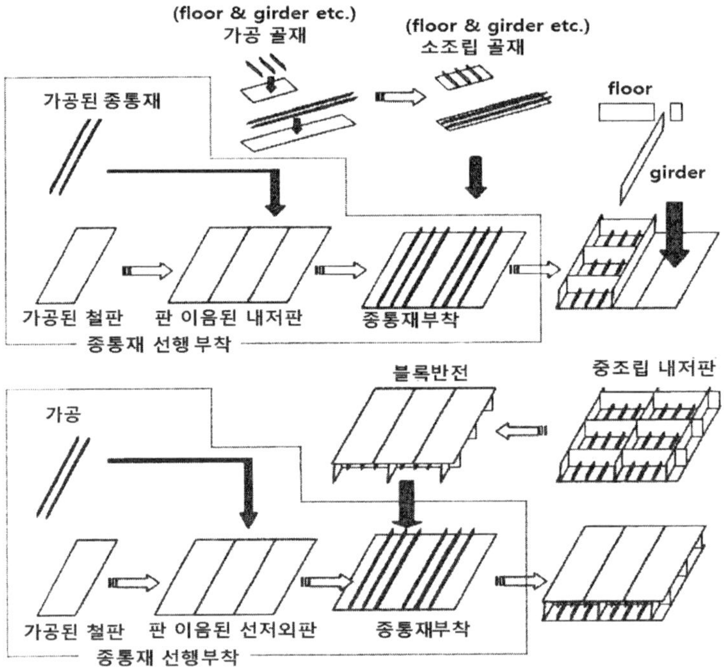

그림 2-32 이중 바닥 (종통재 선행 부착법)

이중 바닥(double bottom) 블록의 조립 방법으로 내부 바닥판(inner bottom plate, tank top plate of double bottom)을 베이스로, 대 조립된 선저 외판(bottom plate)을 덮는 방법과 내저판을 기준으로 중 조립을 하고 반전 후, 선저 외판 위를 덮는 두 가지 방법이 있다. 후자 방법으로 선체저면 이중바닥의 종통재 선행부착법 조립 순서가 그림 2-32에 있다.

(4) 곡선 블록

선체의 선수와 선미는 복잡한 곡면으로 형성되어 있어, 선수와 선미부의 외판(外板 shell plate) 블록을 곡선 외판블록이라고 부른다. 곡선 외판블록은 선체 구조에서 기관실 구조, 선미(stern) 구조, 선수(Stem) 구조(그림 2-33, 그림 2-34)를 이루고 있는 블록이다. 주된 조립방법은 외판을 베이스로 중조립되어진 것을 데크(deck)에 씌우는 방법과 데크를 베이스로 외판을 붙여 넣는 방법 등 두 가지가 있다. 전자의 외판 베이스에서 중조립은 외판 판이음 후 낱개 배치 조립

그림 2-33 선수 구조(선수 선저부)

그림 2-34 선수 구조(구상 선수부)

공법을 이용하는 것이 주류이지만, 구배가 작은 외판에서는 종통재 선행 부착법을 이용하는 경우도 있다.

(5) 기타의 구조

1) 강판제 선미 프레임(그림 2-35)

선미재의 제작방식은 대형 주강품(steel casting)으로 부터 강판을 빌트 업(built up)시키는 유형으로 진화되어 왔다. 선미재 및 선미 구조를 일체화한 블록이 조립되어 현재는 조타(吊舵, hanging rudder)와 구상 선미(bulb stern)을 채용한 선체 및 선미 형상의 발전으로 주강(cast iron) 부분은 더욱 감소하는 구조로 변화하고 있다. 또한 방향타 축심과 프로펠러 축심위치 관계의 일치성을 만족시키기 위해서, 선미부 블록 형상의 정밀도 유지가 중요하다.

2) 상부구조 블록(super structure)

상부구조의 제작은 선체 공정과 의장 공정이 복잡하게 얽혀 있고, 의장 공사량이 방대하며, 작업 환경이 열악하므로 선대에서 작업하면 비교적 긴 공사 기간이 필요하다. 그래서 상부구조는 블록 단계에서 가능한 범위에서 많은 의장 공사를 실시한 이후 총조립(그림 2-36)을 하고, 의장 공사가 거의 완성된 상태로 선대 도크 또는 의장 안벽에서 거대한 선대·도크 크레인 또는 플로팅 크레인(floating crane)을 이용하여 일괄적으로 탑재하는 조선소가 많다.

그림 2-35 선미부 프레임 부분

그림 2-36 상부구조 총 조립(super structure)

2.3 외업

2.3.1 외업 작업

외업은 선대나 도크에서 조립 공정에서 만들어진 블록을 탑재(erection)하고 부착·용접에 의해 선체구조를 쌓아 올리고 진수(launching)·출거(undocking) 시킬 때까지의 일련 작업을 말한다. 진수 작업은 6장에서 설명한다.

외업 공정은 선체공사의 최종 공정이므로, 선체 공사의 공정과 품질을 종합적으로 보증해야 한다. 또한 의장 공사도 병행하여 이루어지므로 각 직종 간 공정 조정을 면밀하게 할 필요가 있다. 작업 환경은 옥외 작업이 대부분이며, 높은 위험장소와 협소하고 좁은 장소에서의 작업이나, 의장 공사와의 혼재작업 등이 발생하기 때문에 안전한 작업환경 만들기에 특히 주의해야 한다.

현재, 외업 공정의 공사기간 단축과 작업 환경에 대한 배려, 아울러 설비 능력 확충에 의해, 대형 블록을 5~6개 결합하여 탑재할 총조립 블록 제작이, 조립공정과 탑재공정의 중간공정으로 정착되고 있다.

외부작업 내용으로 블록(block) 탑재 전에 지주(shore 또는 stay) 준비, 블록의 마무리 확인 및 탑재 전 공구 준비, 블록 탑재, 블록의 일정 결정, 설치 작

그림 2-37 건조 도크에서 외업 작업

업, 용접 작업 및 검사 등이 있다. 설치 방법은 2.5 절, 용접에 대해서는 2.6 절에서 자세히 언급하기 때문에 여기서는 생략한다.

각 작업은 다음과 같이 실시된다.

① 반목·기둥 배치도에 따라 반목과 기둥을 배치한다.

② 블록 상태(선행 의장, 선행 발판 가설 및 도장의 진행 상태 등), 탑재에 사용하는 피스(마운팅 피스, 부착·피스 결정 등)의 준비 상황, 블록 탑재에 사용하는 공구의 준비 상황을 확인한다.

③ 선대에서 혹은 건조 도크에서 크레인 등으로 이동하여 일정한 장소에서 블록을 받고 필요한 경우 블록을 반전한다.

④ 크레인 등에 의해 탑재된 블록을 정위치에 탑재하여(블록 결정짓기) 선형을 쌓아 간다. 블록 결정짓기는 탑재 블록의 기준선 등(buttock line, water line, frame line), 차월선 마크(accuracy control mark)[10]등 을 이용한다.

⑤ 선형 결정짓기가 끝난 블록에서 부착부 용접을 할 수 있도록 임시 고정한다. 부착부의 편차, 곡선, 갭(gap) 등을 수정하여 용접변형 방지책을 실시한다. 선체 블록의 경우, 선박 무게량을 균등하게 받도록 반목을 설치한다.

10) 차월선 마크 : 절단선을 따라서 안쪽에 평행선을 뺀 것. 절단 정밀도 검사 및 동시에 정렬에 이용된다. 8.3.9 항 참조.

⑥ 기본 용접시공 요령에 따라 부착부를 용접한다.

⑦ 공사가 완료된 부분의 선체 구조 및 용접 대하여 조선소에 의한 자체 검사 및 내부검사를 하고 선급 협회와 선주 감독에 의한 검사를 실시한다. 검사로는 외관 검사, 비파괴 검사(NDT, non-destructive testing)[11], 수압 또는 기압에 의한 누설검사 등이 이루어진다.

2.3.2 총 조립

각 조선소에서 대형 블록을 몇 개 결합시켜 탑재하는 총 조립 방식이 널리 이용되고 있고 총 조립의 목적은 다음과 같다.

- 탑재 공정의 공사를 총 조립 공정에서 소화함으로써 선대•건조 도크 사용 기간의 단축을 도모하여 회전 속도를 올린다.
- 고소 작업 및 발판(scaffold plank) 가설을 감소시켜 안전성과 작업능률을 향상시킨다.
- 선행 의장 및 블록 도장의 촉진•탑재 공정에서 야외 공사의 감소.

총 조립 방식은 입체 총 조립[12]과 평판 총 조립으로 대별된다. 선체 중앙부에서는 어떤 방식도 채용 할 수 있지만, 선박의 선수, 선미 구조와 상부 구조는 입체적인 총 조립 방식이 채용된다. 총 조립 공정은 선대 도크 주변의 정반 배치와 크레인 능력에 따른 블록 반전(反轉)의 필요 여부 등을 고려하여 계획한다.

2.3.3 선체 지지법

반목(그림 2-38)은 선대나 도크에서 선박을 건조할 때 정반으로 사용된다. 반목 배치도에 따라 정확한 위치에 반목을 설치한다. 반목은 배치되는 위치에 따

11) 비파괴 검사 : RT(Radioactivity testing 방사선 투과 시험), UT(ultrasonic testing 초음파 시험) MT(magnetic particle testing 자기 입자 시험), PT(penetrant testing. 침투 탐상 시험) 등이 있다.

12) 입체 총 조립 : 블록을 수직으로 쌓아 올리는 방식

그림 2-38 반목

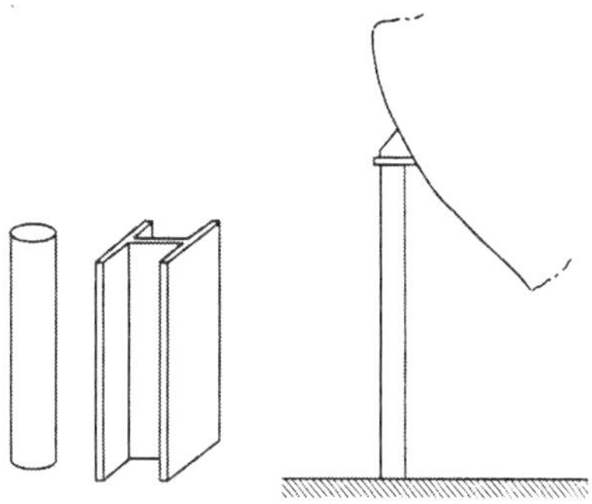

그림 2-39 지주

라 용골(keel) 반목(keel block)[13]과 빌지 반목(side block)[14]으로 나뉜다. 반목은 선체 무게, 밸러스트 중량 등을 지지하기 위하여 충분한 강도가 필요하며, 일반적으로 반목 1 조 당 196~588 kN (20～60 tonf) (평균 압력 980 kN/m^2=100 tonf/m^2)이 되도록 반목의 크기와 치수 및 위치가 결정된다. 건조 중인 선체치수 유지(ship write)의 면에서도 반목 침하량은 최대한 작게 할 필요가 있다. 더불어, 진수 시 반목의 분리가 용이하게 할 수 있도록 배려가 필요하다.

반목에 사용되는 재료는 소나무, 미송, 느티나무, 떡갈나무, 콘크리트 및 철재 등이 사용된다. 지주(그림 2-39)는 선체 중량을 지지할 뿐만 아니라, 블록 부착 시의 조정에 사용된다. 현재는 강철제 버팀대가 많이 사용된다.

(1) 반목, 기둥의 배열

반목과 기둥 배치 계획은 뜻하지 않은 사고를 예방을 위해 다음과 같은 사항에 유의한다.

- 선체 블록의 정밀도 유지를 보장해야 한다.
- 선체 중량을 지탱해야 한다.
- 강풍, 지진 및 선체 경사에 의한 선체의 불안정을 방지해야 한다.

---

13) 킬 반목 : 선체 중심선상에 배치된 반목.
14) 빌지 반목 : 선측부에 배치된 반목.

2.3.4 탑재

(1) 탑재 준비

블록을 단시간에 소정의 위치에 탑재하기 위해서는 발판(scaffold plank) 설치요령, 탑재 요령, 반전 요령에 따라 다음을 검토할 필요가 있다.

- 블록 중량
- 블록 중심 위치
- 블록 탑재시의 전도방지(轉倒防止) 방법
- 블록의 보강
- 마운팅 피스의 위치
- 표준 지그 부착 위치
- 운반용 리프트의 선정
- 지그의 강도
- 탑재 순서, 탑재방향

블록 자체의 종합점검 및 블록 결합을 위한 준비 작업은 탑재 전에 완료할 필요가 있다.

1) 마운팅 피스(그림 2-40)

마운팅 피스 및 각종 지그의 크기, 형태, 수량 및 설치 위치를 결정하려면 분할도 및 공작도를 기반으로 블록 중량중심 위치를 정확히 분석할 필요가 있다. 분석에서 설치된 의장품 및 발판 등의 무게와 와이어 중심과 블록의 간섭 등을 고려해야 한다. 마운팅 피스의 강도 평가는 들어 올릴 때에는 동적하중 작용을 계산할 필요가 있다. 이러한 검토 결과는 공사용 도면에 나타나 있다.

마운팅 피스의 선정·설치시의 주의 사항은 다음과 같다.

① 마운트 피스의 재질과 치수 및 용접 비드 길이, 예상하는 하중에 충분히 견딜 수 있도록 선택한다.

② 동적 하중을 고려하여 충분한 안전율(safety factor)를 설정한다.

③ 마운트 피스나 지그에 들어 올릴 수 있는 능력을 색깔로 구분하여 작성 및 기입하고 철저한 관리를 하여 선정착오를 방지해야 한다. 또한 부분 파손이 있는 마운트 피스는 사용하지 않는다.

그림 2-40 마운팅 피스

표 2-7 보강 부재의 설치 방법

	주 의 사 항
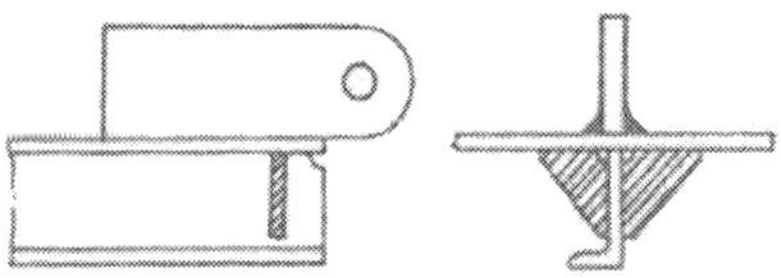	• 마운트 피스의 뒷면은 전체 용접한다. • 블록 중량에 따라 비드 길이를 더 한다.
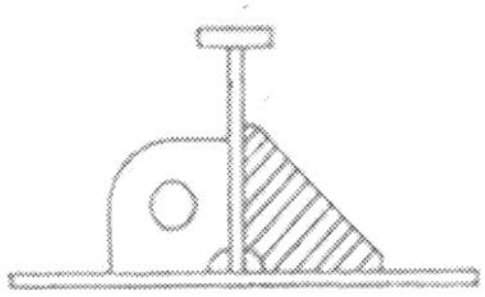	• 프레임 등에 아이 플레이트(eye plate)를 설치할 경우 프레임의 변형을 방지하기 위해 보강재를 뒤에 붙인다.
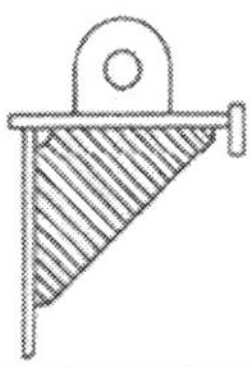	• 페이스 플레이트(face plate) 등의 변형 방지를 위해 보강재를 뒷면에 붙인다.
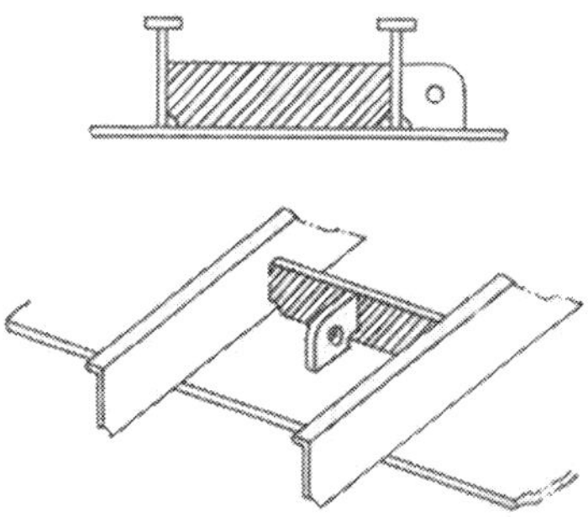	• 블록 무게에 비해 아이 플레이트 부착부의 두께가 얇은 경우 프레임 사이를 통과하는 보강재를 붙인다.

④ 조양(吊揚) 피스(piece)의 부착 부근에 있는 용접공정(2.6 절 참조)은 모두 전체 용접을 한다. 필요에 따라 설치 위치에 선체 용접이음에 보강 용접을 추가로 할 수 있다.

⑤ 마운트 피스의 장착 부분의 선체 강도를 평가하고 필요에 따라 강도를 보강하는 부재를 넣는다(표 2-7).

2) 탑재를 위한 치공구(治工具)

블록 탑재작업을 신속하고 안전하게 수행하기 위해 탑재에 필요한 비품, 블록에 설치 또는 부착을 위한 지그(jig)를 사전에 준비할 필요가 있고, 공구에 대해서도 마찬가지이다. 사용되는 지그는 표 2-8과 같다.

표 2-8 부착용 지그

지그명칭	형상	사용 예
턴버클 지그		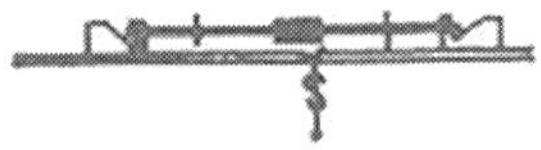
커넥터 지그		
가이드 지그		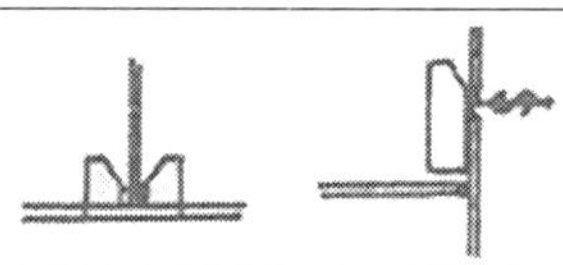
블록 받침 지그		
맞대기 지그	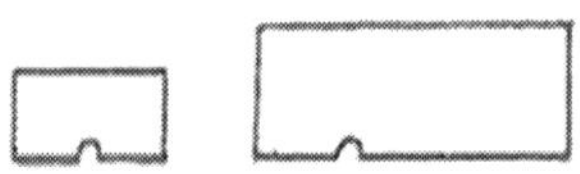	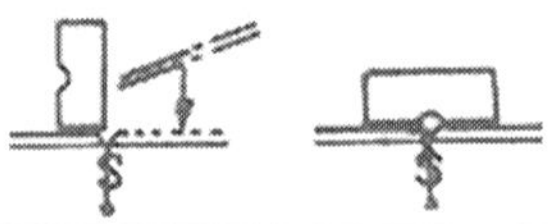
지주받이 지그	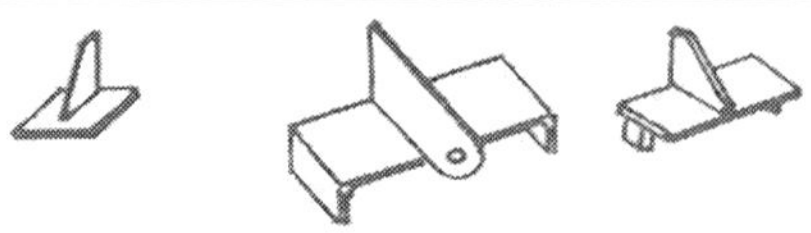	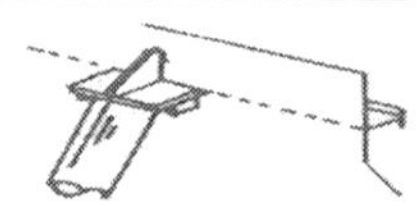

(2) 탑재 작업

탑재 준비를 마친 블록은 크레인으로 소정의 위치에 탑재된다. 블록 탑재작업 있어서는 전체 지휘자, 신호원, 크레인 운전사 등의 블록의 부착 작업을 수행하는 작업자들과 협력도 매우 중요하다. 최근에는 지상에서의 총 조립 방법이 확산되어 블록 중량이 점차 증가하는 경향이 있다. 이에 따라 기존 대세를 이루고 있던 4점 걸이 방법에서 다점 걸이 방법으로 변화되고 있다.

1) 블록 반전법(그림 2-41)

블록 전도기(轉倒機)에 의해 반선 작업을 하는 조선소도 있지만, 일반적으로 크레인 1대 또는 2대에 의해 반전한다. 문형 크레인의 경우, 크레인 1대와 2개의 후크(hook)로 반전하는 것이 바람직하지만, 블록 모양 등의 이유로 2 대로 작업할 수 있다.[15] 이 경우 동일한 능력의 크레인을 사용하는 것이 바람직하다.

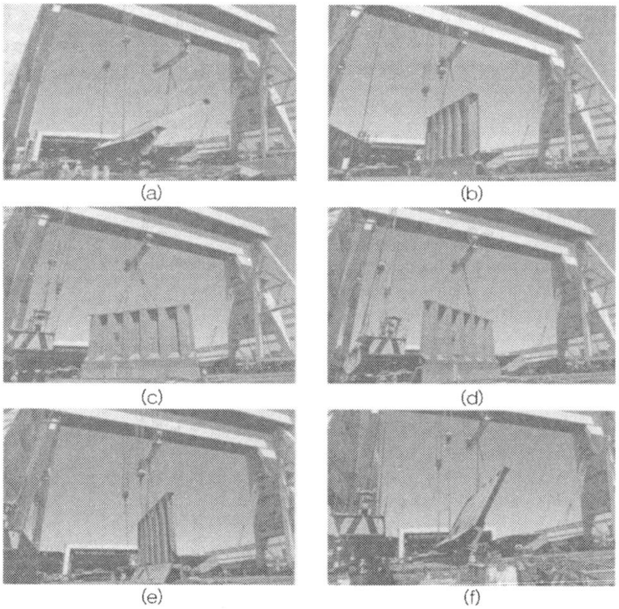

그림 2-41 2대 문형크레인으로 블록 반전 요령

15) 2대의 크레인을 사용하여 반전하는 요령은 먼저 2대가 블록을 끌어 올린 후 한쪽 크레인에 매달아 크레인 후크로부터 와이어를 분리 후 한 대의 크레인에 매단 채 180° 회전 시킨다. 그리고 다른 크레인에서 하단을 들어 올려 제자리에 매달아 그대로 운반하여 반전 작업을 마치게 된다.

2) 크레인에 같이 매달기

블록 반전 작업이나 크레인 능력을 초과하는 블록을 매어다는 경우나 크레인 1대에 걸기에는 어려운 특수 블록을 매달기(吊揚)하는 경우는 크레인 2대로 같이 매달기 작업을 할 수 있다. 같은 매달기 작업에는 안전한 줄걸기가 가능한 측정장비 등을 사용해야 한다.

2.3.5 발판(scaffold plank)

발판은 안전하고 효율적인 작업을 위한 작업 바닥이다. 발판의 발판가설 작업, 공사 및 검사 등을 완료한 후 해체 작업이 있다. 이러한 작업은 고소 위치에서의 추락 위험을 동반하고 있어 조선업계의 3대 재해의 하나로 꼽히고 있다.

(1) 발판의 종류

발판은 다음 두 가지로 분류 할 수 있다.

① 고정식 발판 : 브라켓 발판(그림 2-42), 매달기 발판, 유닛식 발판, 파이프 발판

② 이동할 수 있는 발판 : 외현 발판, 도크측 발판, 롤링 타워, 곤돌라 발판, 고소작업차 등

그림 2-42 브라켓 발판

(2) 발판가설 공정

발판가설은 설치도면에 따라 이루어진다. 발판 부품의 대부분은 소조립 단계에서 부착된다. 발판 일부는 소조립 공장에서 제작되어 블록 탑재 또는 최종탑재 사이에서 가설된다(지상 가설).

총 조립이 이루어지는 경우는, 최종탑재 직후에도 발판이 가설된다(최종가설). 선대 또는 도크 중에서 가설(선대 또는 도크 중 가설)은 블록 탑재 직후에 이루어지고 결정 방법, 설치 및 용접 등의 작업이 이어진다.

발판 해체작업은 모든 관련 작업이 완료된 후에 실시한다. 총 조립 경우, 총 조립 블록의 완성(검사 및 도장이 있으면 도장완료 후)후 총 조립용 발판이 해체된다. 선대와 도크에 있는 작업 발판은 선체 공사, 의장 공사, 도장 공사 및 최종 검사 등이 모두 완료된 후 구획 단위로 해체된다.

(3) 발판의 배치 계획

발판의 배치 계획에는 다음과 같이 고려된다.

① 통로용 발판 배치의 결정 (i. 통행성, 안전성, 유효이용도, ii. 선각 의장, 의장용 발판의 종합 조정)

② 선각 공사용 발판의 배치

③ 의장 공사용 발판의 배치

④ 도장 공사용 발판의 배치

⑤ 검사용 발판 배치

이와 동시에 발판가설 방법 및 발판 기자재와 부재 선정이 이루어진다.

(4) 발판 설계

발판의 배치 계획, 가설 발판의 선정이 이루어지면 발판 부속품들의 배치도가 제작된다. 배치도는 각 조선소의 발판설계 기준에 따라 결정한다.

2.3.6 선형 결정방법

(1) 일반사항

탑재 위치결정이 완료된 블록을 다음 공정의 설치 전까지 기준선(버톡라인, 워터 라인, 차월선 등)에 따라 일정한 위치, 각도 및 기울기로 설치를 수행하는 작업을 "선형결정 방법"라고 부른다. 블록은 각인, 절단, 조립에 의한 오차 및 선대나 도크에서 발생한 용접 변형이 있기 때문에, 설계 도면과 일치한 선체형상을 확보하기 어렵다. 따라서 오차를 해소하기 위한 코킹 다운(cocking down) 등의 조정이 필요하다.

현재의 선체 건조방법은 그림 2-43과 같이 선수와 선미부에서 측면 외판 및 갑판의 용접 공정이후 열변형의 영향으로 선체가 떠오른 현상(코킹 업, cocking up)이 발생한다. 이 대책으로 선체 설치 시에 떠오를 량을 예상하고 역 경사를 덧붙여 완성시켜 킬(keel) 아랫면이 일직선이 되도록 시공한다.

선체의 전·후부가 떠오른 정도는 건조 방법, 용접 순서, 선형, 선체 구조 및 건조 기간 등의 조건에 따라 변화한다. 소형 선박에서는 측면 외판과 갑판 등의 변형에 의한 영향이 큰 경우도 있다.

선형결정 방법은 설치 작업, 용접 작업과 마무리 작업보다 선행되므로 선형결정 방법의 좋고 나쁨이 그대로 다음 공정의 작업에 영향을 미친다.

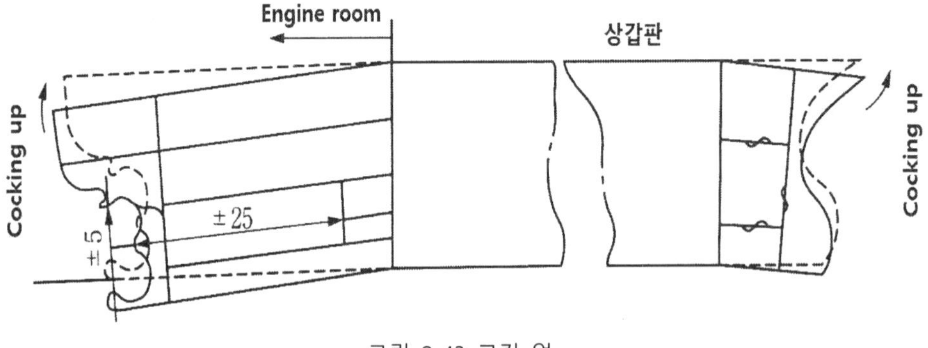

그림 2-43 코킹 업

(2) 선형 계측과 유지

선체는 용접변형의 온도차에 의한 열팽창과 수축, 기온 변화에 의한 열신축 등에 의해 변형된다. 선체 결정 방법에는 이러한 열적거동에 의한 변형량을 파악하면서 작업할 필요가 있다. 따라서 건조 중인 선형 변화를 정확하게 알기 위해 여러 종류의 선형 측정이 이루어진다. 측정 위치 및 측정 횟수에 대해 다음에 설명한다. 이러한 계측의 정밀도 관리에 대해서는 5.2.2 항을 참조하기 바란다.

1) 선저 기선 관측(keel sight, keel alignment)

그림 2-44와 같이 허용오차 내에서 선형(船型)을 확보하고, 블록 상호간 정합 정밀성을 보장하기 위해 용골의 상하 방향의 변형을 선박 길이 방향에서 측정한다. 이를 선저 기선관측이라고 부른다. 선저 기선 관측은 탑재 후, 매주 또는 10일 간격으로 측정하여 용골의 직선성을 확인 및 수정해야 한다.

2) 축심 관측(shaft center sighting)

기관실 및 선미부 구조가 만들어지면 축계공사(軸系工事)로서 프로펠러 샤프트(propeller shaft) 설치 및 주요 기계(propulsion machinery)의 설치까지 일련의 공사가 진행된다.

축심 관측 방법과 시기는 조선소에 따라 다르지만, 광학 트렌짓(optical transit) 및 레이저 트렌짓을 이용하여 기기 설치용 볼트 구멍을 내고 프로펠러 보스(propeller boss) 전·후단의 보링센터(boring center) 및 중간축 길이 결정 등으로 한다.

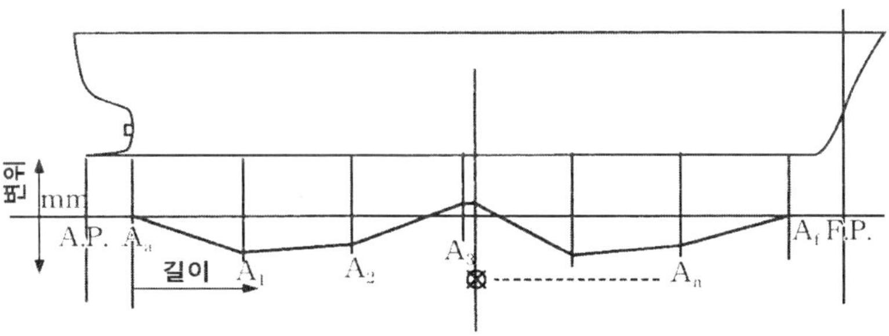

그림 2-44 선저 기선관측의 예

3) 타(舵)축 관측

타 축의 위치, 타 축의 길이 및 타 축의 중심을 결정하기 위해 타 축계측을 한다. 일반적으로 축심 관측과 타 축 관측은 동시에 진행된다.

앞에서 언급한 바와 같이 건조과정에서 다양한 계측을 실시하여 선체의 변형 상태를 파악하면서 수정한다. 그 때는 선체 변형의 원인과 특성을 이해하고 사전에 변형 예방대책을 세우는 것이 중요하다. 예를 들어, 주 기계(main engine)와 상부 구조 등 큰 하중이 걸리는 부분에 반목이나 기둥을 추가로 배치하면 선체 처짐을 최소한으로 막아 설계한 최적의 선형을 유지하는 것이 가능하다.

(3) 완성 후 선형 계측

1) 선저 기선 관측

선대위에서 진수 이전, 도크에 접합 완료 후 도크의 물 투입 전에 최종 선저 기선을 확인한다. 일반적으로 이 측정은 햇빛의 영향이 적은 새벽 시간에 이루어진다.

2) 드래프트 마크(흘수선, draft mark(미국))의 측정 및 설치

드래프트 마크는 A.P.(선미수선, aft perpendicular), 미드 십(midship 선체 중앙부), FP(선수 수선, fore perpendicular) 또는 그 근방의 양현에 설치된다. 드래프트 마크는 양현의 킬(keel) 밑면을 기준으로 일정한 높이에 표시 된다

드래프트 마크는 선박의 화물재화량을 측정하는 기준이며, 선체의 상태(트림(trim), 힐(heel), 흘수)를 알기 위해 사용되며, 법률(선박법)로 표시가 의무화되어있다.

3) 선박의 길이, 폭, 깊이

선박의 수선 간 길이 LPP(length between perpendiculars)는 A.P.의 위치 및 F.P.의 위치를 정하고, 그 사이를 측정하여 결정한다. LPP의 정밀도는 KR에서 100 m 당 ±50 mm (최대 ±100 mm)가 표준 범위로 정해져 있다. 배 폭은 선체 중앙부에 있는 상갑판 현측 부에서 측정하며 선대나 도크 위에서 추

(plumb bob)을 내려 계측한다. 선박 깊이는 중앙의 기준선(baseline)에서 선측 갑판 하부까지 거리로 정의되고 이를 형심(型深)이라고 부른다. 이 계측은 레벨 트렌짓(또는 수준기), 줄자, 데크 라인(deck line)을 나타내는 목형이 사용된다.

2.4 진수(launching)

선대 또는 건조 도크에서 선박건소 숭 선체공사가 대부분 완료한 시점에서 선체를 진수시켜 바다에 띄운다.

이것을 선대진수 또는 도크진수(dock launching)라고 한다. 선대 진수공사는 철저한 이론계산에 과거 선박의 실적과 오랜 경험을 가미해가며 계획한다. 또한 숙련된 작업자에 의해 신중하고 임기응변의 정확한 판단에 의해 실시되어야 한다.

또한 도크진수는 건조도크에서 행해지는 진수이며 도크에 물을 주입하여 선체를 해면위에 부양시키므로, 선저에 손상이 없도록 트림, 힐의 수정을 위해서 밸러스트량 계획에 맞게 충분히 검토를 해야 할 필요가 있다.

선대진수 또는 도크진수의 공작요령의 상세한 내용은 제6장에서 설명한다.

2.5 설치

2.5.1 설치작업

(1) 설치작업 개요

설치작업은 부재(部材)와 부재를 고정하는 것이다. 설치는 지시된 방법으로 부재를 정규 위치에 끼우고 정규 형태를 유지하도록 고정한다. 설치의 좋고 나

뿜은 용접능률과 품질에 큰 영향을 준다.

이 절에서는 설치작업(부착작업)에 주의 사항에 대해 설명한다.

1) 설치작업 기량 및 작업

설치작업의 가용접에서 소량의 용접을 실시한다. 이 경우, 용착금속이 급랭하여 균열, 용입 불량, 기공, 모재의 경화 등의 결함을 생기게 된다.

따라서 설치 작업자에게는 전문 용접훈련을 실시하고, 설치용접 자격기준 등을 만들어 신중하게 작업을 하지 않으면 안 된다. 또한 용접 작업자는 선급협회 등의 국가기능사자격증을 취득하는 것이 바람직하다.

2) 일반적인 주의사항

가용접의 주의사항은 다음과 같다.

- 가용접 부착량은 올바른 상태를 유지하는데 필요한 최소한의 용접으로 마쳐야 한다.
- 과도한 가용접은 부재에 대한 과도한 구속을 일으켜 적정한 용접 순서를 선택해도 용접부 잔류응력이 증가할 수 있음에 주의해야 한다.
- 이음 끝단부, 부재 끝단부, 용접의 시작점과 끝점 등 강도상, 공작상 문제가 되기 쉬운 부분에 가용접은 가능하면 피한다.
- 개선(groove)의 상태가 나빠 모재사이 간극이 기준허용량을 초과하는 경우에는 반드시 재작업을 해야 하고 완전한 상태로 가용접을 한다. 또한 재 작업시 기준은 KR 규정에 따른다.
- 개선(groove)면은 항상 깨끗이 유지하고 기름, 페인트, 녹, 먼지 및 습기 등이 잔류하지 않도록 해야 한다.
- 지그 및 설치용 치공구 등의 용접을 최소화한다. 용접은 언더컷(under cut)이 생기지 않도록 주의해야 하고 분리할 때 모재를 손상시키지 않도록 해야 한다.
- 맞대기 용접, 필렛 용접의 오차는 잔류응력 분포와 부분적인 응력집중을 발생시켜 선체 구조물의 강도를 손상시킨다. 따라서 일정 기준이상의 오차는 허용해서는 곤란하다.

- 두께 차이가 있는 맞대기 이음의 경우, 혹은 반대 측의 부재가 보이지 않는 십자(+) 이음의 경우는 특히 조립에 주의한다. 오차가 있을 경우, 수정해야 할 필요가 있지만 KR기준 이내이면, 용접부 각장(脚長) 등으로 처리할 수가 있다.

① 맞대기 용접의 오차(그림 2-45)

(가) 중요부재

$a \le 0.15t$ (Max.3 mm) 까지 허용된다. $a > 0.15t$ 또는 $a > 3$ 경우, 재 설치한다.

(나) 기타

$a \le 0.2t$ (Max.3 mm) 까지 허용된다. $a > 0.2t$ or $a > 3$ 의 경우 재 설치한다.

② 필렛 용접의 오차(그림 2-46)

(가) 중요부재

$a \le 1/3t_2$ $1/3t_2 < a < 1/2t_2$의 경우 각장을 늘린다.

(나) 기타

$a \le 1/2t_2$ 까지 허용된다. 상기 이외는 재 설치한다.

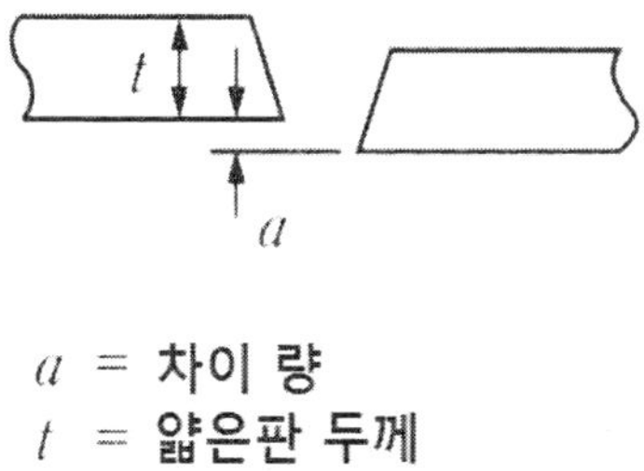

그림 2-45 맞대기 용접의 오차

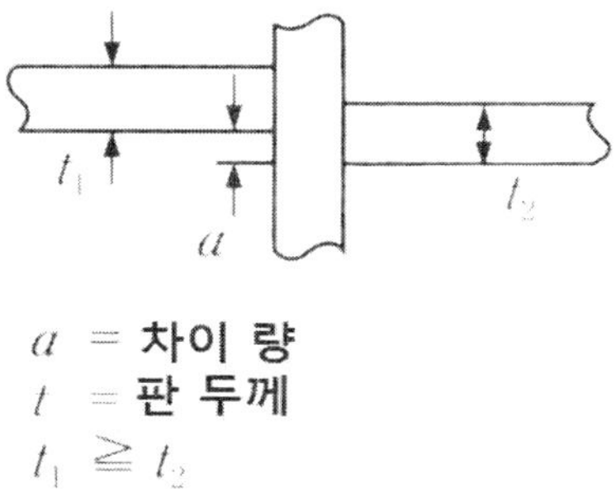

그림 2-46 필렛 용접의 오차

3) 맞대기 용접의 가용접

부재의 상호 위치관계 유지와 오차 교정은 스트롱 백[16] 및 차이 수정판을 사용하여 이루어진다. 그림 2-47에 일례를 나타낸다.

직접 가용접한 경우에는, 이면(裏面) 가우징을 하는 것 보다, 본 용접의 진행과 함께 가우징을 하는 것이 바람직하다(2.6.6 가우징의 항 참조).

용접선이 교차하는 경우, 선행 용접의 이음 용접작업이 종료할 때 까지는 교차점에서 150mm 이내에서 후속 이음에 대한 가 부착을 하지 않는다.

가 부착 비드를 지나치게 짧게 하면 급냉에 의한 나쁜 영향이 현저하므로, KR 등에서 정하는 비드 길이를 준수할 필요가 있다. 연강 및 TMCP(thermo-mechanical control process)강은 가용접 비드 길이를 30~50 mm 정도로 하는 것이 일반적이지만, 주강(casting steel) 등은 50 mm 이상이 필요하다.

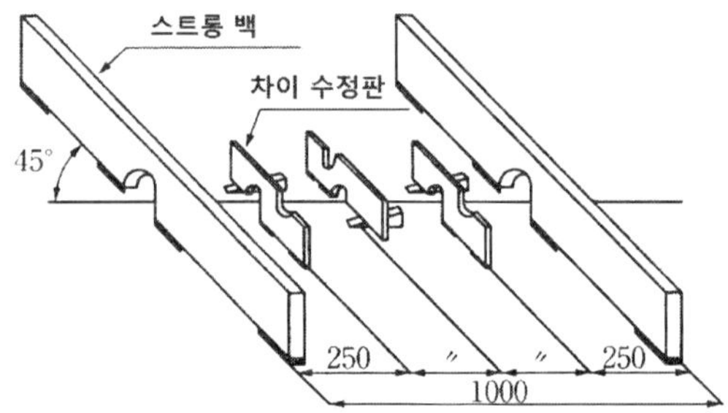

그림 2-47 스트롱 백(strong back)과 차이 수정판

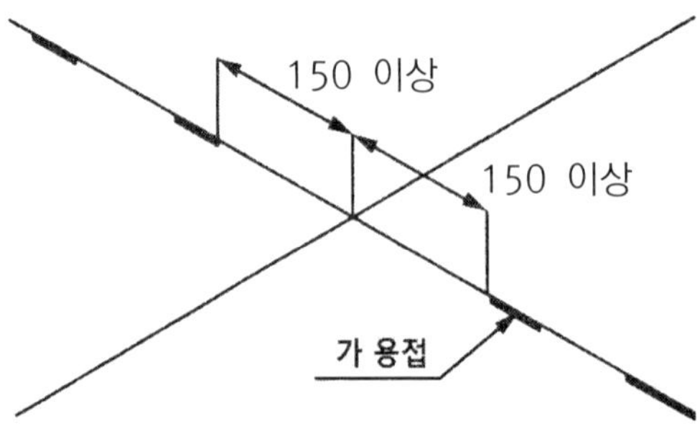

그림 2-48 용접선이 교차하는 경우 가용접

16) 스트롱 백 : 가용접 전용 부재. 모양은 그림 2-47 참조.

4) 자동 용접시 맞대기 이음의 가용접

자동 용접은 높은 용접속도 때문에 용접 공정 중 끝단의 이음새 사이 거리가 멀어지는 경향이 있으며, 따라서 가용접 비드 부 끝단이 벌어질 수 있다. 이 경우 용입이 커서 가부착된 것이 녹여 버릴 수 있기 때문에, 차이 수정판에서 편차를 교정하면서 용접선상에 직접적으로 가 용접을 실시해야 한다.

자동 용접은 철판 표면의 녹이나 기름 등의 불순물의 영향에 민감하기 때문에, 가 용접에 앞서 와이어 휠 브러시 등으로 개선(groove) 면을 충분히 청소할 필요가 있다. 개선 양쪽의 가용접은 길게 하고, 튼튼하게 하는 것이 좋다.

5) 필렛 이음의 가용접

부재 사이의 간격이 없는 것이 바람직하지만, 필렛 이음의 경우는 필연적으로 오차가 발생한다. 갭(gap)량이 허용 한계를 초과하면 수정해야한다. 단속 용접의 경우는 상부 구조 등 외관을 중요시하는 부분을 제외하고, 본 용접의 중간에 가 용접을 할 수 있다. 넘어질 우려가 있는 부재는 필요한 위치에 브라켓(bracket)을 설치한다.

2.6 용접

설치 작업이 끝나면 용접작업(본 부착작업)을 수행하므로, 이 절에서는 선체 건조공정에서 용접에 관한 사항에 대해 설명한다.

2.6.1 금속 접합법

금속의 접합에는 옛날부터 그림 2-49에 나타낸 여러 가지 방법이 사용되어왔는데, 용접은 비교적 새로운 방법이라 할 수 있다.

- 타격 : 판의 끝단부를 서로 얽히게 하여 두드려서 기계적으로 결합한다.

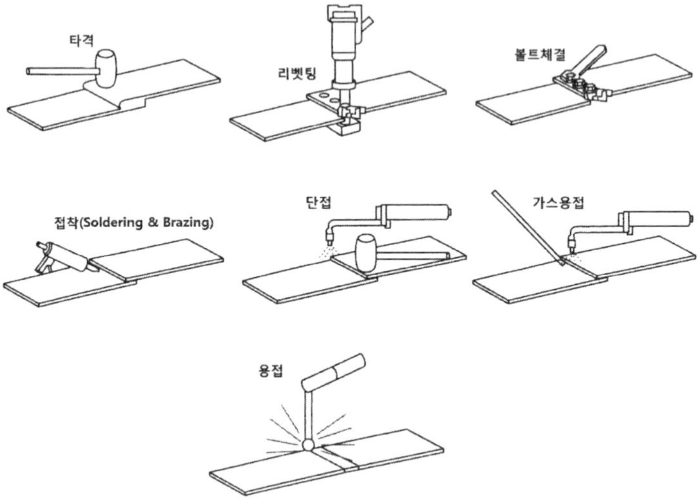

그림 2-49 금속 접합법

- 볼트 결합 : 볼트와 너트 또는 판에 나사를 가공하여 결합한다. 건축 철골 및 교량 분야에서 많이 사용되고 있다.
- 리벳 : 미리 가공된 구멍에 리벳을 통해 끝을 두드려서 결합한다.
- 단접 : 가열된 부분을 타격하여 야금학적으로 결합한다.
- 접착 : 유기 접착제의 경화로 결합한다. 항공기 등으로 실용되고 있어 향후 많은 것들이 개발될 것으로 기대된다.
- 가스 용접 : 모재를 용융하지 않고 경납 재료의 합금으로 결합한다. 전자 부품에 많이 사용되고 있다.
- 용접 : 모재를 용융하여 결합한다. 금속 구조물에서는 가장 일반적인 결합법이다.

2.6.2 용접부 문제점

(1) 용접부는 모재와 용접봉이 응고된 그대로의 상태이다.

강판은 주조 후 압연(단조), 담금질(quenching) 및 템퍼링(tempering) 등의 열처리를 추가하여 강도를 최적화하고 있지만 용접은 용융 금속을 응고시킨 상태에서 사용하기 때문에 강도 및 연성이 떨어진다.

그러나 용접봉 및 용접 와이어에 불순물이 적고, 강화 합금성분을 첨가한 재료를 사용할 때는 용접 금속은 응고 상태에서도 모재와 동등한 강도, 연성 및 인성이 확보될 수 있다. 따라서 용접봉 및 용접 와이어는 모재에 적합한 것을 선택할 필요가 있다.

(2) 모재는 용접에 의해 열영향을 받는다.

용접 비드에 인접한 부분의 강판은 용융하지는 않지만 용접열에 의해 고온으로 가열되기 때문에 용접 열영향부(HAZ, Heat Affected Zone)가 형성된다. 이 부분은 강판 제조시에 행해진 강화 열처리 기능이 소실되기 때문에 강도, 연성 및 내구성이 저하되기 쉽다.

대책으로서 용접 가공을 전제로 한 용접용 강판은 용접에 의한 열화를 대비해 합금성분 조정 및 열처리를 하여 실용상 문제가 없는 강도, 연성 및 스테인레스 스틸 등의 내식성을 확보해야 한다. 또한 용접 이음부에는 시공의 양부(良否)에 의해 결함이 발생할 수 있으며, 잔류응력 발생, 형상이나 재질의 불연속이 불가피하다. 이 때문에 용접부 부식과 파괴 시작점이 되기 쉽고, 제품의 품질과 신뢰성에 나쁜 영향을 미친다. 따라서 용접 이음의 설계 시공에 세심한 주의가 필요하다.

2.6.3 용접법

용접법은 많은 종류가 있지만 조선소 생산현장에서는 일반적으로 아크용접이 많이 이용되고 있다. 용접법은 융접법(피복 아크용접과 같이 모재를 가열 용융시켜 접합하는 방법)과 압접법(저항 용접과 같이 국부적으로 가열하고 큰 압력을 가해 접합하는 방법) 및 납땜법(모재 자체는 용융시키지 않고 모재보다 낮은 융점 합금을 필러 재료로 사용하여 접합하는 방법) 등으로 분류되며 그림 2-50과 같다.

용접
가스 용접
산소-아세틸렌 용접
산소-프로판 용접, 기타
아크용접
피복 아크용접
MAG용접
탄산가스 아크용접
혼합가스 아크용접
MIG 용접
TIG 용접
무 가스(셀프 쉴드) 아크용접
서브머지 아크용접
일렉트로 가스용접
플라즈마 용접
아크 스터드용접
아크 스포드용접
기타 용접
테르밋 용접
일렉트로 슬래그용접
전자빔 용접
레이저빔 용접
압접
저항 용접
스포트 용접
프로젝션 용접
시임 용접
업셋 용접
플레시용접 및 기타
마찰용접
마찰교반접합
폭발 압접
초음파 용접
가스 압접
단접
납땜
Brazing
Soldering

그림 2-50 용접법 분류

(1) 피복 아크 용접

아크 용접 중 가장 오랜 역사가 있는 용접법이 피복 아크 용접법이다. 아크 용접법은 그림 2-51과 같이 피복제(플럭스)를 도포한 용접봉(심선 직경 3.2~8.0 mm가 많이 사용)과 피 용접재료를 모두 교류 또는 직류 전원에 연결하고 이들 사이에 아크(arc, 電弧)을 발생시켜 그 열로 용접봉 심선과 모재 단면을 용융시켜 피 용접재료를 접합하는 방법으로 가장 널리 보급되어있는 용접법이다.

피복 아크 용접봉의 피복 물질은 아크를 안정시키고, 그림 2-52와 같이 아크 열분해되어 차폐 가스를 발생하여 아크와 용융 금속을 대기로부터 보호하는 동시에 용융 슬래그가 되어 용접 금속의 표면을 덮어 산화 방지, 합금 성분의 용접 금속에 첨가되어 탈산과 탈질소 등의 역할을 하고 있다.

피복 아크 용접은 일반적으로 "수동 용접"이라 한다. 이것은 용접봉이 녹으면서 아크 길이를 조정하거나 용접 라인을 따라 아크를 움직이는 것도 모두 사람 손으로 이루어지기 때문이다. 피복 아크 용접은 상대적으로 저렴한 설비로 손쉽게 용접을 할 수 있기 때문에 조선현장 시공에 적합하지만, 1개의 용접봉으로 용접할 수 있는 길이가 짧고, 그때 마다 아크를 다시 시작해야 하는 등의 문제점과 용접 품질이 용접사의 기량에 따라 크게 좌우되기 쉽다.

조선 현장에서의 아크 용접법 주류는 차후에 설명하는 각종 자동이나 반자동 용접법으로 전환되고 있지만, 기본은 피복 아크 용접이다.

피복 아크 용접의 일종으로 중력식 용접이 있다(그림 2-53). 중력식 용접은 슬라이드 바에 부착된 홀더(holder)가 용접봉 용융에 따라 자중으로 하강하면서

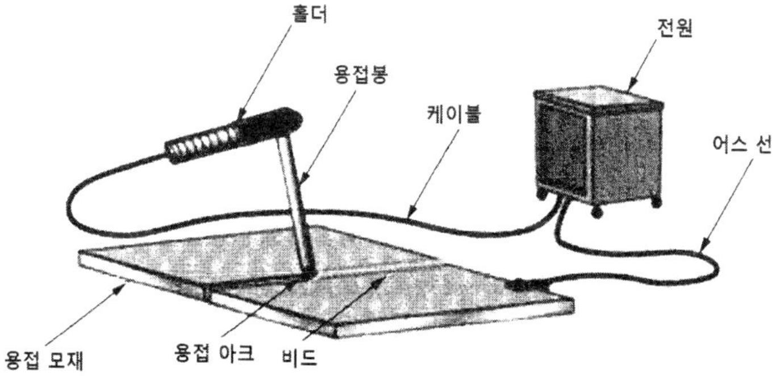

그림 2-51 피복 아크용접의 구성

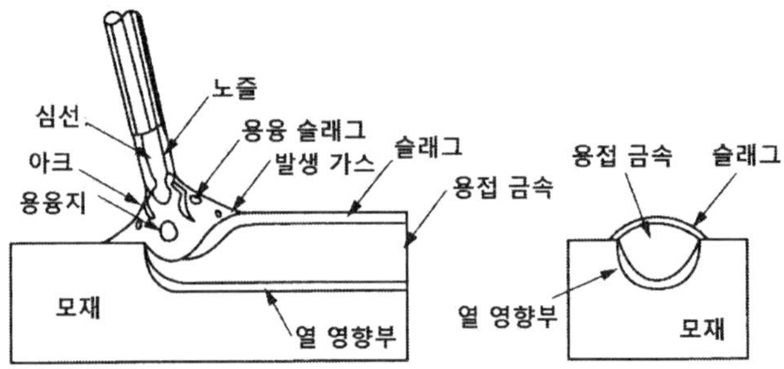

그림 2-52 피복 아크용접 설명

그림 2-53 중력식 용접

용접하는 일종의 반자동 용접이라 할 수 있다. 중력식 용접은 한 명의 작업자가 여러 대의 용접기를 동시에 관리할 수 있기 때문에 고효율의 필렛용접 방법으로 활용되었다. 1980 년대 이후는 작업 환경 개선과 고 능률화를 목표로 다음에 언급되는 탄산가스 아크 용접과 함께 로봇 용접 및 완전자동 용접이 많이 보급되고 있다.

(2) MAG 용접

MAG 용접에서 MAG는 Metal Active Gas의 약자로, 탄산가스 또는 알곤과 이산화탄소 또는 그와 산소 가스 등의 혼합 가스 등의 산화성이 있는 차폐 가스를 이용하여 용접와이어를 전극으로 하는 자동 또는 반자동 아크 용접법의 총칭이다.

MAG 용접장치 원리는 그림 2-54, 구성 예는 그림 2-55와 같다. 용접 재료로 직경 0.8~1.6 mm의 금속 와이어가 릴(reel)에 감겨진 상태에서 와이어 송급 장치로 설정되어 송급 모터를 통해 자동으로 도관 케이블을 통해 용접 토치(torch)에 이송된다. 도관 케이블은 용접 전원에서 전력선과 차폐 가스 실린더의 가스 호스도 포함되어 있다. 용접 토치에서 공급 팁을 통해 용접 와이어에 전원이 공급되고 와이어 선단과 모재 사이에 아크가 발생한다. 이 때, 용접 토치에서

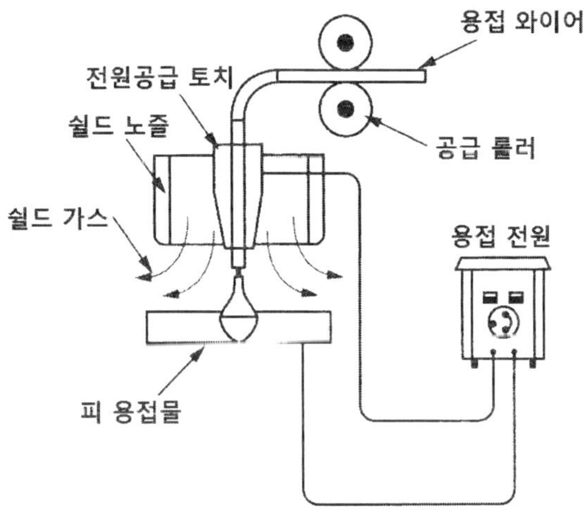

그림 2-54 MAG용접의 원리

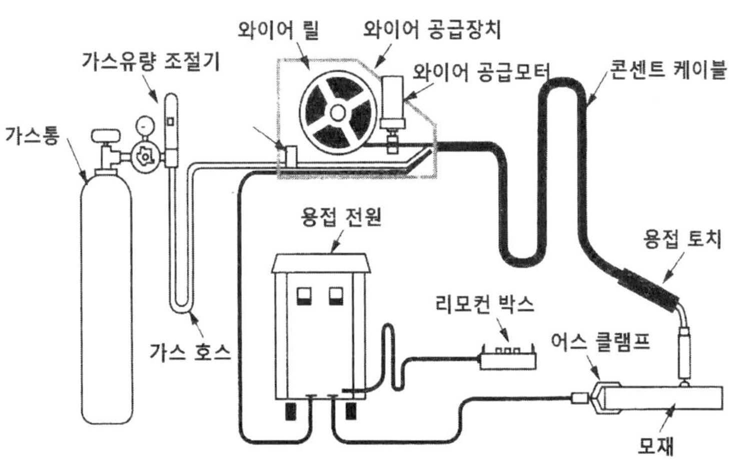

그림 2-55 MAG 용접의 구성 예

차폐 가스가 방출되어 모재의 이행중인 용융금속 용접부를 공기 중의 산소·질소로 부터 격리하면 튼실한 용접이 이루어진다. 차폐 가스로 이산화탄소를 단독으로 사용하는 경우에는 탄산가스 아크 용접 (CO_2 용접)이라고 하며 탄산가스와 알곤 가스의 혼합 가스를 사용하는 경우는 혼합가스 아크 용접이라고 한다.

(1) 탄산가스 아크 용접

탄산가스 아크 용접 장치의 구성 원리는 모두 MAG 용접에 설명된 것과 유사하지만, 차폐 가스로 상대적으로 저렴한 탄산가스를 이용하고 있다

MAG 용접(탄산가스 아크 용접) 표면에 코팅 접착제가 없는 용접 와이어(솔리드 와이어)를 쓰는 경우, 아크 발생지점 부근에서 전력을 공급하는 것이 가능하며, 얇은 와이어(직경 : 0.8~1.6 mm)에 큰 전류(최대 500 A 정도)를 보낼 수 있다. 따라서 피복 아크 용접에 비해 전류 밀도가 매우 높고, 아크 열저항으로 인한 발열이 추가됨으로 와이어 용융 속도를 높일 수 있다. 깊은 용입에도 슬래그 발생이 적고, 다른 작업이 불필요하다는 점에서 작업 능률이 아주 좋다. 또한 용접부의 품질도 용착 금속 중 비금속 개재물 등의 불순물이 적으며, 확산성 수소량을 낮출 수 있기 때문에 좋다.

한편, 조선소 야드 현장에서는 용접 후 신속하게 도장하는 것이 일반적이기 때문에, 스페터(spatter)[17] 부착이 적은 매끄러운 용접 비드를 얻는 것을 목적으로, 플럭스 코어드 와이어(flux cored wire)를 이용하는 경우가 많다. 이 와이어를 사용하는 경우, 솔리드 와이어식을 이용하는 경우에 비해 보다 ① 고 능률 용접이 가능 ② 스퍼터와 연기가 적음과 ③ 비드 모양이 깨끗하고 미려(美麗)하다는 장점이 있다.

와이어는 자동으로 송급되므로 토치를 작업자가 손에 들고 조작하는 경우를 반자동 용접, 토치 작업을 자동화하면 자동 용접라고 부르고 있다. 탄산가스 아크용접 작업 능률이 매우 높고, 또한 그 용접 이음의 품질도 뛰어남으로 강철 재료로 선박을 생산하는 용접 분야에서는 피복 아크 용접을 많이 보급되어 있다.

17) 스페터 : 용접 중에 비산하는 슬래그 및 금속 입자로 일반적으로 고품질 용접을 방해.

(2) 혼합 가스 아크 용접

혼합 가스는 아크 용접 차폐 가스로 불활성 가스인 알곤(Ar)과 탄산가스를 혼합한 가스를 사용하여 탄산가스 아크 용접의 여러 특성을 개선한 용접법이다

불활성 가스를 혼합해서 아크가 안정적이므로 스페터가 크게 감소하고 비드 모양이 깨끗하고 보기 좋게 된다.

또한 전선 끝에서 이탈되어진 모재쪽으로 향하여 이행되는 용적(溶滴)이 조그만 한 크기의 스프레이형(와이어 직경보다 작은 직경의 용적이 연속적으로 모재로 이행하는 상태)이 되기 때문에 탄산가스 아크 용접에 비해 아크가 안정되어 고품질 용접이 가능하다. 혼합 가스 중의 탄산가스 비율은 10~20%로 용접 내상물에 따라 적절한 값으로 조정되지만, 혼합 가스 중의 이산화탄소 비율이 25%를 초과하면 용접시 용적이행이 원활하지 않는 경향이 있다.

또한, 혼합 가스를 이용하면 스페터량이 적은 스프레이 형태 용적 이행의 이점을 얻을 수 있기 때문에, 플럭스 와이어가 아니라 용섭 재료 및 비용 등을 고려하여 솔리드 와이어를 사용하는 것이 일반적이다.

(3) TIG 용접

TIG는 텅스텐(Tungsten), 이너트가스(Inert Gas : 불활성 가스)의 머리글자를 딴 것이며, 차폐 가스로 알곤(Ar), 헬륨(He) 등의 불활성 가스를 이용해 그 분위기에서 융점이 높고 소모하기 어려운 텅스텐 전극으로 모재 사이에 아크를 발생시켜, 필요에 따라 용재금속(필러 와이어)를 공급하면서 용접하는 방법이다. TIG 용접에서는 아크열에 의한 모재의 용융비율과 용가제 첨가량을 개별적으로 제어할 수 있으므로 복잡한 형상의 정밀용접이 가능하며, 알루미늄 또는 스텐레스, 마그네슘 및 티타늄 합금 등 대부분 금속을 어떤 자세로도 용접할 수 있다.

최근에는 전자제어에 의한 고주파 펄스(20 kHz 정도)을 이용한 TIG 용접전원이 개발되어져, 1 A 정도의 미소 전류에서도 안정된 TIG 아크를 얻을 수 있어 극박판의 정밀 용접도 가능하다. 그 반면에 용접능률이 나쁘고, 차폐 가스로 사용하는 불활성 가스가 비싼 것이 단점이다. 그림 2-56에 TIG 용접의 원리를 나타냈다.

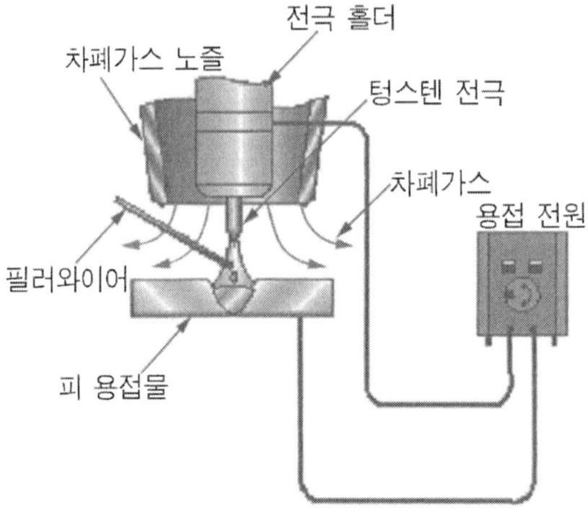

그림 2-56 TIG 용접의 원리

(4) 서브머지드 아크 용접(Submerged Arc Welding)

서브머지드 아크 용접법은 후판 자동 용접법으로 대표적인 존재이며, 조선을 비롯한 긴 거리 용접이 필요한 대형 해양구조물의 연속용접에 대해 고효율을 발휘하는 용접법으로, 개발 회사의 이름을 따 '유니온 멜트법'으로 불리는 경우도 있다.

서브머지드 아크 용접 장치의 구성과 용접 원리는 그림 2-57과 같다. 일반적인 용접 장치는 교류 용접용 전원과 모터에 의해 구동되는 캐리지(caridge)라는 대차 및 그 위에 구비되는 제어장치, 용접 와이어 송급 장치, 입상(粒狀) 플럭스를 공급하는 호퍼, 전력공급 장치 등으로 구성되어있다.

용접법은 세분화된 플럭스(flux)가 호퍼에서 용접 선상에 살포되고, 그 후방의 와이어 공급장치에서 자동으로 이송되는 용접 와이어 플럭스에서 아크를 발생하고 용접을 시작한다. 용접 라인을 따라 이동 레일 주행식 캐리지 또는 고무 타이어 주행식 캐리지가 움직임으로써 이루어진다.

서브머지드 아크 용접은 아크를 플럭스내부에서 발생시키는 것이 특징으로, 이로 인해 별명이 잠호(潛弧)용접이라고도 하며, 다음에 열거하는 장단점이 있다.

① 1,000 A 이상의 대전류가 사용 가능하며, 용착 속도가 매우 높고, 용접 능률이 좋다.

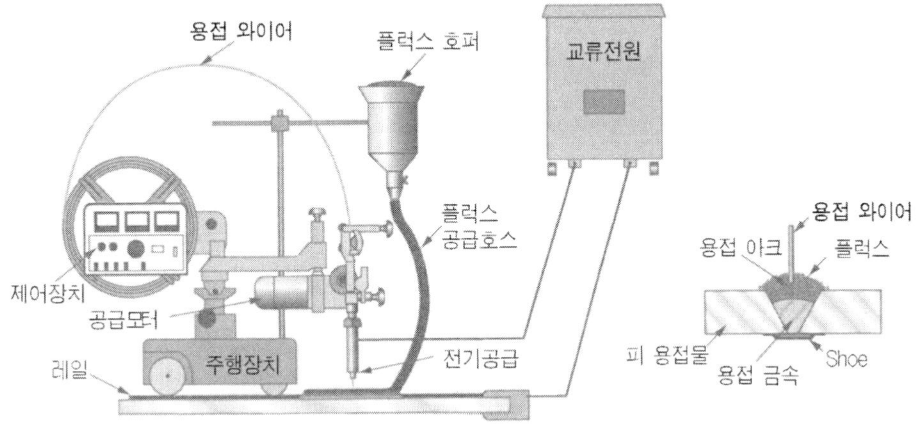

그림 2-57 서브머지드 아크 용접 장치

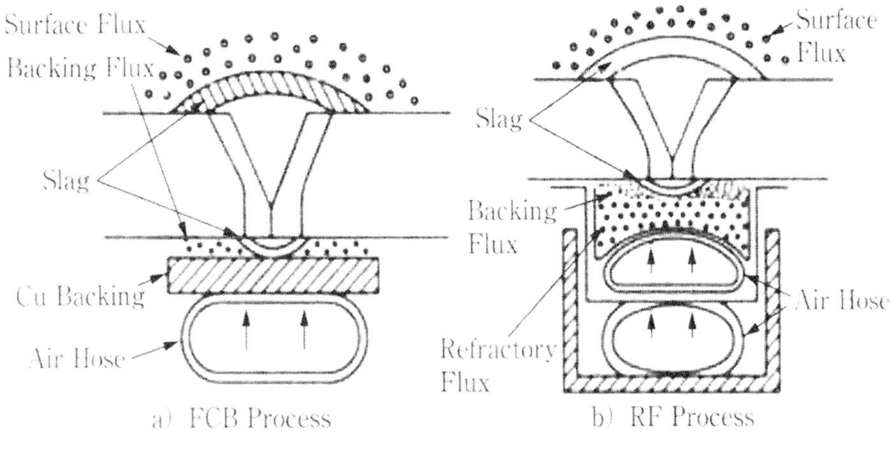

그림 2-58 FCB 및 RF 단면 서브머지드 용접 개념도

② 전류 밀도가 높고 아크가 플럭스로 덮여 있기 때문에 열 손실이 적고, 매우 깊은 용입이 얻어진다.

③ 용접 조건을 안정적으로 제어할 수 있기 때문에 균일한 용접부가 얻어진다.

④ 용접 자세에 제한을 받는다(일반적으로 하향 맞대기 용접, 아래쪽 또는 수평 필렛용접에 한정).

⑤ 장치가 대형이기 때문에, 대상이 후판이며 용접선이 길지 않으면 사용하기 어렵다.

대형 조선소는 후판을 단면 서브머지드 용접에 의해 접합하는 경우가 많다. 이에 관해 전용 라인에서 사용되는 FCB(flux copper backing) 단면 서브머지드 아크 용접과 RF(refractory flux) 단면 서브머지드 아크 용접의 개념도를 그림 2-58에 나타냈다.

(5) 일렉트로 가스 아크 용접

수직방향 전용 용접법에서 개선(groove) 뒷면에 백킹(backing) 재료를 고정하고, 표면에는 상하방향으로 슬라이딩 가능한 수냉 동판(銅板)을 밀착시켜 이들로 둘러싸인 부분에 와이어 가이드를 통해 용접 와이어을 송출하고 아크를 발생시킨다. 일렉트로 가스 아크 용접장치 구성을 그림 2-59에 나타냈다.

용접 와이어가 개선 면에 용융되어 용융지가 형성되는데, 수냉 동판의 상부로부터 차폐가스를 불어 넣어 용융 금속을 보호하면서 용접진행에 따라 와이어 가이드 및 수냉 동판을 상승시키면서 이동한다.

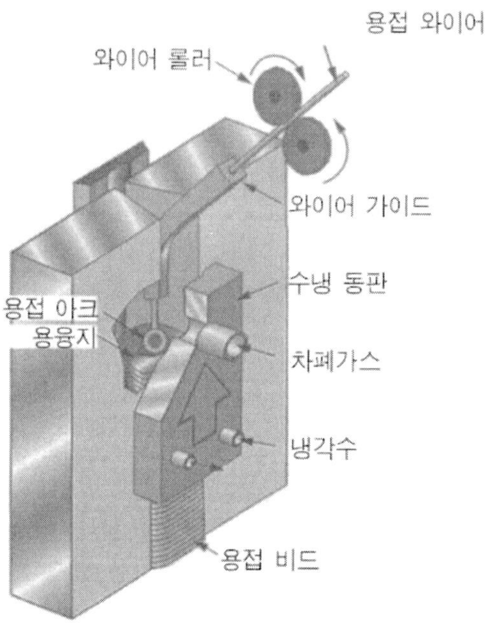

그림 2-59 일렉트로 가스 아크 용접장치 구성

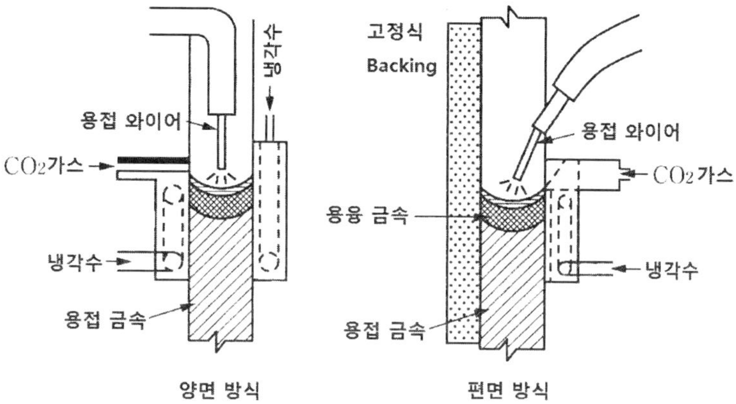

그림 2-60 기존 방법(양면 방식)와 간이 방법(편면 방식)

두께 30 mm 정도의 두꺼운 후판에서도 1-패스(pass) 용접으로 완료할 수 있는 고능률 용접법이며, 선박 외측판 및 탱크 상부 후퍼 등이 수직방향 맞대기 용접에 적용되고 있다. 그러나 발생하는 용접열이 매우 크기 때문에 열영향부 열화나 열변형이 나타날 수 있다.

또한 그림 2-60에 나타낸 바와 같이, 전기 가스아크 용접은 양면(兩面)에 슬라이딩식 구리 받침판과 용접 와이어를 이용하는 기존의 방법과, 뒷면을 고정판 맞추고 앞면 슬라이딩식 구리 받침판과 용접 와이어의 조합을 사용하는 편면(片面) 방식이 있다. 최근 대형 조선소 현장에서는 후자가 상대적으로 많이 사용되고 있다.

(6) 레이저 용접

1960 년경에 레이저 개발에 성공하고 이후 탁월한 지향성 및 렌즈로 집광하였을 때 에너지 밀도가 높은 것을 주목받고 연구가 진행되어, 레이저 용접, 절단 등 재료 가공은 물론, 의료, 계측 및 정보 등 많은 분야에서 이용되고 있다.

레이저광을 발진하는 레이저 물질은 여러 종류가 있지만 용접을 포함한 넓은 의미에서 레이저 가공에 현재 널리 사용되고 있는 것은 고체 레이저인 YAG(야그:네오디뮴 이온을 포함하는 이트륨(Y), 알루미늄 (Al), 가넷(G)의 화합물)레이저와 기체 레이저의 탄산가스(CO_2)레이저이다. 그림 2-61에 레이저 용접의 개요를 나타냈다.

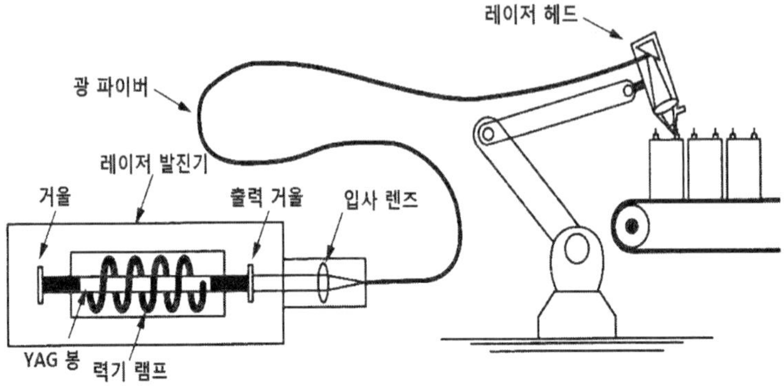

그림 2-61 레이저 용접 장치 구성 예

레이저 용접장치는 비교적 소형이며, 또한 X선 발생도 없고, 눈의 보호를 제외하고는 차페도 간단하며, 용접 모재는 국부적으로 순간 가열되므로 용접 열영향부 범위도 좁고 열변형도 비교적 적다. 정밀 용접을 빠르게 할 수 있으며, 두께가 다른 재료 간의 이종금속 재료 사이의 용접도 용이하다. YAG 레이저는 광섬유를 통해 어디서나 쉽게 사용할 수 있기 때문에 로봇과 함께 자동차와 전자기기 등의 제조 라인에서 사용되고 있다.

최근에는 조선소에서도 용접 능률 향상과 선체 후판에 적용을 목적으로 레이저 용접 및 아크 용접을 결합한 레이저 아크 하이브리드(hybrid) 용접의 이용이 확대되고 있으며, 선체 건조에 있어서도 유럽에서 여객선이나 함정에서 적용 사례가 증가하고 있으며, PCTC(Pure Car Truck Carrier) 등의 적용도 검토되고 있다. 미래의 조선 현장에서의 적용 확대가 기대되는 용접법의 하나이다.

(7) 마찰 용접(FSW)

1991년 12월에 개발한 새로운 고상접합법으로 영국의 The Welding Institute (TWI)에서 마찰교반 접합(Friction Stir Welding : FSW)을 발명하여 특허 출원하였다. 회전(끝 부분에 돌기가 있는)원통형 공구를 접합하는 부분에 삽입하여 접합재료 자체를 교반 및 접합하는 방법이다. 강한 힘으로 밀어 붙이는 방법으로 돌출부를 접합시키려는 부재(모재)의 접합부에 꽉 눌러 회전하여 마찰열을 발생시켜 모재를 연화시키고 돌기부를 관입시켜 공구 회전력에 의해 접

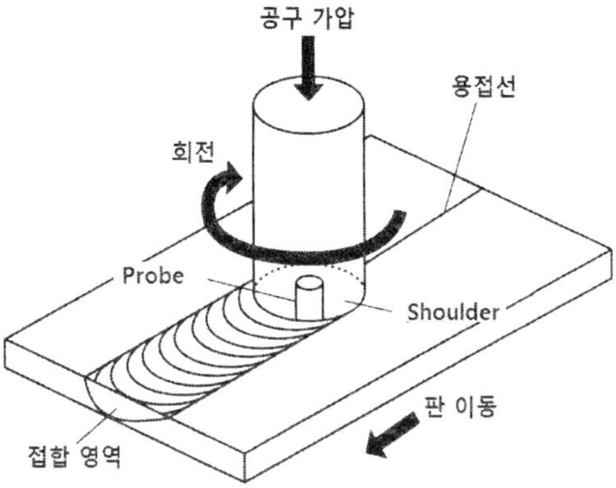

그림 2-62 FSW의 모식도

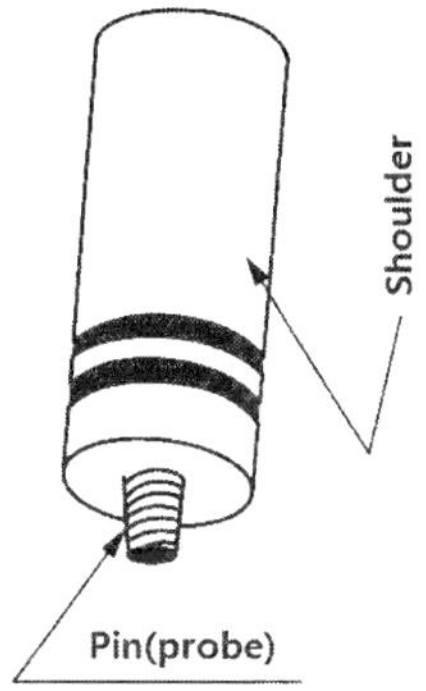

그림 2-63 접합 도구

합부 주변을 소성 유동으로 혼합하여 여러 부재를 일체화시키는 접합법이며 모재가 용융되는 것은 아니다. 따라서 원주형상 공구의 반력을 받이 지지하는 백킹(backing)이 반드시 필요하다. 접합할 수 있는 재료는 공구보다 훨씬 부드럽고 연성이 강한 재료에 한정된다. 따라서 FSW의 적용 대상은 알루미늄, 마그네슘, 구리 같은 비교적 낮은 온도에서 연화하는 금속 재료, 또는 그 합금이다. FSW의 모식도를 그림 2-62에 나타내었다. 그림 2-63은 접합도구를 나타내며, 특수 실린더 형상의 공구에 끝에 핀 또는 프로브(probe)가 있다. 조선 분야에서는 요트제작이나 알루미늄 소재의 고속정 건조에서 사용된다.

2.6.4 용접용 로봇

용접 자동화 관점에서 보면 단계에 따라 다음과 같이 분류된다.

- 수동 용접 : 용접작업 전체를 모두 사람이 하는 용접.
- 반자동 용접 : 용접 와이어 공급을 자동으로 할 수 있는 장치를 이용하고 용접 토치는 인간이 작업하는 용접, 조선의 선체건조 분야에서 현재 가장 많이 사용하고 있다.
- 기계화 용접 : 손으로 하는 작업을 기계가 대행한다. 용접 라인을 따라 토치이동 및 용접 조건의 제어는 기계로 수행하지만, 기계 조작은 이것을 감

시하고 있는 기술에 의해 행해지는 용접.

- 자동 용접 : 용접 라인을 따라 토치 이동 및 용접 조건의 제어를 작업자 개입 없이 적절하게 실시 또는 장치를 이용하여 실시.
- 로봇 용접 : 로봇을 사용하여 수행하는 자동 용접.

따라서, 용접 작업이나 용접 장비의 작업 자동화에 여러 단계가 있지만, 용접 대상에 따라 어느 수준의 용접자동화를 적용할 것인가는 크게 다르므로 반드시 로봇 용접만이 최적은 아니다.

(1) 용접용 센서

아크 용접을 자동화하려면 용접조건 제어에 필요한 정보를 얻기 위해 작업상황 측정시스템(또는 간단한 센서)가 필요하다. 실제 용접은 부재절단 오차, 조립 오차, 개선(groove)형상 불량, 입열에 의한 용접 변형이 생긴다. 이러한 오차나 변형을 극복하고 양호한 용접 결과를 얻기 위해서는 용접 개시·종료 시점에서 용접 와이어 차이를 감지하고 수시로 토치 위치를 수정하면서, 또한 용접 조건을 적절하게 변화시키면서 용접을 수행할 필요가 있다.

아크 용접용 센서는 ① 작업(대상물)의 형상이나 기기설치 오차, ② 피팅 라인 곡선, ③ 개선 형상 변화, ④ 가용접의 비드, ⑤ 용접 변형 등을 감지하여 ⓐ 용접 시작과 끝 지점의 용접 토치 위치, ⓑ 용접 토치의 개선 모양 제어, ⓒ 용접 조건의 적응 제어 및 ⓓ 용접 상황 감시·모니터링 등을 위해 사용된다.

아크 용접용 센서는 크게 접촉식 및 비접촉식이 있으며, 전자에는 접촉 프로브 전극접촉 센서 및 온도 센서가, 후자에는 아크센서, 전자기 센서, 광 센서와 음향센서 등이 있다.

(2) 오프라인 티칭(off-line teaching)의 도입

아크 용접로봇의 움직임을 설정하는 것을 티칭(teaching, 교시)라고 한다. 실제 현장에서 로봇에게 경로를 설정하는 것이다. 이 경우 용접을 멈추고 로봇에게 용접경로를 설정하기 때문에 그 동안은 용접 작업을 할 수 없다는 문제점이 있다.

이 문제를 해결하기 위해 컴퓨터에서 로봇 동작을 시뮬레이션하면서 설치하는 방법이 개발 및 실용화되고 있다. 컴퓨터에서 설정된 데이터는 미디어 또는 LAN(local area network) 등의 통신 회로선으로 로봇에게 전달되고 로봇은 컴퓨터에서 설정된 대로 동작한다. 따라서 로봇 활용도를 크게 향상시킬 수 있다.

(3) FMS, FA 및 CIM

아크 용접로봇은 단독으로 사용되는 것은 아니고 포지셔너(positioner), 로봇 이동장치, 클램프 지그(jig) 등의 주변 기기를 조합한 시스템으로 운용된다. 이러한 주변 장치에는 다양한 기능이 포함되어 있으며, 그 선택 방법에 따라 시스템 성능이 결정된다고 해도 과언이 아니므로 시스템 도입에 신중한 검토가 필요하다.

그 시스템 수준을 올리려면, 유연 생산시스템(FMS, flexible manufacturing system)화, FA(Factory Automation)화 및 컴퓨터 집적 생산체계(CIM, computer integrated manufacturing)화가 일정한 수준에 도달해야 한다. FMS는 유연한 로봇용접을 할 수 있는 라인으로, 생산품 이송 라인이 많은 반송 대차, 컨베이어 등이 시스템에 추가되어 라인 제어도 유연 생산시스템이 실시된다. 공장자동화(FA)는 용접 라인뿐만 아니라 절단, 가용접(tack welding), 구멍 가공 및 기계 가공 등도 라인에 추가된 것으로, 공장 전체가 자동화된 라인이다. CIM은 생산 정보의 흐름이 FA에 가미된 것으로, 설계 단계부터 제품 출하까지 총괄하고 통제하는 시스템이다.

2.6.5 용접법과 금속 재료

산업적으로 제품을 생산하기 위해 재료를 규정된 치수로 절단하고 이것들을 견고하게 접합하는 최소한 이 두 가지 작업공정이 필요하다. 즉, 선박을 강철로 제작하는 우수한 제조법은 금속재료가 절단되고 양호한 접합기술을 사용하여야 한다.

현재까지 실용화된 각종 용접법 중에서 조선소에서 선체건조 현장에서 이용이라는 관점에서, 주요 방법을 소개했지만, 새로운 용접법이 많이 개발되어 온 배경에는, 생산의 고 능률화와 새로운 공업재료 이용 등에 대한 산업계 강한 수요가 있었기 때문이다. 전자의 예로는 용접 구조물의 대형화에 따른 탄산가스 아

표 2-9 각 재료에 대한 용착법의 적합성

	피복 아크 용접	가스 용접	TIG 용접	MIG 용접	MAG 용접	셀프 실드 가스 아크 용접	서브 머지드 아크 용접	일렉트로 가스 용접	저항 용접	프라즈마 용접	전자빔 용접	레이저 용접	납땜	FSW
저탄소강 (연강, TMCP 강)	◎	◎	△	△	◎	○	◎	◎	○	○	○	○	○	–
고장력강	◎	○	△	△	◎	○	◎	◎	○	○	○	○	○	–
스테인리스 스틸	◎	○	◎	◎	○	–	◎		○	○	◎	◎	○	△
주철	◎	○	△	△	–	–	△	△	–	–	△	–	○	–
주강	◎	○	△	△	○	–	◎	◎	○	○	○	–	○	–
구리(합금)	○	○	◎	○	–	–	○	○	○	○	○	○	◎	○
알루미늄(합금)	△	△	◎	◎	–	–	–	–	○	○	◎	○	◎	◎
니켈(합금)	○	○	◎	◎	–	–	△	–	○	○	◎	○	◎	–
티타늄(합금)	–	–	◎	◎	–	–	–	–	○	○	◎	○	○	○
마그네슘(합금)	–	○	◎	◎	–	–	–	–	○	○	○	○	○	○
(주)	◎ : 이용 빈도가 높다. ○ : 적용 가능. △ : 적용 가능하지만, 대부분 사용하지 않음. – : 적용 할 수 없거나, 거의 사용 하지 않음.													

크 용접 및 서브머지드 아크 용접법 개발이, 후자에서는 불활성가스 아크 용접법이나, 전자빔 용접법 개발 보급이 알루미늄 선박구조 부재에 이용되면서, 용도가 비약적으로 증대하였다. 또한 티타늄과 지르코늄 등과 같이 대기와 친화력이 매우 큰 금속을 공업적으로 활용 가능하게 한 것 등을 들 수 있다.

그러나 접합재료와 관계에 국한하여 보면, 이러한 용접 방법도 각각 장단점이 있고, 또한 선택을 잘못하면 오히려 용접능률이 저하되거나, 용접 이음 품질이 떨어지는 경우가 있기 때문에, 신중한 배려가 필요하다.

표 2-9에 주요 선박재료로 사용되는 금속과, 그에 적합한 용접 방법과의 관계를 나타냈다. 적용되는 빈도수가 높은 것으로부터 완전히 적용예가 없는 것까지 ◎, ○, △ 및 -로 나타냈으며, 적용은 가능하지만 수준 높은 기량을 필요로 하는 경우도 있기에 용접법은 피 용접물의 형상, 작업 환경 및 작업자의 숙련기량 등을 고려하여 결정해야 한다.

2.6.6 가우징(gouging)

(1) 가우징 작업

맞대기 용접의 뒷면을 파는 작업, 각종 용접모재 절단 후의 비드 제거, 부재 부착용 용접 결함의 보수 등의 작업을 총칭하여 가우징 작업이라고 부르고 있다. 가우징 작업에 사용되는 방법은 아크 에어 가우징, 가스 가우징, 공압 치핑 등의 3 가지 방법이 있다.

1) 아크 에어가우징

흑연화 탄소봉에 동을 도금한 것에 직류 전류를 통전(역극성으로 접속)시켜 아크를 발생하여 금속을 용융시켜 압축 공기에 의해 구멍을 가공하는 방법이다. 그림 2-64에 장치 구성의 개념도를, 그림 2-65 작업 풍경의 예를 나타냈다.

아크 에어가우징의 특징은 이동 속도가 빠르기 때문에 모재 가열 범위가 좁고, 열변형 발생이 적다. 또한 결함이 적기 때문에 원형에 가까운 형태로 작업할 수 있고, 조작도 간단하며 작업 능률이 높은 장점이 있다. 그러나 작업 중에 탄소 분말을 대량으로 비산(飛散)시키므로 통풍에 주의해야 하며, 마스크를 이용해야 하고, 밀폐된 탱크와 협소한 장소에서 작업은 최대한 피해야한다. 따라서 건조계획 검토 시 이러한 장소에서 가우징 작업을 피하도록 배려하는 것이 중요하다. 아크 에어가우징의 주요 사용 범위는 맞대기 이음의 뒷면 개선(groove) 작업과 비드를 다듬는 작업 등이다.

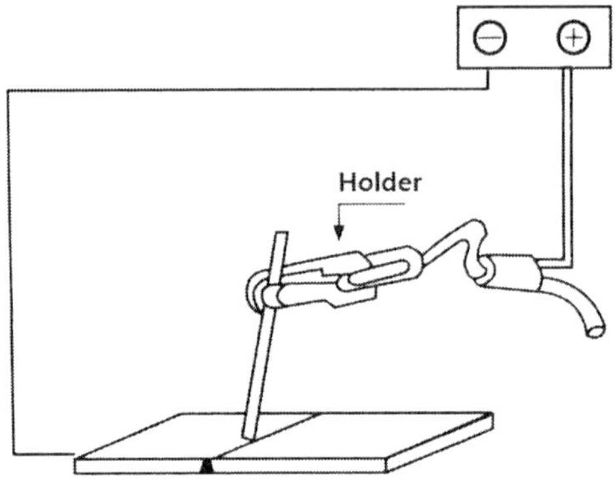

그림 2-64 아크 에어 가우징 장치

그림 2-65 아크 에어 가우징의 선체 가공작업

2) 가스 가우징

산소, 아세틸렌 또는 프로판가스의 화염으로 예열하고 고압 산소를 불어 넣어 철을 산화시켜 절삭하는 방법이다. 일반 절단용 토치 화구를 교체하는 것만으로 사용할 수 있기 때문에 비교적 간편하다. 이 방법은 소음도 없고 활용도 좋지만, 가열에 의한 변형이 발생하기 쉽기 때문에 박판에 적용하기 어렵다. 용접자세의 아래 보기, 가로 방향으로는 비교적 쉽게 홈이 만들어지지만 위쪽 작업에서 용융철이 바닥으로 떨어져 작업자에게 접촉하기 때문에 헬멧과 함께 보호 장비가 필요하다. 또한 홈의 모양을 일정하게 유지하려면 상당한 숙련을 필요로 한다.

3) 공압 치핑

압축 공기를 이용하여 특수 절삭방법으로 가우징 작업을 수행하는 방법이다. 소음이 심하고 용접 결함을 보수할 때 많은 힘이 들기 때문에 깊이 절삭하지 못하며, 발판에서 작업이나 위보기 작업에서 효율이 나빠진다. 작업 환경 개선이 진행되면서 생산현장의 무음화 추진을 위해 가스 가우징이나 아크 에어 가우징으로 대체하고 있는 경우도 있다.

그러나 열을 가하지 않기 때문에 열변형이 적은 장점이 있어 박판 가공과 통풍이 없는 좁은 장소에 부분적으로 이용될 수 있다.

2.6.7 용접시 발생하는 변형방지 및 교정법

용접을 하면 그 열에 의해 모재가 수축이나 변형이 발생한다. 이것들은 제품 치수나 형상 정밀도를 저하시켜, 그 모양을 현저하게 변형시킬 뿐만 아니라 안전강도상 문제를 발생하기도 한다. 이러한 변형은 다양한 방법을 이용하여 정밀도를 교정할 수 있지만, 매우 많은 노력과 시간을 필요뿐만 아니라 품질 저하의 우려가 있는 등 문제점도 많다. 따라서 용접 변형을 최소화하기 위해 용접 설계, 시공에서 충분한 방지 대책을 취할 필요가 있다.

(1) 변형의 종류와 양

용접에 의한 변형은 일반적으로 용접 입열량, 용접물의 형상, 개선(groove) 형상, 피팅 위치 및 고정 등의 영향을 받는다.

1) 용접 변형의 분류

일반적으로 선박 구조물에 용접으로 생기는 변형은 여러 변형거동이 중첩되어 매우 복잡한 것이지만, 그 형태에 따라 그림 2-66과 같이 분류된다.

2) 가로 수축

용접선의 직각 방향으로 수축을 의미한다. 그림 2-66 (a)의 옆 수축량 S (mm)는 두께 h(mm)에 반비례하여, 단위 길이당 (순)용접 입열 Q_{net}에 비례한다. 즉,

$$S = \alpha Q_{net} / C\rho h \tag{2-1}$$

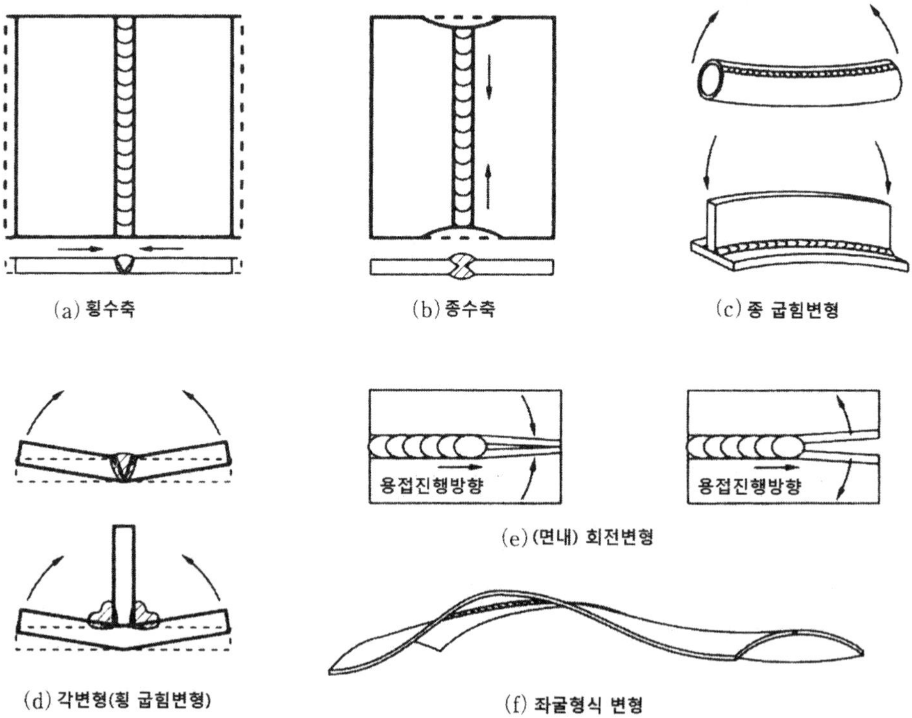

그림 2-66 용접 이음 발생하는 각종의 변형

가 성립한다[18]. 여기서 $C(J/g℃)$는 비열, $\rho(g/mm^3)$는 밀도, $\alpha(1/℃)$는 선팽창 계수이다. 또한 순 입열량은 전류 I, 전압 V, 용접 속도 v 에서 $Q=IV/v$ 로 구해진다. (공칭)용접 입열값에 열효율을 곱한 값으로 정의되는 용접에 의해 실제로 모재에 투입된 열량이다. 열효율은 용접법에 따라 다르지만, 일반적으로 반자동 CO_2 용접은 0.77 정도이다. 다층 용접에서 개선(groove) 단면적이 가로 수축 크기의 기준이 된다. 즉 용착 금속의 양이 증가함에 따라 가로 수축량도 커진다.

$$S=0.18L \tag{2-2}$$

즉, 루트 긴격과 개선 각노가 크고 용착량이 많을수록 가로 수축이 커진다.

3) 세로 수축

세로 수축은 가로 수축에 비하면 상당히 삭지만, 선체와 교량 등, 용접 길이가 긴 경우에 세로 수축은 무시할 수 없다. 판 전체적으로 평균적인 수직 수축량 ΔL_{av} (mm)는 다음 식으로 주어진다.

$$\Delta L_{av}=(F_T/2hW)L \tag{2-3}$$

$$F_T=0.335E\alpha Q_{net}/C\rho \quad \text{(N)}$$

여기서 기호는 식(2-1)와 같은 의미이며, W (mm)는 판의 반폭, L (mm)은 용접 길이, E는 재료의 영률 (n/mnf)이다. 또한, F_T은 Tendon force 라 불리는 세로수축을 야기하는 힘이다.

4) 회전변형

그림 2-67과 같이 용접 열원이 순차적으로 이동하기 위해 용접된 부분의 그루브 간극(root)이 용접의 진행에 따라 벌어지거나 닫히는 현상이다. 서브머지드

---

18) 佐藤邦彦、寺崎俊夫:構造用材料の溶接変形に及ぼす溶接諸条件の影響、溶接学会誌、Vol.45、1976 pp. 302-308.

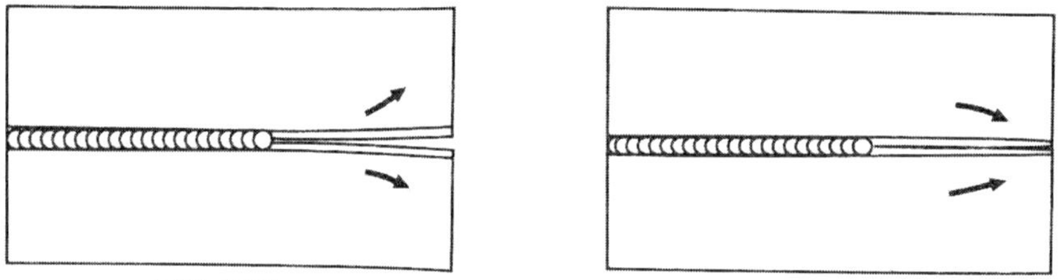

그림 2-67 회전변형

아크 용접과 같이 용접입열이 높고, 용접 속도가 빠른 경우에는 벌어지고, 수동 용접과 같이 용접입열이 낮고, 용접 속도가 느린 경우에는 닫히는 경향이 있다. 회전 변형은 첫 층(pass) 용접할 때 가장 큰 경향을 나타내므로 가용접을 신중하게 할 필요가 있다.

이에 대한 대책으로 FCB 용접 등에서 용접 시작과 끝에 탭판(tap plate)을 붙이고 있다. 자동용접에서 큰 입열이 길이 끝방향 변형의 원인이 된다.

5) 각변형 (가로 굽힘변형)

용접 공학에서는 "옆곡선 변형"라는 것도 있지만, 조선 분야에서는 "각변형"이라고 부른다. 후판의 맞대기 용접은 판 뒷면에 용접 순서에 의한 구속 정도 차이와 용착량 차이 때문에 수축량이 비대칭이 되어, 각변형이 발생한다. V형 개선부 대상의 다층 편면용접은 각변형이 한 방향으로 커지기는 하지만, X형 개선부에서는 단면 용접에 의해 발생하는 각변형이 반대편 용접에 의해 반대방향으로 상쇄되어 어느 정도 완화된다. 두께 20 mm 정도의 판에서 X형 개선부를 사용하는 경우, 개선부 깊이를 "앞면 : 뒷면 = 7 : 3"에 배분하여 앞면을 용접하고, 뒷면은 가우징한 후 용접하면 각변형은 결국 거의 제로(zero)가 되는 것을 용접 숙련자들은 경험적으로 알고 있다.

평판에 맞대기 비드(bead) 용접할 때의 각변형량은 입열량이 증가함에 따라 커지지만, 임의의 입열값에서 피크(peak)값을 나타내고, 그 이상 입열에서는 반대로 작아진다. 그러나 필렛 용접의 각변형은 층(pass) 수에 거의 정비례하여 증가한다.

각변형 크기 θ(rad)는 용접 입열에 관한 파라미터 $Q_{net}/h^2\,(J/mm^3)$의 함수

로 이론적으로 주어지며, 연구결과도 이를 나타내고 있다. 강판을 비드 용접한 경우에 대한 간이 추정식[19]으로 식(2-4)에 알려져 있다. 강판의 필렛 용접에 대해서도 주로 강판의 입열량을 적절히 주면 적용 가능하다.

$$\theta = \begin{cases} 1.44 \times 10^{-3} x & (x \leq 6.27) \\ 0.106x / [(x-6.16)^2 + 73.6)] & (6.27 < x) \end{cases} \tag{2-4}$$

$$x = Q_{net}/h^2$$

또한, 식 중의 기호는 가로 수축에 관한 것과 같은 의미이다.

6) 길이방향 굽힘변형

용접선 길이 방향을 따라 용접 이음의 위치가 부재 단면의 중심축이 아닌 경우에 생기는 곡선 변형을 말한다. 예를 들어 V형 맞대기 이음의 경우는 용착량이 판 두께 방향에서 서로 달라 판 표면에서 수축량이 달라지기 때문에 길이 방향으로 굽힘이 발생한다.

주로 문제가 되는 것은 그림 2-68에 나타낸 바와 같은 긴 T형과 I 형 부재를 필렛 용접으로 제작하는 경우로, I형 부재는 나중에 용접하는 측의 필렛용접의 각장을 증가시켜 세로 수축의 균형을 잡는 방법과, T형 부재는 I형 조립 후 밑판에 대칭이 되도록 판을 분할하는 방법이다.

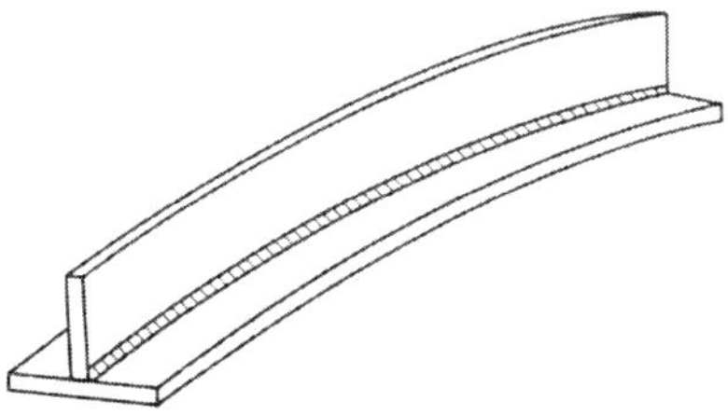

그림 2-68 T형 필렛 이음의 수직 굽힘변형

19) 佐藤邦彦、寺崎俊夫:構造用材料の溶接変形に及ぼす溶接諸条件の影響、溶接学会誌、Vol.45、1976 pp. 302-308.

7) 좌굴변형

박판을 용접한 경우에 자주 나타난다. 용접에 의해 발생한 모재 부분의 압축 잔류응력에 의해 좌굴변형이 생긴다. 좌굴변형은 매우 불안정한 변형으로 동일한 부품에 대해 수많은 변형거동과 형태가 존재하고 부재의 지지 조건 및 용접 순서 등에 따라 다양한 형태로 변형된다.

(2) 변형 저감법

용접 완료 후, 용접 변형을 완전히 제거하는 것은 대단히 어렵고 많은 비용과 시간을 필요하기 때문에, 가능한 변형을 적게 나타나도록 시공하는 것이 중요하다.

변형은 구속을 확고하게 함으로써 감소시킬 수 있지만, 선박 구조물 내부에 잔류응력이 증가하여 용접균열이 발생하기 쉬워진다. 이러한 잔류 응력은 변형과 상반되는 관계에 있다. 변형과 잔류응력을 동시에 줄일 수 없기 때문에 선체 구조물 강도에 중요한 부재로 사용되는 후판에서는 균열방지 목적으로 구속을 작게 하여 잔류응력을 완화시키고, 다른 부재에 대해서는 변형방지에 중점을 두는 시공이 이루어지는 경우가 많다.

1) 용접변형 방지의 일반 원칙

용접 변형은 용접에 의한 입열량에 기인하기 때문에 용접 입열량 저감 또는 열을 한 부분에 집중시키지 않는 것이 필요하다. 일반적으로 다음의 조치가 필요하다.

① 용접 입열량을 최소화

- 용착량을 최소로 한다.
- 용착 효율이 좋은 봉, 큰 직경의 용접봉을 이용하여 용접 층수(pass)를 줄인다.
- 용접 속도가 너무 느려지지 않도록 주의한다.
- 과대 각장(脚長)을 방지한다.

② 열을 한부분에 집중하지 않기 위하여,

- 용착법을 적절하게 선택한다.
- 용접 순서를 적정하게 실시한다.

이상이 용접으로 인한 열변형 방지의 일반적인 원칙이다. 용접면 수축은 미리 수축량을 예상하여 부재 치수를 정하거나 용접 후 마무리 절단방법이 사용되고 있다.

용접 후 수정이 어려운 휨 변형에 대해서는 적당한 지그(jig)를 사용하여 구속하거나 반대로 미리 역변형을 부여하는 방법이 채용되고 있다.

2) 면외 변형의 방지법

① 맞대기 이음의 경우

(가) 스트롱 백에 의한 구속 법

그림 2-69과 같이 용접선 상에 적당한 간격으로 스트롱 백(strong back)을 임시 지정하고 각변형을 구속하는 방법으로 맞대기 이음의 경우에 많이 사용되고 있다.

(나) 주변 고정법

강판 주변을 치구(治具)를 사용하여 고정하고, 용접이음 부근도 지그(jig)로 고정하는 방법이다. 벌집 정반에서 용접 작업을 할 경우에 적용 가능하다.

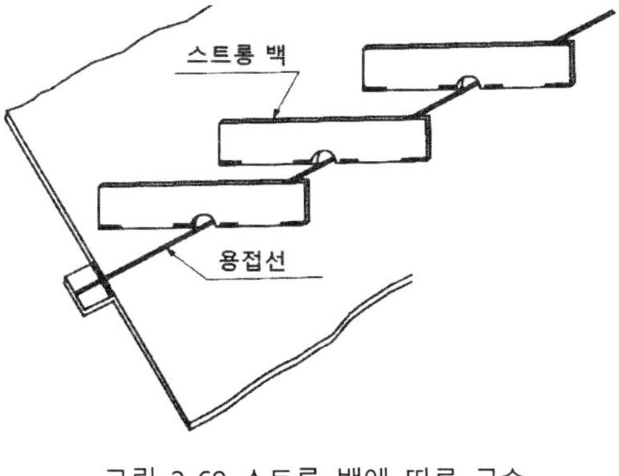

그림 2-69 스트롱 백에 따른 구속

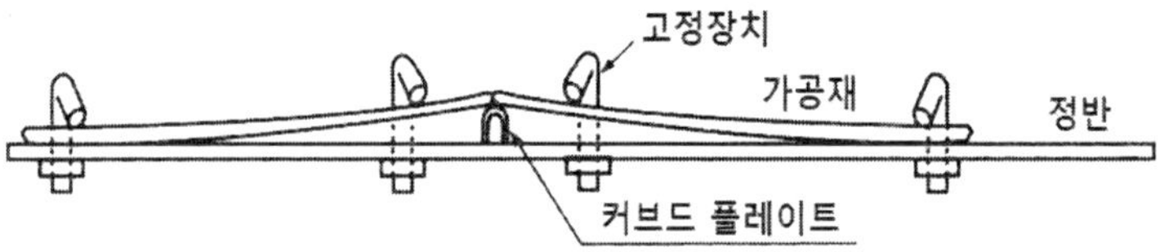

그림 2-70 역 변형법

(다) 역변형법

그림 2-70과 같이 용접에 의한 각 변화량을 예측하고, 이에 따라 변형을 미리 주는 방법으로, 현재는 직선 시임(seam) 판이음 용접에서는 완전 자동용접이 채용되고 있기 때문에 거의 사용하지 않는다.

② 필렛 피팅(fillet fitting)

(가) 소성 역변형법

그림 2-71과 같이 용접에 의한 각 변화량을 예측하고, 약 1/3정도를 반대로 변형(소성변형)을 부여하여, 내업 가공시 프레스 등에 의해 부재에 정확한 형상으로 유지하는 방법이다. 페이스 플레이트(face plate), 커튼 플레이트(curtain plate) 빔 니이(beam knee or bracket) 등에 사용된다. 반대로 변형량은 엄밀하게 두께와 각장 등에 따라 다르지만, 실용적으로 판단할 때는 100 mm 당 2 mm 정도라고 생각하면 된다.

(나) 탄성 역변형법

그림 2-72와 같이 용접 전에 미리 용접 변형과 반대방향으로 탄성 변형을 주어 각변형을 감소시키는 방법이다. 이러한 치구(治具)는 각각의 조선소 마다 고유한 모양으로 다양하게 고안되어 널리 사용되고 있다.

(다) 주변 고정법

그림 2-73과 같이 판주변을 정반에 고정하는 방법이다. 역 변형법 정도는 아니지만 상응하는 효과는 기대할 수 있고 시공이 간단하기 때문에, 역 변형법처럼 변형에 대해 엄격한 오차를 필요로 하지 않는 선체의 구조에 이용되고 있다.

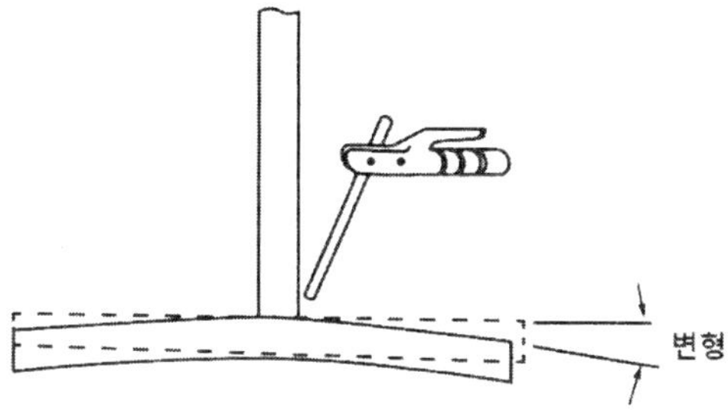

그림 2-71 소성 역변형법

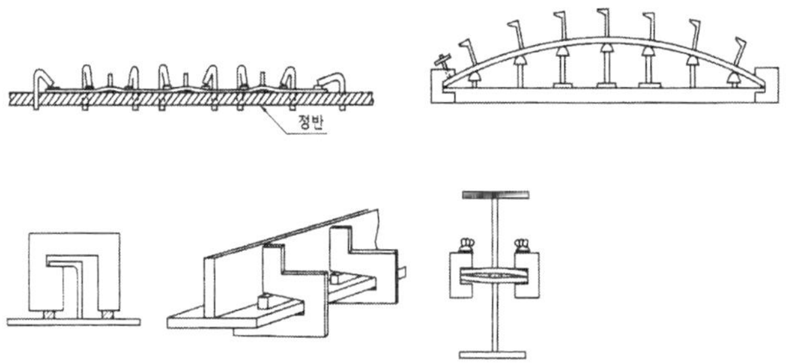

그림 2-72 탄성 역변형법

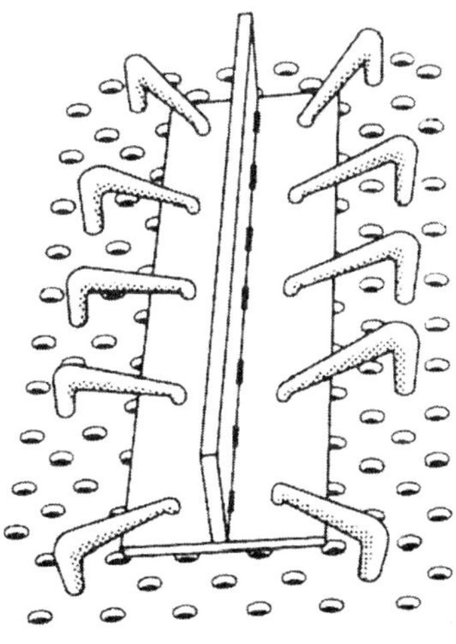

그림 2-73 주변 고정법

블록 조립에서 판과 스테프너를 접속하여 용접할 때 동일한 방법으로 판과 정반을 고정하면 패널 전체의 휨변형 또는 진동 방지에 효과적이다.

(라) 임시 보강법

그림 2-74에 나타낸 바와 같이, T형, I형 부재의 조립에서 판과 스테프너와 접속 용접할 때 간단한 브래킷 또는 스테이(stay)를 다수 임시로 지정하여 플랜지 변형을 방지하는 방법이다. 이 경우 받침대(금속 받침대)등을 이용하여 탄성으로 변형을 미리주면 효과는 더욱 좋다.

(마) 용접 재료

그림 2-75와 같이 블록 베드에 직각으로 붙는 종통재(longtudinal) 블록의 끝단측의 필렛 용접을 지상 용접으로 보류해 두고, 선대 탑재 후 용접 시공하여 변형량 저감을 도모 방법이다.

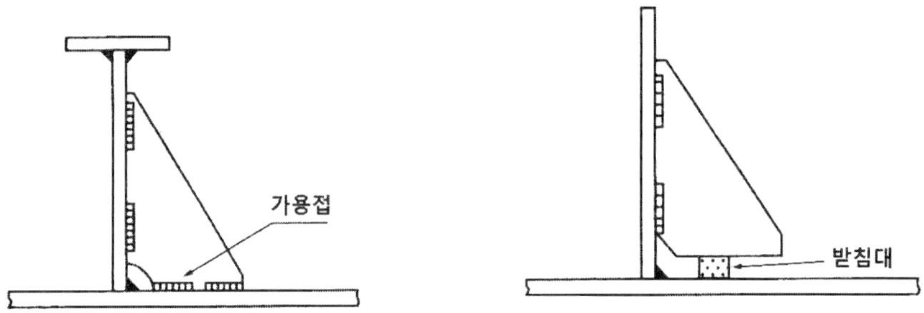

그림 2-74 임시 고정법

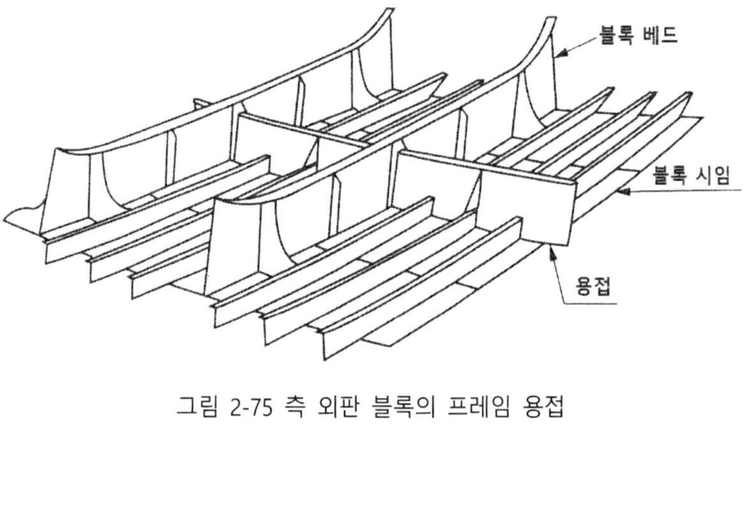

그림 2-75 측 외판 블록의 프레임 용접

(바) 포지셔너 법

용접자세가 위보기(上向)인 구조물을 포지셔너(positioner)로 회전시켜, 항상 용접을 아래보기 자세로 하여 용접 속도를 높임으로써 입열량을 적게 하고 변형 발생을 적게 하는 방법이며 작업 능률도 향상된다. 유사 부품 또는 동일 부품의 다량 생산 시에 주로 이용되는데, 대규모 회전 지그를 사용하는 예도 있다. 또한, 탄성 역변형법을 병용하면 효과가 좋다.

(3) 용접변형 감소 기법

1) 변형 교정 방법

변형이 허용치를 초과할 경우, 발생한 변형을 교정 및 수정할 필요가 있다. 이 교정하는 방법은 "기계적 가공방법"과 "열적 가공방법"이 있다. 기계적 가공방법은 용접에 의해 국부적으로 수축된 부분을 롤러 프레스 등의 가공으로 교정하는 방법이다. 시설적인 제약이 있기 때문에 빌트 업(built up) 종통재와 단판 등 비교적 소형의 부재나 구조물에 한정된다. 열적 가공방법은 국부적으로 가열, 급랭

표 2-10 온도 관리의 예

<table>
<tr><th></th><th colspan="2">항목</th><th>표준한계</th></tr>
<tr><td rowspan="7">표면 최고 가열 온도</td><td rowspan="3">• 고장력강
• TMCP형 고장력강
(Ceq 〉 0.38%)</td><td>가열 직후 수냉</td><td>650℃이하</td></tr>
<tr><td>가열 직후 공냉</td><td>900℃이하</td></tr>
<tr><td>가열 직후 공냉에서 수냉</td><td>900℃이하
(수냉개시 온도 500℃이하)</td></tr>
<tr><td>• TMCP형 고장력강
(Ceq ≤ 0.38%)</td><td>가열 직후 공냉에서 수냉</td><td>1000℃이하</td></tr>
<tr><td>• TMCP형 고장력강
(Ceq ≤ 0.38%)</td><td>상동</td><td>900℃이하</td></tr>
<tr><td>• TMCP형 고장력강</td><td>가열 직후 공냉에서 수냉</td><td>900℃이하
(수냉 개시 온도 500℃이하)</td></tr>
</table>

함으로써 생기는 수축 변형을 이용하여 교정하는 방법이다. 가열 온도가 높을수록 냉각 속도가 높을수록 효과가 있으나 두께가 커지면 가열 범위를 넓게 해야 한다. 열처리강과 고장력강에서 가열 담금질 한 부분의 강도가 저하될 우려가 있기 때문에 최고 가열온도 및 수냉 개시온도를 온도 측정기 등으로 엄중하게 관리해야 한다. 표 2-10에 온도 관리의 일례를 나타낸다.

① 선상(線狀) 가열법

가장 일반적인 방법으로 선상가열 직후에 수냉하는 방법이다. V형상 개선(開先) 등의 맞대기이음 용접 시, 각변형을 제거하기 위해 뒷면에 선상 가열하거나 한쪽 면에 용접선이 존재하여 용접선 측에서 활 모양으로 굽은 부재를, 용접 라인의 반대편을 선상에 가열하여 곧게 펴는 경우에 사용된다.

② 점 가열법

갑판실 벽과 같이 비교적 얇은 판 표면의 요철이나 팽창한 두꺼운 부분 제거에 이용되는 방법으로 직경 30 mm 정도 지점을 가열한 후 급냉 한다. 주위가 가로, 세로 방향 보강재에 의해 구속된 구획의 바깥 부분부터 순차적으로 안쪽 부분에 대칭으로 규칙적으로 가열할 필요가 있다. 미관을 해치지 않도록 철판 뒷면에서 실시한다.

표 2-11 선상 가열법과 점 가열법 비교

	선상 가열법	점 가열법
수축력	작음	큼
마무리 가공	깨끗함	흔적이 남음
가열온도	낮음	높음
기술 난이도	쉬움	어려움
변형 유발	적음	많음

점 가열법을 실시하면, 2.1.4 항에서 언급한 바와 같이 가열부 강재가 수축 변형하여 교정된다. 단점으로는 수축력이 매우 크기 때문에 다른 부분에 변형을 유발하기 쉬워, 가공할 때 주의를 필요로 한다. 선상 가열법 및 점가열법의 비교는 표 2-11과 같다.

③ 삼각 가열법

선박 구조물의 부재 가운데 앵글(angle) 재료나 플랫 바(flat bar)의 굽힘을 바르게 교정하는데 사용된다. 선박 구조물의 굽힘을 바르게 하려고 시도하는 경우, 어느 정도 판의 변형을 가한 후에는, 골재를 가열하여도 굽힘이 교정되지 않는 경우가 많으므로 수의가 필요하다.

④ 고주파 유도가열 이용

열원으로 고주파 유도가열을 이용하는 방법이다. 유도가열은 교류 자기장에 놓인 전도성 물질에 교류 자기장 자속과 반대방향 자속을 발생하려고 하는 전류(와전류)가 유도되고, 이 때 전도성 물질 자체의 전기저항에 의한 열이 발생하여 가열하는 현상이다.

이 방법은 자기가열(自己加熱)이며, 급속가열, 고온가열이 가능하다. 국부가열은 고주파를 선택하여 필요한 깊이까지 가열할 수 있는 특징을 가지고 있으며, 온도제어가 용이하고 신속하다.

2.6.8 특수재료 용접

(1) 철강·주철의 용접

주철은 탄소 함량이 높고 두껍기 때문에 일반적인 압연 강철보다 용접성이 나쁘고, 균열이 생기기 쉬우므로, 용접 시에는 시공법을 준수하고 충분한 예열을 하는 등 신중하게 처리해야 한다.

(2) 클래드(clad) 강의 용접

클래드 강은 강철과 다른 재료 용접이 가능한 조합재료와 용융 접합이 지극히 곤란한 조합재를 이용한 클래드 강판이 있다. 클래드 강판 용접은 보통 모재 측에서 실시하고 이후 조합재 측에서 용접 시공한다. 강철과 용융 접합이 가능한 경우, 용접법으로는 피복 아크, 서브머지드 아크, TIG 및 MIG 등의 용접법이 있다. 조합재와 강철의 용융 접합이 어려운 경우에는 주로 TIG 용접법을 사용한다.

스테인레스 클래드 강판을 용접 시공할 경우에는, 모재측에서 희석작용에 의해 합쳐진 재료보다 저탄소가 되므로, 합금 원소(Ni, Cr 등)가 많은 용접봉 또는 와이어를 사용하여야 한다. 합쳐지는 재료가 Ti의 경우 Ti와 강은 용접이 어렵기 때문에 모재와 합쳐지는 재료는 별도로 용접한다. 즉, 개선(groove)에 합쳐지는 재료를 용접에 의한 열영향이 없도록 제거하고, 모재 측을 용접한 후 합쳐지는 부재를 용접할 필요가 있다.

(3) 스테인리스강 용접

스테인리스 용접은 피복 아크 용접법, 서브머지드 아크 용접법, 탄산 가스 아크 용접법 및 플라즈마 용접 방법 등이 실시되고 있다. 용접상의 문제점으로 고온 균열과 응력 부식균열 등을 들 수 있다.

(4) 저온용 강재의 용접

저온용 강재는 액화 가스저장 및 수송용 대형용기 재료로 발달했다. 피복 아크 용접의 용접봉은 저수소계 용접봉으로 용착 금속의 수소량과 사르피 충격값(V형)이 정해져있다.

이 저온용 강재 용접법은 다른 불활성 가스 아크용접 및 서브머지드 아크 용접법이 있고, 용접부의 노치(notch) 인성을 확보하기 위하여 엄격한 시공 조건이 선택되어야 한다. 또 이 강은 후판으로 이용되는 경우도 많기 때문에 고성능을 목적으로 한 다전극 서브머지드 아크 용접법과 일렉트로 슬래그 용접법이 이용되고 있다.

(5) 알루미늄 용접

알루미늄 용접은 TIG 용접법, MIG 용접법 및 가스 용접법 등으로 실시되고 있다. 용접상의 문제점으로 고온 균열, 응력 부식균열 등을 들 수 있다. 최근에는 마찰 교반접합(FSW)도 박판의 맞대기 용접에 일부 도입되고 있다.

2.7 도장(塗裝)

2.7.1 도장 공정 개요

큰 면적을 도장하는 선박의 경우, 도장 작업을 효율적으로 수행하기 위해 선조공정 전체에 어떻게 도장 공정을 통합하는지에 대해서 여러 가지 기술적인 검토가 이루어지고, 그 결과로 현재의 도장 공정이 확립되었다([2.12] [2.13] [2.22] 참조).

선박의 도장 공정은 그림 2-76에 나타내는

- 1차 표면처리
- 샵 프라이머 도장
- 2차 표면처리
- 방식 도장
- 상도 도장

등 5 가지로 대별할 수 있다. 표 2-12와 같이 a)와 b)는 고정 설비에서 시공되고 c) 이후는 공작 공정의 각 스테이지에서 분산하여 시공된다.

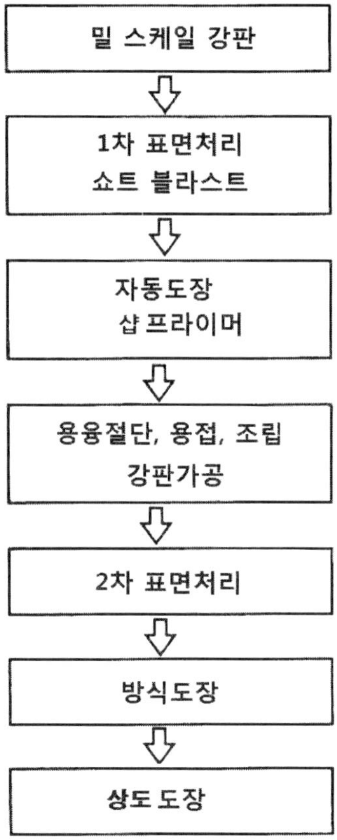

그림 2-76 선박의 도장 공정

표 2-12 도장 공정과 공작 스테이지의 관계

건조 공정	도장 공정	작업 내용
내업	1. 샵 프라이머 도장 - 1차 표면 처리 / 쇼트 블라스트 - 샵 프라이머 도장 - 블록 조립 / 용단·용접	쇼트 라인에 있어서 • 자동 쇼트 블라스트 • 샵 프라이머 자동 도장 • 내업에서 블록 조립
지상 작업	2. 방식 도장 (블록 도장) - 강재 처리 - 2차 표면 처리 - 방식 도장 - 상도 도장의 일부	도장 공장 및 야외에서 도장 • 블라스트 또는 전동 공구 처리 • 에어리스 스프레이 도장 • 스트라이프 코트(stripe coat) • 솔에 의한 터치 업(touch up) 페인트

건조 공정	도장 공정	작업 내용
선대, 건조도크, 의장안벽	3. 구획 도장(접합부 도장) - 강재 처리 - 이차 표면 처리 - 부식 방지 페인트 - 상도 도장의 일부	각 구획에서 • 전동 공구 처리 이후 블라스트(blast) • 에어리스 스프레이 도장 • 스트라이프 코트 • 솔에 의한 터치 업 페인트
파이널 도크	4. 선저 외판 도장 - 수세 - 상도 도장 전처리 - 상도 도장	도크에서 • 고압 물 세척 • 부착의 허술한 도막, 벗겨진 녹의 제거 (분사 또는 power tool) • 터치업 페인트, 에어리스 스프레이 도장

2.7.2 표면처리

도막의 부착성 및 도장 방식성능을 확보하기 위해서는, 도장 전 기초 표면의 녹, 유지 및 기타 오염물질 등 도장에 해로운 물질을 제거하고, 부착성 향상을 위해 표면 조도를 향상시킬 필요가 있다. 표면 처리 방법에 의해 얻어지는 표면 상태(청결과 조도)가 다르기 때문에 목적으로 하는 표면 상태에 따라 가장 효율적인 표면처리 방법이 선택된다. 표면처리 전에 하는 철강재료 처리에서도 선박 도장 고유의 시공법이 적용된다. 선박 도장의 표면 처리는 1차 및 2차의 단계의 표면 처리가 적용된다는 특징이 있다.

(1) 강재 처리

강재 처리 등은 강재 표면을 전동 공구 등으로 매끄럽게 하는 작업이다. 요철 형상의 예리한 모서리부가 있을 때, 모서리부의 강재 처리의 유무와 도막 두께의 관계는 그림 2-77과 같다. 그림 상부에 있는 무처리의 예리한 모서리부에서 막 두께가 현저하게 감소하는 것으로 나타나 있다. 이러한 두께 부족은 도장의 조기 열화를 일으키므로 강재 처리가 필요하다. 구체적으로는 스패터링, 슬래그, 가스 등의 제거와 손 용접 비드부의 날카로운 요철이나 언더컷 스무딩, 강재 절단 "예리함"과 모서리부의 제거가 이루어져야 한다.

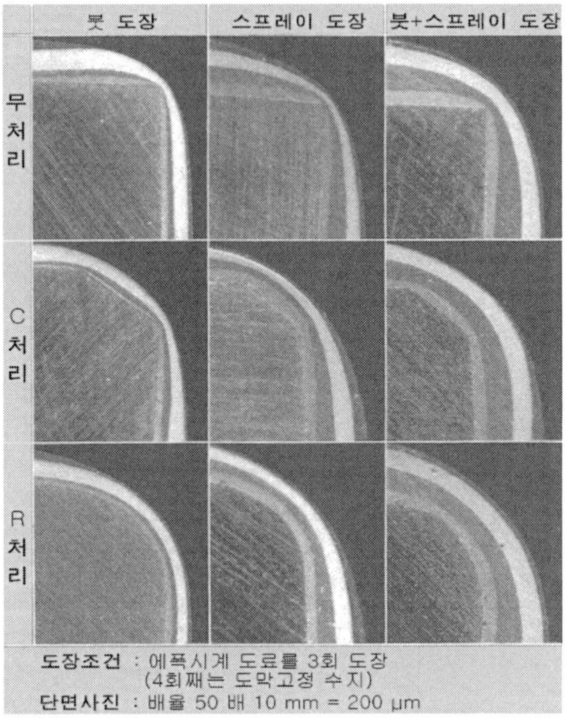

그림 2-77 예리한 모서리부의 두께

표 2-13 강재 표면의 결함과 도장 전의 대책

결함	발생 개소	도장에 대한 영향	대책
가스절단 	절단면에 고착점	-도막 불균일 -도장하기 어려움 -도막 박리 원인	그라인더로 제거 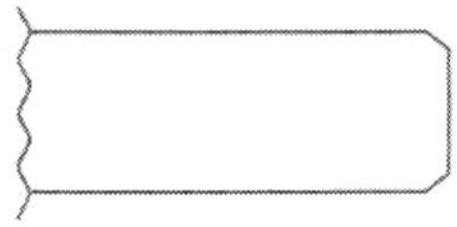
용접 비드 용착 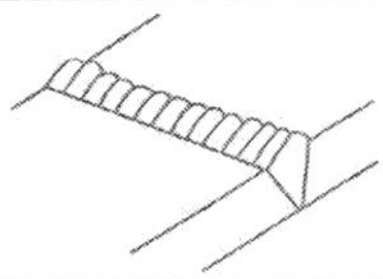	그래비티 용접 손용접 비드	-도막 불균일 -도장하기 어려움	그라인더로 비드 머리를 연마 높낮이 3 mm 이내. 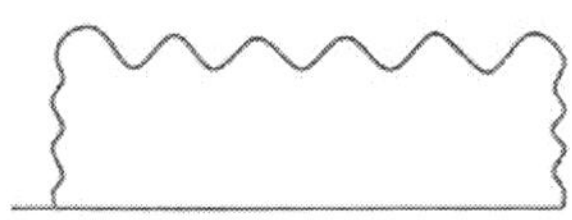

결함	발생 개소	도장에 대한 영향	대책
용접 비드 슬래그 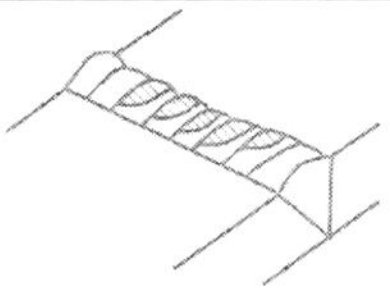	그래비티 용접, 손용접 비드 • 슬래그 : 알칼리성이 강한 코크스	-도막 부착 불량	그라인더 등으로 제거
언더컷 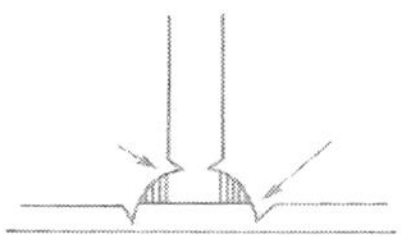	용접 와이어의 양쪽에 생긴 침투 무양의 틈새 (알칼리성 슬래그)	-도막불균일 -도장하기 어려움 -도막 부착 불량	그라인더 등으로 제거 0.8 mm이상의 침투는 보강 용접
스패터 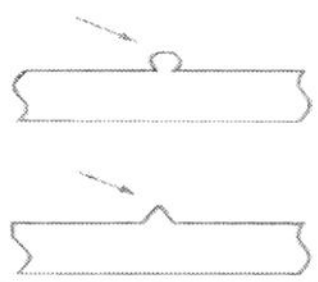	용접부 주변에 흩어져 고착.	-도막불균일 -도장하기 어려움	치핑해머, 그라인더, 디스크 샌더 등으로 제거 혹은 둔각 까지 처리 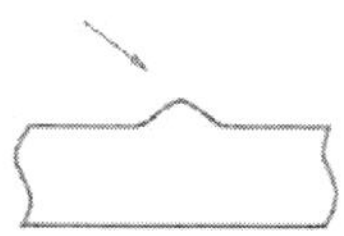
용단부의 용착 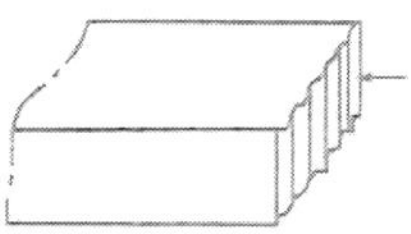	브래킷 등의 가스 절단한 면	-도막불균일 -도장하기 어려움	그라인더로 부드럽게 절단 노치 높낮이 1 mm이상 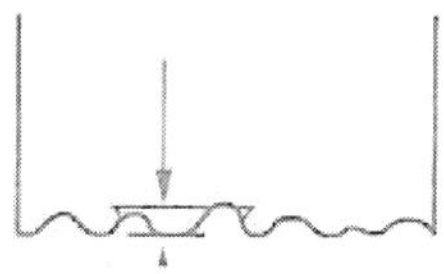
피스(piece) 자체 철거후 요철부	발판	-도막 불균일 -도장하기 어려움	오목 : 심한 곳은 용접 볼록부 : 그라인더로 연마
날카로움, 예리함 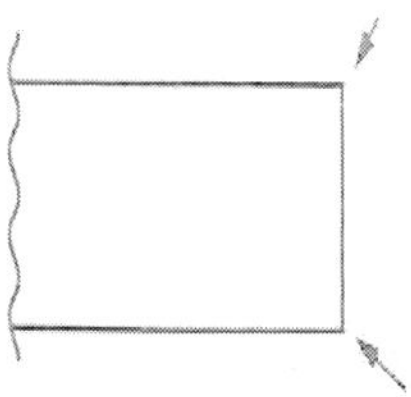	브래킷재, 플랫바 각종 보강재	-도막 불균일 -도장하기 어려움	그라인더와 R-cutter 가공 

강재 처리가 필요한 표면 상태와 일반적인 대책은 표 2-13과 같다. 일반 도장은 프리 엣지(free edge) 가장자리에 절삭부 폭 0.5~1.0 mm (0.5C~1.0C) 모따기 가공을 손 용접 비드는 요철이 3 mm 정도 이하가 되도록 평활하게 하는 경우가 많다.

밸러스트 탱크 및 화물유 탱크 도장은 2.7.5 항 뒷부분의 IMO 도장 성능 기준 (PSPC/WBT 및 PSPC/COT)에 따라 2.7.5 항에 나타내는 고품질의 공작 사양이 요구된다.

(2) 1차 표면처리 및 보조 표면처리

1) 조선 도장의 표면 처리

기초 표면처리 방법은 주로 손 공구 (전동 공구)에 의한 방법과 블라스트에 의한 방법으로 분류된다. 현재는 블라스트 공정을 기초 작업을 하는 것이 품질과 효율 면에서 뛰어 나기 때문에 블라스트 작업을 공작 공정에 어떻게 통합할지가 과제가 된다.

조선분야에서는 강재의 밀 스케일(mill scale) 제거를 주목적으로 하는 1차 표면처리와 도장 전 표면 청정화를 주목적으로 하는 2차 표면처리의 두 단계로 실시하고 있다. 샵 프라이머 도장 방식은 표면처리 공정 삭감을 주된 목적으로 사용된다. 자동화 된 샵 프라이머 도장 장치를 사용하면 강판의 블라스트 작업에 필요한 인력이 거의 필요없고, 강판 가공 후 도장 전에 실시하는 2차 표면처리는 샵 프라이머 전의 청소 정도 가벼운 표면처리로 대처할 수 있다. 이처럼 표면처리 공정을 1차 및 2차로 분할하는 것이 전체 효율화를 꾀할 수 있다.

일반적으로 1차 표면처리는 그림 2-76의 그리드 블라스트 장비와 그림 2-77의 진공 블라스트 장비가 적용되지만, 2차 표면처리는 전동 공구에 의한 처리가 적용되는 경우도 있다.

2) 1차 표면처리

조선소에 납품된 강재는 2.1.1 항에서 언급한 바와 같이, 가공 전에 샵 프라이머가 도장된다. 일반 도장은 청정도가 ISO-8501-1의 Sa2.5 "니어 화이트 메탈(near white metal)"이상이 되도록 1차 표면처리가 이루어진다. 밸러스트 탱크 및 화물유 탱크 도장에 있어서, IMO 도장 성능기준(PSPC/WBT 및 PSPC/COT)에서 1차 표면처리에 관한 규정은 2.7.5 항에 나타낸 바와 같다. 1차 표면처리 및 샵 프라이머 도장에 관해서는 2.1 절에서 설명했으므로, 여기에서는 자세한 설명을 생략한다.

3) 2차 표면처리

2차 표면처리란 강재 절단, 용접, 굽힘(bending) 등의 가공을 거친 후 표면처리이며, 대상면의 대부분은 샵 프라이머를 한 면이지만 용접 등 샵 프라이머가 손상된 표면도 일부 포함된다.

일반 도장은 샵 프라이머의 건전 도막을 표면 처리를 하지 않고 청소만 하고, 샵 프라이머 손상 부분은 ISO-8501-1의 St3 "보다 충분한(very thorough) 전동공구 처리"가 되도록 한다. 일반적인 2차 표면처리 등급의 예는 표 2-14와 같다. 도장 구획에 의해 처리 등급이 다를 수 있다.

표 2-14 2차 표면 처리의 예

	처리항목	처리 방법 및 기준	규격
용접, 파손부, 발청부 등	녹, 흄, 슬래그, 스패터, 파손 도막 등	- 전동 공구 처리 ISO St3 또는 JSRA SPSS Pt3(그라인더 또는 디스크 샌더 등) - 블라스트 ISO Sa2.5	ISO 8501-1
드래인 홀 등의 강재 가스 절단부	히트 스케일, 녹	베이비 그라인더 및 디스크 샌더 등 ISO P2	ISO 8501-3
가스절단 가장자리	히트스케일 날카로운 녹	디스크 샌더와 파워 브러시로 제거, ISO P2	ISO 8501-3
일반부(전동 공구 처리 경우)	수분	에어 블로우, 면포로 닦아 완전 제거	육안
	염분	깨끗한 물로 씻음 허용 농도 50 mg/m^2 이하 (염화 나트륨 환산) 도장 부위에 따라 다름	Bresle법/ ISO8502-9 또는 감지관

	처리항목	처리 방법 및 기준	규격
일반부(전동 공구 처리 경우)	유지분	신너로 완전히 제거	육안
	비눗물, 글리세린 등	깨끗한 물로 씻음, 전동 공구로 제거	육안
	하얀색 녹	전동 공구로 제거 ID Pt3	JSRA
	용접 흄	전동 공구로 제거 IF Pt3	JSRA
	초크 마크	전동 공구나 면포 청소	육안
	마킹 페인트	규정이외의 것은 전동 공구 및 희석제로 닦아 제거	육안
	진흙, 모래, 먼지	면포 청소 및 전동 공구로 처리하고 먼지크기에 따라 진공청소기로 흡입 제거, 먼지 크기는 육안으로 관측 가능한 것 제거	ISO 8502-3
	기타	검사원 및 상담	

그림 2-78 그리드 블라스트 장비

그림 2-79 진공 블라스트 장비

밸러스트 탱크 및 화물유 탱크 도장은 IMO 도장 성능기준(PSPC/WBT 및 PSPC/ COT)에 따라 2.7.5 항에 나타내는 고품질 2차 표면처리가 요구된다.

2차 표면처리 블라스트는 잘 갖추어진 블록 도장공장에서는 그리드 블라스트, 그렇지 않은 곳은 진공 블라스트나 고압 블라스트가 이용된다. 그림 2-78 블록 도장공장의 블라스트 장치 예를 그림 2-79에 진공 블라스트 장치 예를 나타냈다.

2차 표면처리의 표면 처리등급은 육안에 의해 판정된다. 이 판정은 "도장 전 철강 표면처리 표준 (SPSS)"(2.16)과 "Standard for the Preparation of Steel Substrates for PSPC-2008 (SPSS for PSPC)"(2.17) 등의 기초 작업 표준 사진집이 사용된다.

2.7.3 방식도장과 상도도장

(1) 도장 방법

선박 도장에서는 주로 에어리스 스프레이가 사용된다. 에어리스 스프레이 페인트를 100 kgf/cm^2 이상으로 가압하여 노즐로부터 토출시켜 무화(霧化)시킨다. 따라서 고점도 도료에 적용할 다른 도장법에 비해 토출량이 많기 때문에 효율이 좋다. 에어리스 스프레이 장치의 예를 그림 2-80에 장비 성능의 예를 표 2-15에 나타낸다.

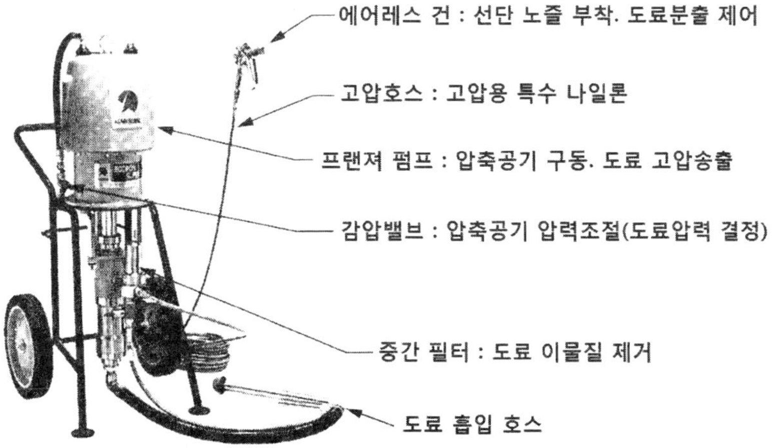

그림 2-80 에어리스 도장기계

표 2-15 에어리스 스프레이 장비 성능의 예

압력비	23:1	30:1	45:1	50:1	60:1
최고압력 kgf/cm^2	160	210	280	280	420
최고 공압 kgf/cm^2	7	7	6.2	5.6	7
최고 토출량 cc/min	2,000	11,000	13,000	7,000	7,600
용도	저점도	중점도	고점도	고점도	고점도
	일반방청, 마무리		에폭시 등		

에어리스 스프레이는 스프레이 건(gun)과 피도물(被塗物) 사이의 거리를 30 cm 정도 유지해야하기 때문에 좁은 부분에 적용에는 한계가 있다. 좁은 부분의 도장은 스트라이프 코트(붓칠)가 병용된다.

모서리 가장자리에서 도료의 표면 장력에 의해 시간이 지날수록 두께가 감소하기 때문에, 스트라이프 코트(붓칠)가 병용된다.

밸러스트 탱크 및 화물유 탱크의 도장은 IMO 도장 성능 기준(PSPC/WBT 및 PSPC/ COT)에 따라 2.7.5 항에 나타내는 고품질 도장 사양이 요구된다.

(2) 블록 도장

블록 도장방식은 선체블록 단계에서 완성 상태에 가까운 도장을 한 것이며, 도장 작업을 위한 전문 도장공장을 마련하고 실내에서 시공하는 경우가 많다. 이 방식은 날씨의 영향을 피하고 작업 발판가설이 비교적 쉽기 때문에 온·습도 및 도막 두께의 관리를 철저히 할 수 있으며, 품질과 작업 효율성을 향상시킬 수 있다.

최근 높아지는 도장 품질과 도장 효율 향상 요구에 대처하기 위해 시설이 완비된 블록 도장공장을 신설하는 조선소가 증가하고 있다. 그림 2-81에 택트(tact)식 도장 공장의 개략도를 나타냈다.

블록 도장의 적용 범위를 넓히면 도장 능률은 향상되지만 블록 탑재 후 블록 피팅부 등 도장할 수 없는 부분이 남아있기 때문에 적용 범위를 넓히기에는 한계가 있다. 일반적으로 블록 도장공정은 전체 도장 공정의 대략 절반 정도이다.

밸러스트 탱크 및 화물유 탱크의 블록 탑재 후 도장은 IMO 도장 성능 기준(PSPC/WBT 및 PSPC/COT)에 따라 2.7.5 항에 나타내는 도장 사양이 요구된다.

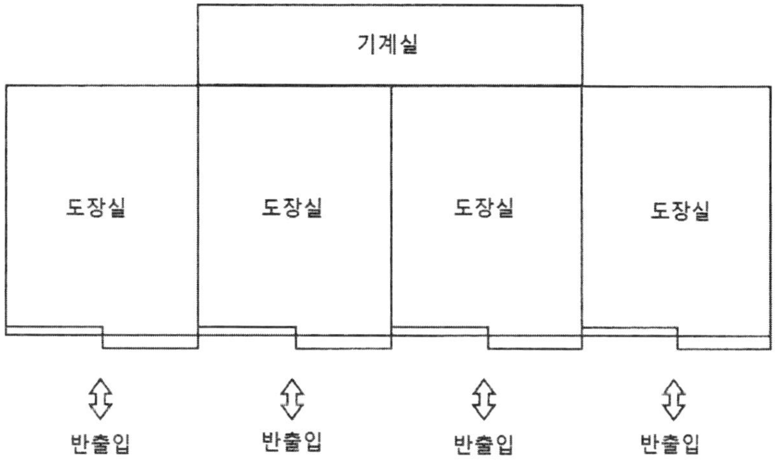

그림 2-81 택트식 도장 공장

2.7.4 IMO 도장성능 기준

2006년 12월에 "모든 종류의 선박의 전용 해수 밸러스트 탱크 및 벌크 화물선의 이중선체 대한 도장성능 기준“(Performance Standard for Protective Coatings for dedicated seawater ballast tanks on all new ships and double-side skin spaces of bulk carriers 아래 PSPC / WBT라 함)이 IMO 결의 MSC216 (82)로 채택되었다. 이에 따라 국제 항해에 종사하는 총 톤수 500톤 이상의 선박의 해수 밸러스트 탱크 및 주로 건조화물을 운송하는 벌크 화물선으로 건조 길이(Lf)가 150 m 이상 이중선체 도장은 PSPC/WBT의 요구 사항을 만족해야 하는 규정이 발효되었다.

또한 2010년 5월에 "원유 탱커화물유 탱크 도장성능 기준"(Performance Standard for Protective Coatings for cargo oil tanks of crude oil tankers. 다음 PSPC/COT와 함)이 IMO 결의 MSC 288 (87)로 채택 되었다. 이를 통해 재화 중량 5,000톤 이상의 유조선 화물유 탱크(COT, cargo oil tank)는 건조 중에 방식 도장을 실시되어야한다는 점을 규정을 덧붙였고, PSPC/COT의 채택과 같은 시기에 IMO 결의 MSC289(87)에 의해 COT 도장 대체 방식법의 성능기준도 결의되고, 내식성 강철을 사용하면 COT 도장은 면제된다.

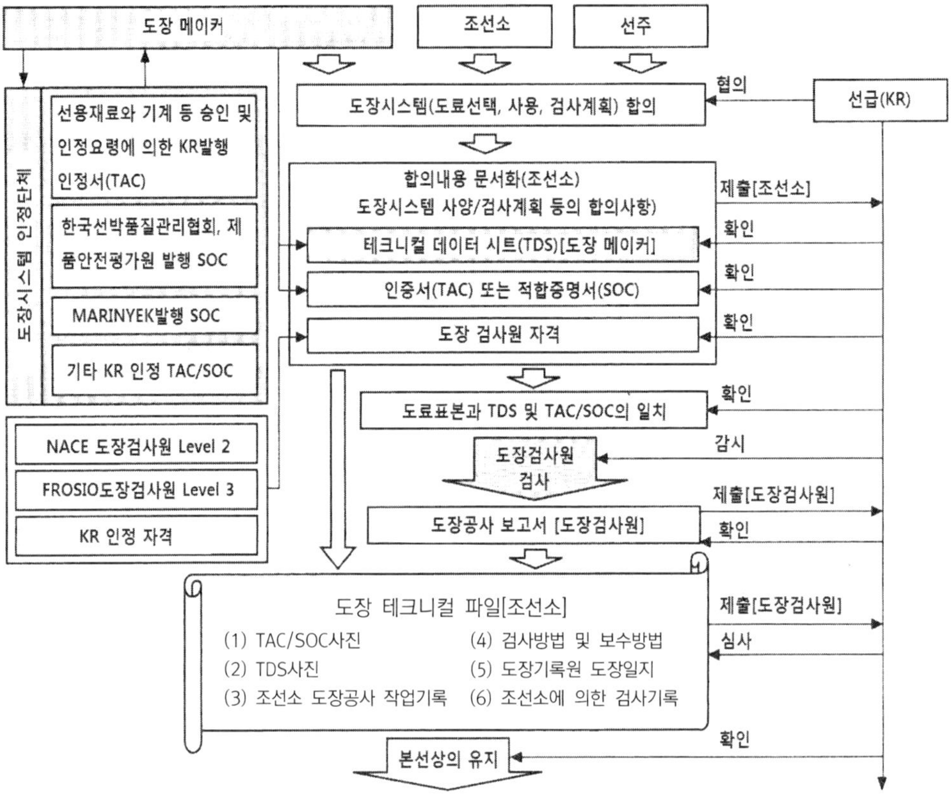

그림 2-82 IMO 도장 성능 기준의 적용 절차의 예

IMO 도장 성능기준(PSPC/WBT 또는 PSPC/COT)은 강판 표면 처리 및 도장 공정의 검사 절차로 선주, 조선소 및 페인트 제조업체 간에 합의된 주관청 또는 인증 기관의 심사를 받을 수 있고, 이러한 검사 결과를 도장 기술파일(CTF, coating technical file)에 기록하도록 규정되어 있다. 또한 미국 부식방식기술자협회(NACE, national association of corrosion engineers) 도장 검사원, Level 2 도장 검사원, Level 3 또는 주관청에 의해 검증된 자격을 갖춘 도장 검사원 따라 IMO 도장 성능기준이 요구하는 검사 사항 및 페인트 제조업체를 성능 기준의 요건에 규정된 검사 사항으로 검사 및 감독할 의무가 있다. 그림 2-82에 IMO 도장 성능 기준의 적용 단계의 예를 나타냈다.

다음으로, 상기의 각 공정에 대해 설명하고, 각 공정에 관련한 PSPC/WBT 또는 PSPC/COT의 주요 요구 사항을 나타낸다.

2.7.5 IMO 도장성능 기준 규정내용

밸러스트 탱크 및 화물유 탱크 도장은 PSPC/WBT 및 PSPC/COT에 따라 다음이 요구 된다([2.15] 참조).

(1) 강재 처리

밸러스트 탱크와 화물유 탱크 등은

- 모서리 가장자리는 최소 2 mm 둥근 모서리 또는 3 pass 그라이딩 처리한다.
- 비드 표면은 ISO8501-3이 정하는 grade P2 이상의 성적으로 마무리한다.

(2) 1차 표면처리

밸러스트 탱크, 화물유 탱크 등은

- 표면 청정도가 ISO-8501-1의 Sa2.5 이상, 표면 조도 30~75 μm이다.
- ISO8502-9에 의해 측정 염분 농도가 50 mg/m 이하일 것.

(3) 2차 표면처리

밸러스트 탱크와 화물유 탱크 등은

- PSPC/WBT 또는 PSPC/COT이 정하는 사전승인 시험에 합격한 샵 프라이머의 건전 도막면은 스윕(sweep) 블라스트, 고압 물세척 또는 동등한 방법에 의한 청소를 실시한다.
- PSPC/WBT 또는 PSPC/COT이 정하는 사전 승인시험에 합격한 것 이외의 샵 프라이머는 블라스트 처리에 의해 70% 이상 제거한다.
- 샵 프라이머의 손상부 및 용접 비드 부분은 ISO-8501-1의 Sa2.5 이상의 등급이 되도록 분사한다.

(4) 방식 도료

밸러스트 탱크, 화물유 탱크 모두 다음이 요구된다.

- 방식 도료는 2회 이상 스프레이 도장하고, 건조 막 두께가 320 μm 이상이어야 한다.
- 용접 비드 및 모서리 가장자리에 2회 스트라이프 코트(붓)와 2회 스프레이 도장을 병용한다. 심(seam) 용접부에 한하여 과대 두께를 피하기 위해 스트라이프 코트의 횟수를 1회로 제한할 수 있다.

(5) 블록 탑재 후 도장

밸러스트 탱크의 부식방지 도장은

- 탱크 내 총면적의 2% 미만의 작은 도막 손상은 파워 도구로 St3으로 마무리하고, 연속적인 손상이 25 m^2 또는 탱크 총면적의 2%를 초과하는 경우에는 블라스트 처리로 Sa2.5으로 마무리한다.

화물유 탱크의 부식방지 도장은

- 내 저판은 탱크 도장 면적 20% 미만의 작은 도막손상은 파워 도구로 St3에 마무리하고, 연속적인 손상이 25 m^2 또는 탱크 도장 면적의 20%를 초과하는 경우에는 블라스트 처리로 Sa2.5으로 마무리 한다.
- 갑판 아래에 대해서는 탱크 도장면적 3% 미만의 작은 도막 손상은 고성능도 로 St3에 마무리 연속적인 손상이 25 m^2 또는 탱크 도장 면적의 3%를 초과하는 경우에는 블라스트 처리로 Sa2.5으로 마무리한다.

연습문제

(1) 건조하고 있는 선박에서 선각의 총 부품수, 굽힘 가공을 필요로 하는 부품수를 조사하시오.

(2) 절단가공에 관하여 아래의 질문에 답하시오.

1) 공장에서 정비되고 있는 절단기를 조사하고, 그 처리능력을 나타내는 일람표를 작성하시오.

2) 가스 절단, 플라즈마 절단 및 레이저 절단의 장점과 단점을 서술하시오.

(3) 굽힘가공에 관하여 아래의 질문에 답하시오.

1) 프레스 등의 냉간 굽힘가공에서 스프링 백(spring back) 현상은 어떤 현상인가를 조사하시오.

2) 철판을 열선 가열하면 가열선에 수직한 수축변형이 발생한다. 이유에 관하여 설명하시오.

(4) 철판 굽힘 가공에서는 냉간 굽힘(프레스, 롤러)와 열간 굽힘이 있다. 양자의 장단점을 고찰하시오.

(5) 블록 조립에서 실시하고 있는 작업을 열거하시오. 또 블록조립의 생산성을 제약(制約)하는 설비와 이유 등을 열거하시오.

(6) 선행의장 이점을 서술하시오.

(7) 선각 정밀도 유지는 매우 중요한 것인데 그 이유를 설명하시오.

(8) 그림 2-38에 나타낸 순서에서 외판 블록이 탑재·용접되는 경우, 어떠한 전체 변형이 발생하는지 도식적으로 설명하시오.

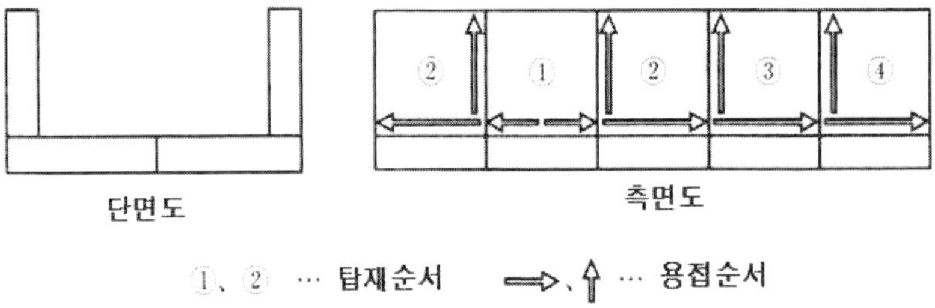

그림 2-83

(9) 선대 또는 건조도크에서 하고 있는 선각공사는 다른 선각공사와 크게 다르다. 이 공사의 특징을 설명하시오.

(10) 블록탑재에서 진수까지 공정을 크게 3 가지 공정으로 나누고, 각 공정에 관하여 다음과 같은 점을 고찰하시오.

1) 정밀도를 고찰할 때 가장 중요한 점은 무엇인가.

2) 각 공정 사이 진행의 균형을 맞추기 위하여 어떠한 주의를 하는 것이 좋은가

(11) 선대 또는 건조도크에서 하고 있는 선각공사에 작업 능률을 향상시키고 싶다. 이를 위하여 본 공정뿐만 아니라 조립공정에서도 어떠한 점에 노력을 해야 하는지 고찰하시오.

(12) 선형 확보에 관한 아래의 질문에 답하시오.

1) 선형 확보 목적과 그 기본에 관하여 설명하시오.

2) 설치 작업에서 주의해야할 기본사항을 5개를 설명하시오.

3) 용접변형을 방지하기 위한 대책을 나열하고 개요를 설명하시오.

(13) 그림 2-84에 나타낸 것과 같이, 16 mm의 코킹 다운량이 발생하면 상갑판에서 늘어난 량은 얼마인가.

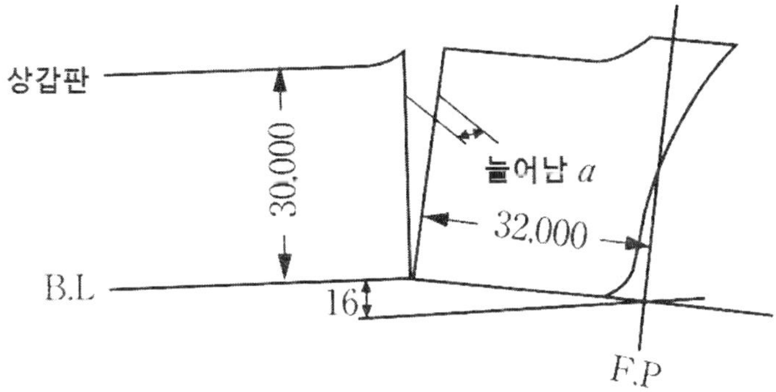

그림 2-84

(14) 후판 10 mm 의 강판을 단위 용접 길이당 정미 입열량이 10×10^6 J/m의 조건에서 맞대기 용접하는 경우의 횡 수축량 및 각 변형량을 구하시오.

(15) 용접법에 관하여 아래의 질문에 답하시오.

1) 아크용접의 차폐방법을 두 가지를 들고 각각을 설명하시오.

2) 손 용접, 반자동 용접 및 자동용접의 차이점을 간략하게 설명하시오.

(16) 용접시공에 대한 아래의 질문에 답하시오

1) 용접결함 방지대책에 관하여 설명하시오.

2) 공장에서 사용하고 있는 용접재료를 조사하고, 종류와 일람표를 작성하시오.

3) 습기를 함유한 용접봉을 재건조하여 사용할 수는 없다. 그 이유는 무엇인가.

(17) 용접변형에 대한 아래의 질문에 답하시오.

1) 용접변형의 종류를 열거하고 그 개략적인 면을 설명하시오.

2) 용접변형 방지와 변형 교정방법을 간략하게 설명하시오.

3) 용접에 의해 생기는 용접 잔류응력의 영향을 설명하시오.

4) 용접열로 인하여 강판은 크게 변형을 한다. 탄산가스 반자동 용접에서 용접 입열을 적게 하는 시공법을 구조설계를 포함하여 고찰하시오.

(18) 그림 2-85 블록에서는 이음매 A, B, C가 있다. 이것들의 이음에 사용되어진 용접법을 ①~⑧에서 선택하시오. 복수 선택도 가능하다. ① 탄산가스 반자동용접, ② 그래비티 용접, ③ 간이 자동용접, ④ 다전극 탄산가스 후판 자동용접, ⑤ 대조립용 용접로봇, ⑥ FCB(flux copper backing)용접 ⑦ FAB(flux alumium backing)용접 ⑧ 일렉트로 가스 아크용접

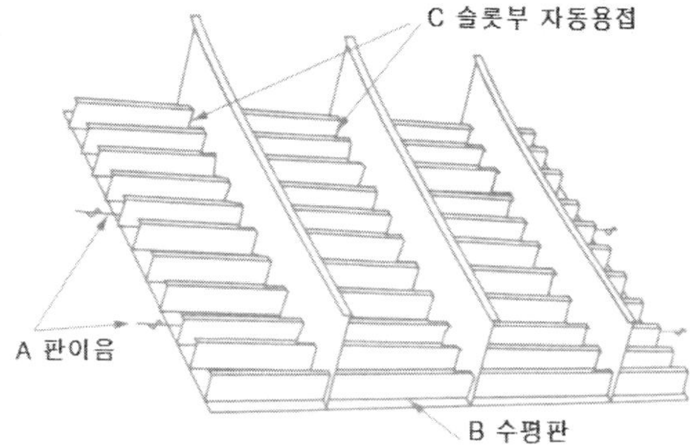

그림 2-85 블록조립에서 적용 용접법의 일례

(19) 조선산업은 용접 자동화가 진전되어 있으나, 자동차산업에 비교하여 로봇적용이 부족한 실정이다. 로봇용접 보급이 지연되고 있는 이유를 고찰하시오.

(20) 강판을 레이저로 절단하는 레이저 용접은 열변형이 적고 고정밀도 블록제작이 가능할 것으로 기대되었으나, 널리 보급되고 있지 못한데 그 이유는 무엇인가.

(21) 본문 그림 2-31~2-33에 나타낸 것과 같이 블록조립에서는 종통재(longitudinal) 선 부착의 대판공법(大板工法), 단판공법(單板工法) 및 틀 조립법 등 세가지 방법이 있다. 각 조립 공법의 장점과 단점을 고찰하시오. 특히 자동화·장치화 및 슬롯(slot)부 용접에 중점적으로 설명하시오.

(22) 도장(塗裝)에 관하여

1) 샵 프라이머 도장이 이루어지는 이유를 설명하시오.

2) 발라스트 탱크의 내구재(內構材)의 예리한 모서리부는 그라인더 등으로 둥글게 가공을 하고 용접 비드(bead)는 직선적으로 도장한다. 이러한 처리가 필요한 이유를 설명하시오.

03

공장 설비

3.1 공장배치

3.2 공장 시설

3.3 시설의 계획과 보전

3.4 공구

3.1 공장 배치

공장 배치는 조선소의 입지, 건조 선체, 건조 선종, 건조 방식 및 생산 규모 등의 조건에 따라 다양한 형태를 취하므로, 설비 초기단계에서는 그 조선소 부지가 어떤 조건인지를 분석하고 공장 배치를 결정해야 한다.

3.1.1 공장배치의 기본 고려사항

기본적인 고려사항은 다음과 같다.

(1) 부재의 원활한 흐름을 고려

조선업은 다품종 소량 생산업이기 때문에 취급 부재종류 및 부품의 수량이 많아, 중량물의 원활한 이동 배치를 고려하여야 한다. 선체 공장의 경우 강재 적치장 → 가공 공장 → 조립 공장 → (기 조립 장) → 선대 또는 도크라는 일련의 생산공정 흐름이 서로 교차하지 않는 것이 바람직하다.

(2) 각 공정 간의 능력균형을 생각

생산 관리에 따라 각 공정에 평준화된 공사량을 분배하는 것이 이상적이다. 그러나 이를 충분히 만족시키는 것은 어렵기 때문에, 각 공정 사이에 유동 영역을 마련하고 각 공정은 어느 정도 독립적으로 생산계획을 세울 수 있도록 하는 방식이 주류이다.

(3) 미래의 정책을 반영 및 유지

공장 배치는 고정적인 것이 아니라 생산 규모의 변화, 공작법의 진보 등으로 끊임없이 변화하는 성격을 가지고 있다. 따라서 미래 예측을 충분히 검토하고 그 변화에 적응할 수 있는 여지를 남겨둘 필요가 있다.

3.1.2 공장배치 유형

공장 배치는 크게 세 가지 종류로 나뉜다.

(1) I 형 배치(그림 3-1)

가장 이상적인 배치이지만, 상당이 큰 부지를 필요로 하고 의장, 도장 등의 공장 배치를 신중하지 않으면 부지 낭비가 발생하기 쉽다.

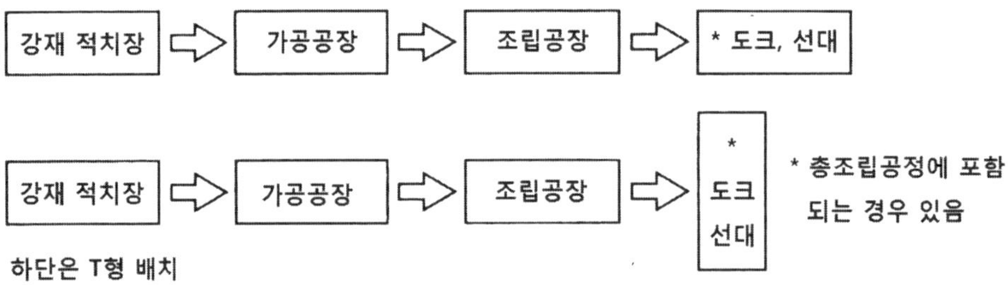

그림 3-1 I 형 배치

(2) L 형 배치(그림 3-2)

상대적으로 적은 면적으로 배치가 가능하다.

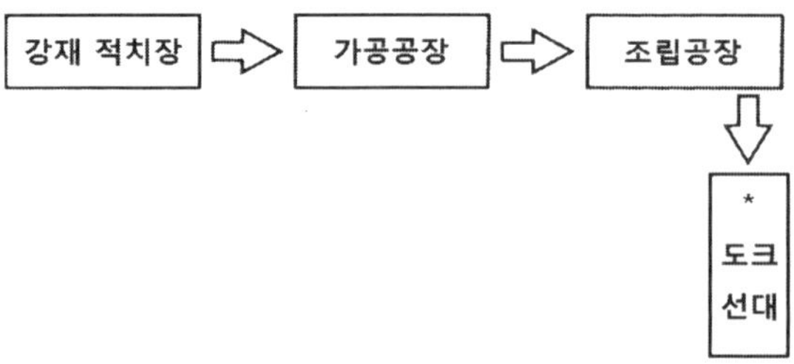

그림 3-2 L형 배치

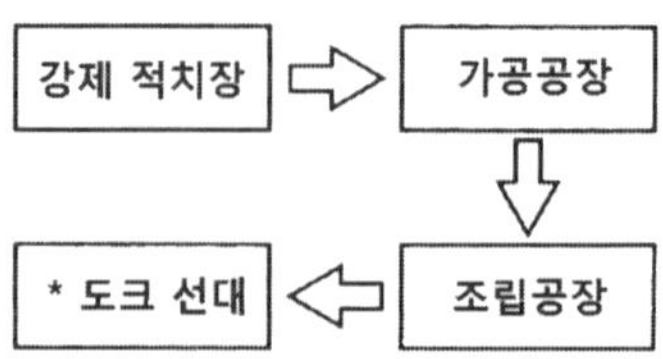

그림 3-3 U형 배치

(3) U 형 배치(그림 3-3)

가장 적은 면적으로 배치가 가능하지만, 부재, 블록 운반 방향의 전환 횟수가 많기 때문에, 운반 설비를 충분히 고려할 필요가 있다.

3.1.3 입지 조건과 공장 배치

전술한 바와 같이 공장 배치는 여러 종류가 있는데 입지 조건에 따라 선택할 수 있다.

(1) 해안선이 한 면의 경우(그림 3-4)

강재는 바다에서 양육하는 경우가 많기 때문에 이러한 입지 조건은 U형 배치가 보통이다.

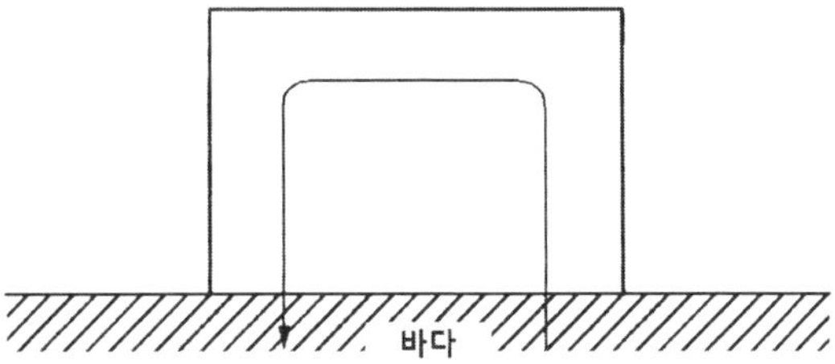

그림 3-4 해안선이 한 면의 경우

(2) 해안선이 두 면의 경우(그림 3-5)

해수면 하구나 매립지에 보이는 입지 조건이며, U 자형 또는 L 자형의 배치가 채용하기 쉽다.

(3) 해안선이 세 면의 경우(그림 3-6)

I 형, L 형 및 U 형 가운데 어느 것을 하여도 가장 이상적인 입지 조건이다.

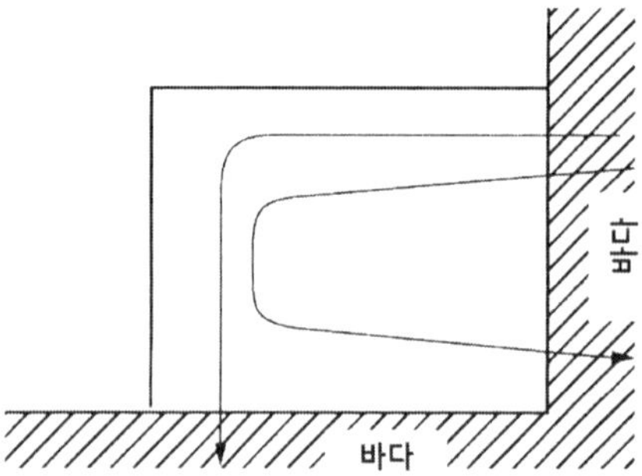

그림 3-5 해안선이 두 면의 경우

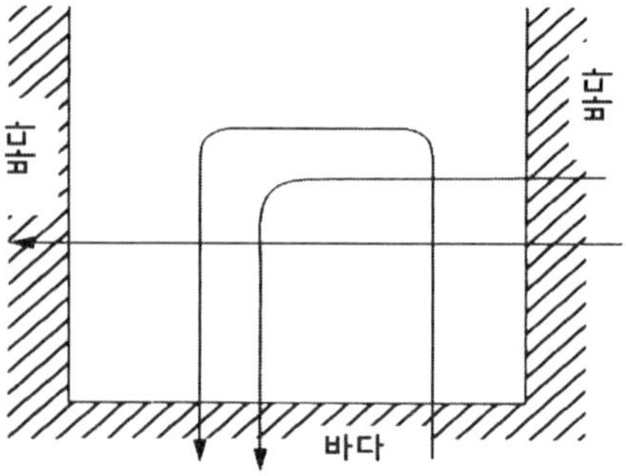

그림 3-6 해안선이 세 면의 경우

3.1.4 건조방식과 공장 배치

여기에서는 건조 방식과 공장 배치의 관계를 쉽게 설명한다. 각 건조방식 개요는 1.3.6절 (4) (b)를 참조하기 바란다.

(1) 선대 건조방식

본 방식의 공장 배치로는 그림 3-7과 같이 선대 주변에 조립장 또는 블록 재고장을 배치하고 선대 크레인에 의해 블록의 이동, 반전, 탑재할 수 있도록 하고 있는 것이 많다. 또한 하나의 선대에서 조립을 하고 공사량 평준화를 실시하는 조선소도 있다.

(2) 세미텐덤 건조 방식

세미텐덤 건조 방식의 경우 공장 배치는 도크와 도크 사이드를 넘나드는 골리앗 크레인(갠트리 크레인) (그림 3.2-36 참조)을 가지고 도크 사이드의 총 조립장이나 블록 하치장에 사용하는 예가 많다. 선체 공장과 부두의 관계는 입지 조건에 따라 I, T 및 L 형 공장 배치를 선택할 수 있다. 이 경우 공장 배치의 예를 그림 3-8과 같다.

(3) 다 스테이지 건조 방식

공장배치에 관해 3 단계 건조 방식의 경우, 도크가 크고 길기 때문에 도크 사이드 영역도 광대하다. 따라서 이 지역을 블록 하치장 외에 총 조립 공간과 같은 의장설치 장소 등으로 둘 수 있다. 선체 공장 부두에 T 형에 배치되는 경우가 많다(그림 3-9).

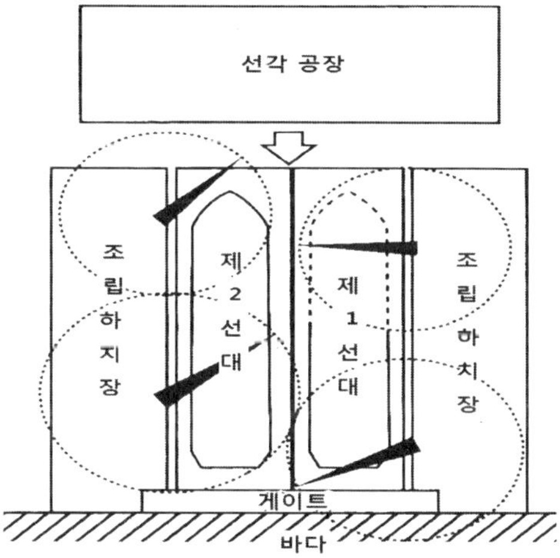

그림 3-7 2 선대 건조방식 공장 배치

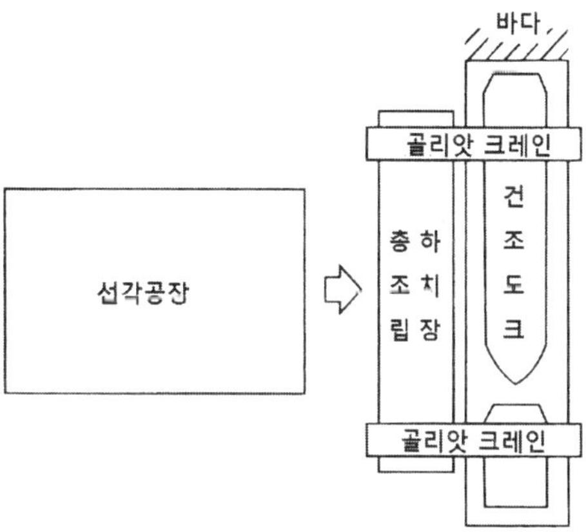

그림 3-8 세미텐덤 건조방식 공장 배치

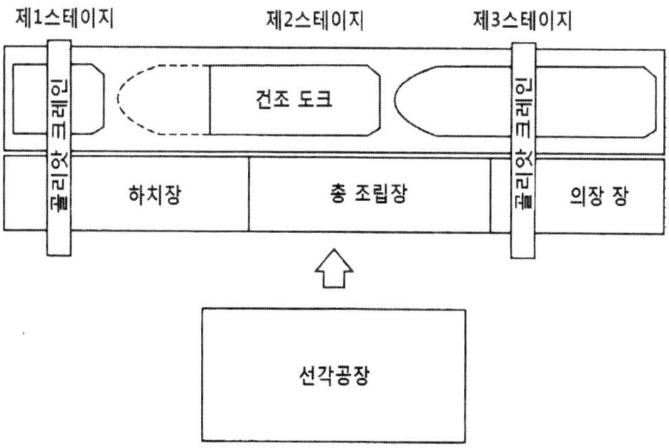

그림 3-9 3단계 건조방식의 공장 배치 예

3.2 공장 시설

3.2.1 공장 건물

공장건물에 대해 공통적인 강재, 부재 및 블록의 반입·반출, 공장 내 이동운반을 위해 일반적으로 천장주행 크레인 거더(crane girder)를 갖추고 있다. 또한 부재 등을 올리고 적재하기 위한 장치로서, 천장 주행형·편지형(片持型, L형), 문형 등의 크레인, 용접 등의 작업용 대차주행 레일용 거더 또는 이동 지붕형을 가지고 있는 경우가 있다. 이러한 숫자는 상하 2~3 단으로 배치되는 것이 일반적이다. 공장건물 건설 시에는 각종 법령을 준수할 의무가 있기 때문에 이러한 공장 건물에 대한 건설법령과 관계법규를 따르는 것도 중요하다.

3.2.2 가공공장 설비

선체가 대형화되고 사용 강재의 두께, 길이, 폭이 모두 커지고 있는 오늘날, 대형 프레임 평면과 NC 절단기가 가공공장 시설의 중심이 되고 있다. 또한 컨베이어에 의한 대량 생산방식의 채택과 강재의 각인 및 절단 단계에 NC에 의한 자동화가 급속히 진행되어 크게 간소화 되었다. 냉간가공에 있어서도 처리의 기계화가 추진되고 NC에 의한 벤딩머신도 개발되고 있지만, 열간가공(선상 가열)과 함께 향후 더욱 자동화가 진행될 것이라고 예상된다.

(1) 표면 처리

출고 컨베이어 연장 라인에 예열 장치, 쇼트 블라스트 장치, 도장 장치, 건조장치를 마련해 이들이 강판 이송 컨베이어 속도에 동기화 공정을 소화할 수 있도록 고안되어있는 것이 일반적이다.

그림 3-10 쇼트 블라스트 장치

1) 쇼드 블라스트(shot blast) 장치

이 장치는 스틸 샷(steel shot) 등의 연마재를 강재 표면에 고속으로 부딪혀 그 충격 및 절삭 작용으로 밀 스케일과 녹을 제거하는 것이며, 연질 소재를 압축공기로 흡입 또는 혼입시켜 노즐에서 분사하는 방법과 회전 원형 구조체를 고속으로 회전하여 원심력에 의해 연질 소재 투사하는 원심분사가 있다. 장치의 예를 그림 3-10에 나타냈다.

2) 도장장치

그림 3-11 장치는 쇼트 블라스트에서 연마된 강재의 양면에 1차 방청 도장을 에어리스 스프레이 방식(airless spray painting)에 의해 분사 도장하는 것으로, 롤러 컨베이어로 이송된 강재는 장치 입구 측에서 자동으로 치수가 감지되어 치수에 따라 도장이 실시된다.

그림 3-11 도장 장치

3) 예열장치, 건조장치

예열장치는 쇼트 블라스트 장치의 직전에 설치되어 강판 표면에 부착된 수분, 기름, 오물 및 이물질을 제거하는 작용 외에 도막의 건조를 촉진하는 목적을 가진다. 프로판, 아세틸렌, 중유 등의 연료를 사용하는, 버너 직하방식이 이용되고 있다.

그림 3-12에 나타내는 건조장치는 도장공정 직후에 설치된 것으로, 도장 후 건조를 촉진하기 위한 것이다. 가열방법은 대류와 복사에 의한 것이 있으며, 열풍온도가 너무 높으면 도막을 손상시키므로 세심한 주의가 필요하다.

그림 3-12 건조 장치

(2) 각인

현재는 NC 절단기에 의한 각인 또는 마킹이 일반적이고, 현재는 조재(條材)의 NC 자동 각인장치도 개발되어 손마킹 작업은 곡면 큰 외판이나 조재 일부만으로 점차 감소하고 있다.

1) NC 각인장치

NC 절단기에 의해 마킹을 하는 것으로, 토치블록(torch block)에 장치를 설치한 펜 마킹 방식이나 페인트 스프레이 방식, 절단 화구를 이용한 스프레이 마킹 방식 및 플리즈미 표시 방식 등이 있으며, 가장 많이 사용되고 있는 것은 스프레이 마킹 방식이다. 각각의 표시 방법에 대한 자세한 내용은 2.1.2 절을 참조할 수 있다.

2) NC 인쇄 전용장비

작업자가 손작업으로 하던 부재(部材)정보 인쇄를, 기계로 수행하는 NC 인쇄 전용장치를 도입한 조선소도 있다. 가공뿐만 아니라 조립, 의장 등의 정보도 대량으로 인쇄가능하며, 인쇄 속도도 빨라 생산성이 매우 향상되는 이점이 있다.

(3) 절단

강재 절단은 대부분 NC 절단기에 의해 수행되며, NC 가스절단기를 비롯해 플라즈마 절단장비 및 레이저 절단장비와 같은 고속 정밀절단기가 널리 보급되었다. 또한 조재 절단에 대해서도 NC화가 진행되고 있어 가공공장에서 수동으로 이루어지는 절단 비율은 감소 추세에 있다.

1) 가스 절단 장치 (gas cutting apparatus or machine)

① 이동식 자동 절단기

(가) 반자동 절단기(그림 3-13)

이 절단기는 화구(火口)앞에 붙은 유도 장치를 절단선에 맞추면서 수동 안내로 절단하면 다양한 형상과 모양을 절단할 수 있다. 또한 나침반 기구를 사용하여 원형 물품을 절단하고, 화구를 기울여 임의 곡선절단도 할 수 있다.

이 기종은 강판 절단작업에 만능이며, 선박이나 해양플랜트 내구재나 곡선 외판 등 폭넓게 사용되고 있다.

(나) 직선 절단기

부재에 직선 부분이 많고, 높은 정밀도가 요구되는 평판 등에는 이동식 자동 직선절단기도 사용되고 있다. 이 절단기는 그림 3-14와 같이 얇은 레일 위를 전후 방향으로 주행하며 긴 부재를 절단할 때 레일을 몇 장 연결하여 사용한다. 또한 토치를 2개 또는 3개 동시에 넣어 X, Y 곡선 절단을 할 수 있다.

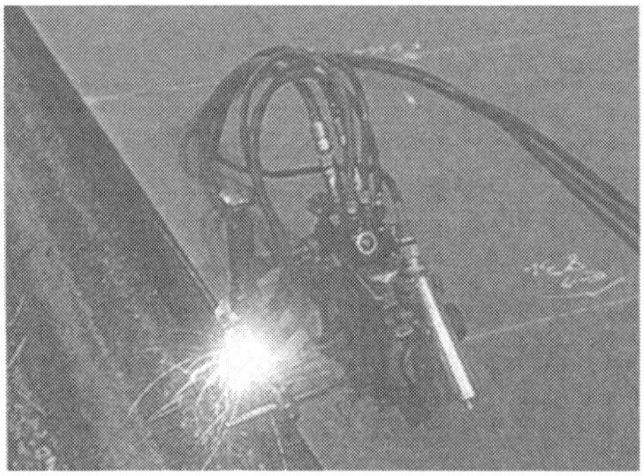

그림 3-13 반자동 절단기

그림 3-14 직선 절단기

② 평행 절단기(그림 3-15)

문형가구(門型架構) 프레임에 다수의 절단 취관(吹管)과 화구를 장착하고, 한 방향으로 직선으로 이동하여 절단을 하는 것으로, 문형가구 프레임 스팬(span)의

그림 3-15 평행 절단기

그림 3-16 아이 추적기

대·소에 따라 탑재 취관의 수는 최대 40개에 이를 수 있다. 다수의 조재(條材) 및 면재(面材)를 대상으로 폭이 다른 플랫 바(flat bar)를 동시에 정밀하게 절단할 수 있다.

③ 아이 추적기(eye tracer)(그림 3-16)

절단할 형상의 템플릿 또는 부재 형상이 그려진 필름을 추적하는 모방 장치에 의해 추종되고 그것과 동일한 축 위에 있는 토치로 형상을 절단하는 것으로, 플레이트 및 브라켓 등의 공통 부재의 양산에 적합하다. 주로 빛의 강약을 판단하여 도형 윤곽을 판별하는 포토 아이 추적기와 회전 거울에 그림과 선을 검출하여 펄스 신호(pulse signal)를 순수하게 전기적으로 분해하여 세로축과 가로축의 각 구동 모터에 직선지령을 내리는 코디네이트 아이 추적기(coordinate eye tracer) 등의 두 종류가 있다.

④ 프레임 플레이너(flame planer)(그림 3-17)

프레임 플레이너는 주로 선체 중앙부의 외판, 갑판 및 격벽 등의 자동 용접 이음에서 직선 정밀도가 중요한 곳의 절단에 사용된다. 또한 여러 개의 화구를 가진 토치블록이 4~5 대 정도 설치되어 있어 복잡한 개선(groove)형상의 절단도 한 가지 공정으로 가공할 수 있다.

그림 3-17 철판 NC 플라즈마 절단기

그림 3-18 Flame planer

2) 플라즈마 절단장치(plasma cutting machine)

플라즈마 절단의 경우, 양호한 절단면을 얻기 위해서는 토치 높이의 정확도가 특히 중요하며, 기계적 방법, 공기압 방식, 콘덴서 방식, 아크 전압방식 등으로 이를 제어하고 있다. 또한, 절단 속도가 너무 빠르면 모서리 절단 정밀도 및 절단면 품질 저하 원인이 되기 때문에 코너 부에서 가공속도를 천천히 이송하는 슬로우 다운(slow down) 기능을 갖추고 있다. 또한, 절단 시 다량의 연기가 발생하기 때문에 집연(연기를 모으는) 장치가 필요하다.

① 강판 NC 플라즈마 절단기(그림 3-18)

플라즈마 절단기 및 수치 제어(numerical control) 기능을 조합하여 강판을 절단하는 장치이다. 여기서 말하는 NC는 제어기와 서브 모터를 조합하여, 숫자 데이터로 강판에 좌표축을 설정함과 동시에 절단부재 형상을 나타내는 것이다. 또한 묘사된 도형에 보조 기능으로서 절단 시작, 이송, 절단 종료 등의 가공기능에 대한 수치 정보를 부여하여, 각종 부재 절단을 자동 무인운전을 한다.

② 자동 형강 플라즈마 절단기(그림 3-19)

NC와 로봇 및 플라즈마 절단기로 형강을 가공하는 장치이다. 절단기에 구현되어있는 제어 프로그램에 의해 대상이 되는 형강 종류는 부분적으로 한정되지만, 이 설비를 도입하는 조선소도 증가하고 있어 절단효율의 향상과 노동력 절약에 효과를 올리고 있다.

그림 3-19 형강 NC 플라즈마 절단기

그림 3-20 레이저 절단장비

3) 레이저 절단장비(laser cutting machine)(그림 3-20)

레이저 절단장비의 구성은 플라즈마 절단장비와 거의 동일하다. 또한 플라즈마 절단장비는 작동가스 공급장치를 필요로 하지만, 레이저 절단장비도 어시스트 가스 공급장치기 필요하다. 현새 레이저 발진기 능력과 절단 정확성을 보장하기 위해 토치와 레이저 발진기 거리를 짧게 할 필요가 있다. 또한 토치 부근에 레이저 발진기를 탑재하므로 장치 본체의 강성도를 증가시켜야만 한다.

4) 수소 절단장비(oxy-hydrogen gas cutting machine)

CO_2 가스 배출 삭감에 의한 지구환경의 관점과 고온작업 절감을 통한 작업환경개선의 관점에서, 최근에는 절단 가스에 수소를 혼합시킨 수소 절단법이 주목되고 있다. 주요 특징으로

- 절단 속도가 빠르다.
- 스패터(spatter)의 부착이 적고, 부착되더라도 박리하기 쉽다.
- 판 두께보다 더 작은 직경의 구멍을 만들 수 있다.

등이 있으나, 도입 시에 수소 가스 공급라인을 새로 갖춰야 한다는 문제도 있다.

(4) 굽힘 가공

굽힘 가공은 가열로에 의해 전체 또는 부분을 가열하여 망치 등으로 마무리 성형을 실시하였지만, 현재는 선상가열(線狀加熱)이 일반화되었다. 최근 부재에

적합한 굽힘가공 기계의 개량, 발달 및 주변 핸들링 장비의 기계화 결과, 상당한 인력감소를 도모할 수 있다. 또한 각 조선소도 디자인 면과 선박성능을 해치지 않는 범위에서, 선형 단순화를 진행하여 냉간 가공만으로 가공할 수 있는 마무리 부재를 증가시키는 추세이다. 지금까지 냉간 가공에서 큰 굽힘 가공 후 선상가열에 의해 2차 곡선을 작업하였다. 외판에 관해서도 굽힘가공을 실현할 수 있는 NC 선상가열 장치가 실용화되어 있으며, 비틀림이 있는 가공에 대해서 NC 자동 절곡장치(折曲裝置)가 개발되고 있다.

1) 벤딩 롤러(bending roller)(그림 3-21)

선체 구조에서는 빌지(bilge) 외판과 곡선 외판 등에 대해 굽힘 가공기계를 필요로 한다. 특히 롤러 길이가 20 m 전후인 벤딩 롤러는 조선소에서만 있는 특유한 기계로 빌지 외판과 선박 외판 등의 굽힘 가공에 가장 효과적인 기계이다. 장치 종류는 롤러 방향에서 나누어 수평과 수직이 있다.

그림 3-21 벤딩 롤러

2) 유압 프레스(hydraulic press)

유압 프레스는 베드, 프레임, 실린더 및 램, 인상(引上)장치 등의 주요 부분으로 구성되며 실린더 및 램은 주강 또는 주철, 프레임은 주강 또는 용접에 의한 조립 구조이다.

프레임의 형태에 따라 다음과 같이 구분된다.

- 수직형 유압 프레스 - 한쪽 지지식 유압 프레스(C형)
  - 4개 기둥식 유압 프레스
  - 가위식 유압 프레스
- 수평 유압 프레스
- 혼합형 유압 프레스(프레임 벤더)

① 한쪽 지지식 유압 프레스(그림 3-22)

프레임 머리에 1개 또는 2개의 주요 램이 있다. 하중은 하나의 프레임만 받기 때문에 리치(reach, 주로 램 중심점에서 프레임 안쪽까지 거리)가 그다지 크지 않기에 프레스 범위는 좁지만, 한쪽이 열려 있기 때문에 강판의 폭에 제한 없이 작업을 할 수 있다.

② 4개 기둥식 유압 프레스(그림 3-23)

한 개 또는 다수의 주요 램을 가지며, 램과 베드가 고정식의 것과 이동하는 것이 있다. 프레임 구조가 대칭이기 때문에 대용량의 것도 있지만, 4개의 기둥에 작업 공간을 제한하는 단점이 있다.

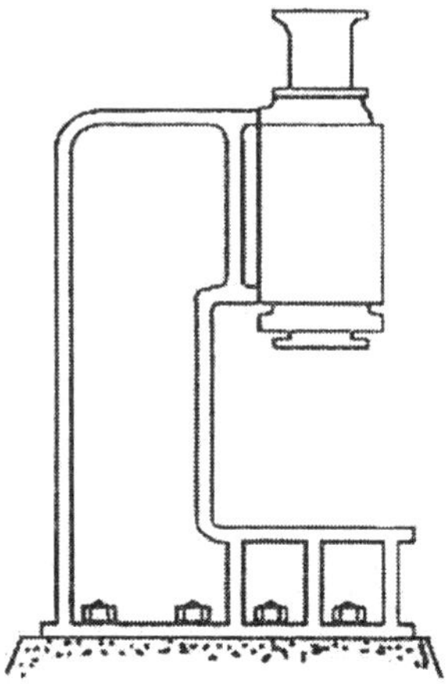

그림 3-22 한쪽 지지식 유압 프레스

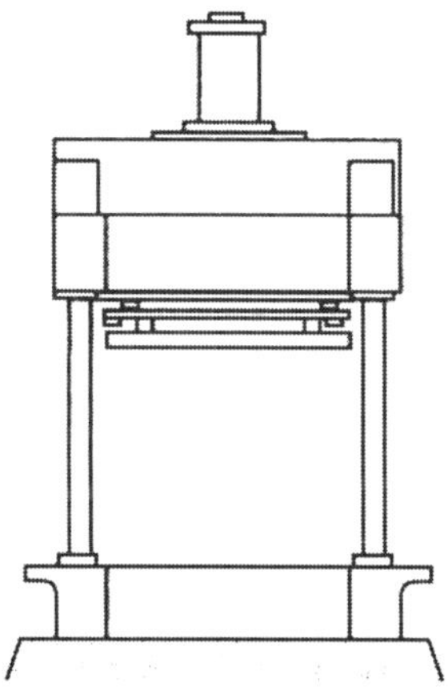

그림 3-23 4개 기둥식 유압 프레스

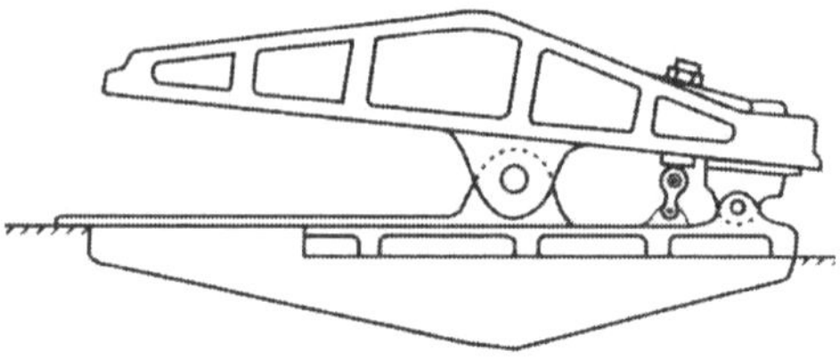

그림 3-24 가위식 유압 프레스

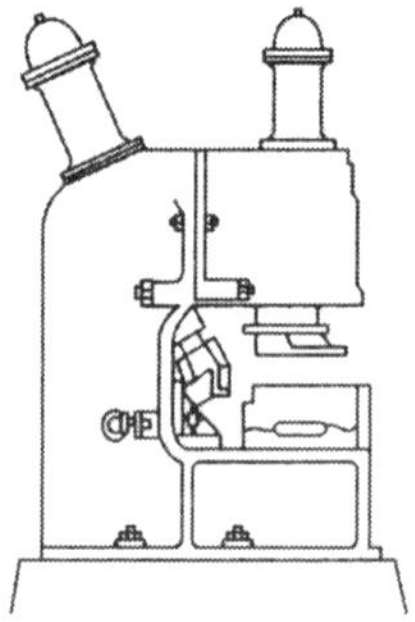

그림 3-25 혼합형 유압 프레스

③ 가위식 유압 프레스(그림 3-24)

대용량은 아니지만 가공길이가 크고 윗 쪽에 장애물이 없기 때문에 철판의 원형, 타원형 등의 가공도 가능하며, 작고 얇은 프레스 가공 등에 편리하다.

④ 수평 유압 프레스

램(ram)을 정반 또는 적당한 받침대에 고정하는 것으로, 주로 형강과 플랫 바 등의 굽힘 또는 왜곡변형 제거에 사용된다.

⑤ 혼합형 유압 프레스(프레임 벤더 : frame bender)(그림 3-25)

수직형 편지식(片持式) 유압 프레스와 수평 유압 프레스를 조합한 것으로, 형강 벤딩 및 강판 플랜지 굽힘가공 등에 사용된다.

3) NC 선상가열 굽힘장치(Numerical Control line heating machine)(그림 3-26)

작업 노하우의 데이터베이스(data base)화가 진행되고, 디지털 수치화된 굽힘 가공정보와 강판 재질이나 두께 등을 입력만으로 굽힘 가공형상을 얻을 수 있는 NC 선상가열 굽힘장치가 개발되어 일부 조선소에서는 실용화되고 있다.

종래 가열성형 가공은 가스 화염에 의한 가열이 주류였지만, 고주파유도 가열

그림 3-26 NC 선상가열 굽힘 징치

(induction heating)을 도입하여 무인 자동화 운전이 가능해져 조선소 생산현장 작업 환경개선과 생산성 향상에도 기여하 고 있다.

(5) 가공 공장의 운반용 설비

1) 크레인

조선업은 운반 수단으로 각종 크레인을 사용하고 있지만, 가공 공장에서 주로 사용되는 것은 천장주행 크레인, 편지형 (L 형) 크레인, 문형 크레인 및 각종 호이스트이다.

① 천장주행 크레인(overhead traveling crane)(그림 3-27)

선박생산 현장 건물의 양쪽 벽에 마련된 런웨이(run-way 주행 레일) 위를 주행하는 크레인에서 상하 감기, 주행 및 횡행 3방향의 운동성을 갖추고 있다. 보통 긴 주행 레일을 갖기 때문에 넓은 작동범위, 천장 공간을 이용할 수 있는 장점이 많기 때문에 조선소에서 가공과 블록 조립을 통해 가장 많이 이용되고 있다. 권상 능력은 가공 공장용으로는 5~20 톤 정도의 것이 많고, 국부 또는 대 조립 크레인으로 공유되는 경우도 있다. 주요 부분은 트롤리, 거더, 운전실이며, 트롤리는 트롤리 프레임과 그 위에 설치된 권상장치 및 횡행 장치로 구성된다.

그림 3-27 천장주행 크레인

② 문형 크레인, 한쪽 지지형 크레인(그림 3-28)

문형 크레인(gantry crane)는 그림 3-28 (a)에 나타낸 바와 같이, 문형(門型)의 거더에 트롤리를 횡행시킨 것이다. 가공 공장에서 사용되는 것은 10~20 톤 정도의 것이며, 조선소에서는 주로 강재 두는 곳으로 사용된다. 한쪽지지형 크레인은 그림 3.-28(b)에 나타낸 바와 같이, 한쪽 지지형의 주행용 거더에 트롤리를 횡행시킨 것이며, 건물 측의 주행레일을 천장 크레인 것으로 독립적으로 밖으로 설치하면 천장 크레인과 간섭없이 사용할 수 있으므로 작업 밀도가 높은 장소에서 천장 크레인 보조로 사용되는 경우가 많다.

(a) 문형 크레인

(b) 한쪽 지지형 크레인

그림 3-28 문형 크레인, 한쪽 지지형 크레인

③ 호이스트(hoist)

호이스트는 소 용량의 권상장치 총칭이며, 용량은 0.5~10 톤 정도이다. 동력은 공기, 전기 등이 있으나 조선소에서는 전기가 일반적이다. 벽 또는 기둥에 설치된 I형 강재와 함께 벽 크레인으로, 또한 문형, L형의 거더와 함께 공작기계로 가공 재료 처리용으로 사용되는 경우가 많다. 조작은 주행, 리프팅 모두 생산현장에서 컨트롤 보드를 사용하여 조작할 수 있는 것이 특징이다.

2) 컨베이어(conveyor)

컨베이어의 특징은

① 대량의 재료를 일정한 방향으로 운반할 수 있다.

② 크레인과 달리 낙하의 걱정이 없고 안전하다.

③ 작업에 따라 설비를 작업대루 이용할 수 있다.

등을 들 수 있다.

가공 공장에서는 비교적 일찍부터 가스 절단에 컨베이어 방식이 채용되고 있었지만, 최근에는 강재 적재장, 공장에 반입, 강재 절단까지 처리에서 평판 블록의 대조립 계열까지 공장 설비로 받아들여지고 있다. 컨베이어 형식에는 여러 가지가 있는데 조선소에서 사용되는 중요한 것은 롤러식, 체인 휠(디스크 롤러)식, 에이프런(apron)식 등이다.

① 롤러 컨베이어(roller conveyor)(그림 3-29)

롤러 컨베이어는 강관제 또는 둥근 강철봉을 운반 방향으로 다수 늘여 그 회전에 의해 물건을 운반하는 컨베이어이다. 구동 방식은 중력을 이용하는 것과 체인 또는 기어에 의한 것이 있다. 하지만 조선소는 체인 연결에 의한 모터구동이 일반적이다.

그림 3-29 롤러 컨베이어

그림 3-30 휠 컨베이어

② 휠 컨베이어(wheel conveyor, disc roller conveyor)(그림 3-30)

롤러 대신 휠(디스크 롤러)를 많이 설치해 놓은 것이다. 일반적으로 비구동식으로 피 운반재료를 윈치 등으로 당기는 방식이 많다. 가공 공장에서 가스절단 정반과 겸용되는 것도 있다. 또한 롤러 컨베이어와 직각으로 결합하여 세로이송과 가로이송을 연동시키는 경우가 많다.

③ 에이프런 컨베이어(apron conveyor)(그림 3-31)

선체 가공공장에서 가스절단 정반으로 사용된다. 구조는 빗살 모양으로 늘어선 플랫 바(flat bar)의 양쪽에 바퀴가 장착되어 체인으로 연결되어 회전 운동을 한다. 가스 절단 불꽃에 의해 손상된 플랫 바가 쉽게 대체되는 이점이 있다.

그림 3-31 에이프런 컨베이어(apron conveyor)

3) 운반차

① 대차

그림 3-31 에이프런 컨베이어는 적재레일 위를 주행하는 것으로, 구동 방식으로는 윈치로 당기는 것과 구동용 캡스턴(capstan)을 내장하고 와이어 로프를 따라 주행하는 것이 있다. 선체 가공공장의 각 건물 사이의 공작물 이송에 널리 사용되고 있다.

② 트레일러(trailer)

축전지 자동차 또는 내연 엔진차량에 연결하여 사용되며 강재와 가공 재료의 운반에 사용된다. 동력차를 분리하여 사용할 수 있기 때문에 효율적인 운영을 할 수 있다.

③ 지게차(fork lift)

차의 전방(또는 옆)에 경사가 있는 마스트와 상하 포크를 가지고 화물의 승강 및 운반을 입체적으로 실시 할 수 있는 특징이 있다. 동력은 내연 기계식 및 배터리식이 있고, 적재 능력은 0.5~5톤 정도이다.

4) 운반용 운반용 리프트

① 리프팅 자석(lifting magnet)(그림 3-32)

리프팅 자석은 강재 등의 자성체(磁性體) 운반물에 매달리는 장치인 피스(piece)를 설치하지 않고 자력(磁力)을 이용하여 부착하는 운반용 리프트이다. 강판뿐만 아니라 형강이나 조재를 들어 올릴 수 있으며 최근 조선소에서는 강재의 가공, 소조립 단계에 이르기까지 널리 사용된다. 사용되는 자성체는 영구 자석과 전자석이 이용되며, 전자석 전원으로는 일반 교류전원와 배터리 또는 두 개 겸용되는 것이 있다.

그림 3-32 리프팅 자석

그림 3-33 진공 운반용 리프트

② 진공 운반용 리프트(vacuum lifter)(그림 3-33)

진공 운반용 리프트는 공작물과 밀착시킨 패드(pad) 안의 공기와 대기압 사이에 생긴 압력 차이를 이용하여 들어 올리는 것이다. 구조는 파워팩(진공 발생장치)과 패드로 구성된 진공 흡착장치 및 제어장치로 구성된다.

3.2.3 조립 공장의 설비

가공 공정에서 많은 부재를 취급하는 조립공정에서는 작업의 질적 분류를 실시하고, 조립 공정을 소조립 공정과 대조립 공정으로 나누어 생산능률 향상을 도모하고 있다. 따라서 두 공정에서 각각에 적합한 시설을 갖추고, 그 특성을 최대한 살리려는 노력을 기울이고 있다.

(1) 조립 정반(assembly surface plate)

조립 정반의 능력(면적, 레이아웃)은 선박제조 공장의 생산량을 결정하고 정반 구조는 블록 정밀도를 결정적으로 좌우하므로, 조립 공장에서 가장 중요한 시설이다. 조립 공장에서 사용되는 정반에 대해 구조면으로 분류하면 다음과 같다.

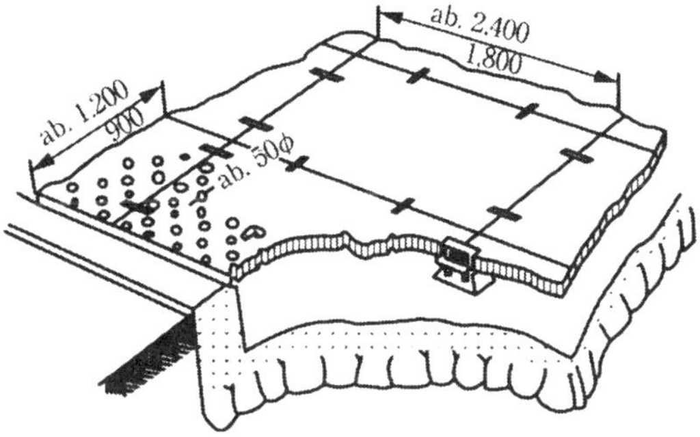

그림 3-34 벌집 정반

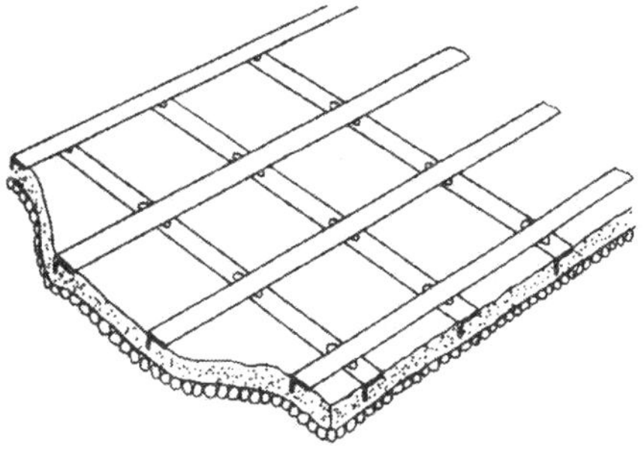

그림 3-35 콘크리트 정반

1) 고정 정반

① 벌집 정반(그림 3-34) : 구속을 가할 필요가 있는 소 조립재의 가공 및 조립에 사용된다.

② 플레이트 정반 : 소조립재의 판 이음이나 브래킷 등의 작은 부재의 조립에 사용된다.

③ 격자 정반 : 판 이음 정반으로 사용된다.

④ 콘크리트 정반(그림 3-35) : 현재 일반적으로 널리 사용되고 있으며, 소켓식, 파이프 조정식도 이러한 콘크리트 정반 위에 설치 예가 많다.

⑤ 소켓식 정반 : 캔버스가 있는 상갑판 블록, 너클이 있는 격벽 등 블록 조립시의 베이스면이 평면이 아닌 것 또는 곡면에 사용된다.

⑥ 파이프 조정식 정반(그림 3-36) : 굽힘 외판 블록에서 곡면 베이스면이 되는 블록 조립에 사용된다.

2) 컨베이어 정반

① 롤러 컨베이어 정반(그림 3-37) : 평행부 블록의 소조립 컨베이어 라인에 사용된다.

② 디스크 컨베이어 정반 : 소조립 부재의 판 이음정반과 평행부 대조립 블록의 결합정반에 사용된다.

③ 대차식 컨베이어 정반 : 블록을 들어올리고(jack up) 이송하는 구조의 정반이다.

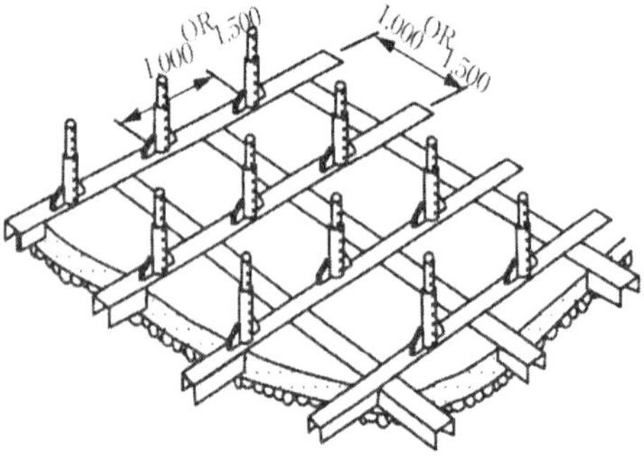

그림 3-36 파이프 조정식 정반

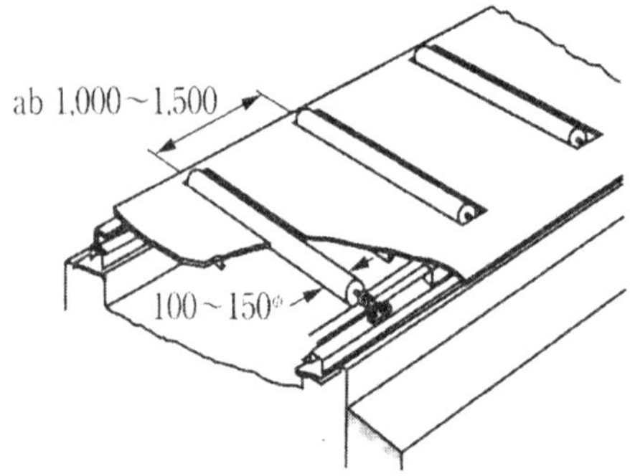

그림 3-37 롤러 컨베이어 정반

(2) 조립 공장 운반용 설비

1) 부재 운반장치

소조립 부재라고 하며 무게는 몇 10 kg에서 몇 10 ton에 이르기까지 있고, 그것을 운반하는 수단은 공장 배치에 따라 다르다. 일반적으로 소 조립 공장과 대 조립 공장과는 직결된 위치에 있는 경우 크레인, 레일 대차 등으로 운반되는데, 공장이 분산되어있는 경우 지게차, 트레일러 및 운반 대차 등에 의해 운반된다.

2) 블록 운반 장비

대조립 공장에서 만들어진 블록은 중량물을 들어 올리는 잭업(jack up)대차, 크레인 등에 의해 블록 적치장으로 옮겨진다. 이 블록 반출작업을 원활하게 수행하지 않으면 대조립 공장 공정, 작업 관리가 잘 이루어지고 있어도 유리한 점이 소멸될 가능성이 있다.

3) 크레인

① 소조립 공장

부재의 운반과 분배작업은 주로 크레인에 의해 이루어지는데, 대조립 블록에 비해 부재가 경량이고 소형이며, 소조립 작업이 조선소 각처의 정반에서 진행되기 때문에 소조립 공장의 크레인이 구비해야 할 조건은 다음과 같이 정리된다.

- 부재의 무게에 따라 크레인을 적절히 필요한 장소에 배치한다.
- 주행속도와 권상속도가 빠르며, 조작이 간단하다.
- 부재의 반전(反轉) 등의 작업에 지장이 없는 정도의 양정(들어 올리는 높이)을 가져야 한다.
- 정반 면적에 적당한 크레인 밀도를 가져야 한다.

이상과 같은 조건에 따라 크레인의 종류, 용량 및 수량을 결정해야한다.

② 대 조립 공장

대조립 공징의 크레인은 ㄴ 사용 목적에 따라 재료 배치용 크레인과 블록 반전, 이동용 크레인으로 대별된다. 재료 배치용 크레인은 부재 두는 곳과 대형조립 정반과 연결하는 위치에 설치되어 작업이 원활하게 이루어질 수 있도록 배려할 필요가 있다. 블록의 반전, 이동 크레인의 허용 적재무게는 블록 무게에 의해 결정되는데, 크레인의 효과석인 이용을 위하여 보조 장치를 설치, 작업에 사용할 수 있도록 대조립 정반에 대한 크레인 밀도를 올리는 것이 바람직하다.

(3) 조립장치

① 오프셋 지그(offset jig, adjustable stanchion)

굽힘가공 외판블록 또는 캠버(camber)를 갖는 갑판 블록 등을 조립하는 경우, 조립 지그를 사용하면 매우 효율적이다. 조립용 지그는 단순히 블록을 지지하는 것 이외에 용접변형을 방지하는 것, 설치공정의 용접 자세를 편하게 하는 것을 위한 전용 지그가 조선소마다 독자적으로 개발되어 사용되고 있으며, 이들에 의해 생산현장의 작업 능률과 치수 정밀도가 크게 좌우된다고 해도 과언이 아니다. 그림 3-38에 가장 일반적으로 사용되는 파이프 조정식 오프셋 지그를 나타낸다.

② 조립장치

조립장치를 목적으로 분류하면 대략 다음과 같다.

- 재료배치, 위치 결정장치 : 부재와 부재, 부재와 판재 또는 블록과 블록을 서로 제자리에 맞추는 장치.

그림 3-38 파이프 조정식 오프셋 지그

- 표면 부착장치 : 위치를 결정하는 부재와 부재 또는 부재와 판재을 압착하는 장치.
- 반전장치 : 부재 또는 블록을 반전하는 장치.
- 회전장치 : 포지셔너(positioner)라고 하며, 부재 또는 블록을 회전하여 원하는 자세를 유지하는 장치.
- 용접장치, 용접로봇 : 소조립 공정 및 대조립 공정에서 판과 판 부재와 판재를 용접하는 장치.

그림 3-39 조립 장치의 예를 나타냈다.

(a) 종동축 가부착 장치

(b) 용접로봇

그림 3-39 조립 장치

3.2.4 외업 스테이지 설비

(1) 건조 도크 및 선대

1) 건조 도크(船渠:선거) (building dock)

건조 도크는 선대에 비해 진수 작업이 쉽고, 선체 설치가 수평이여 블록 탑재가 용이하고 거저(渠底)와 거벽(渠壁)이용을 위한 제반 설비를 도입하기 쉽다. 즉, 초기 투자가 크지만 현대화•생력화(노동력을 줄이는 일)가 쉽다는 점에서 미래 지향적이고 장점이 많아 도크 건조가 주류를 이루고 있다. 일반적으로 도크는 거구부(渠口部), 측벽부(側壁部) 및 저반(底盤, 바닥판) 등의 세 부분으로 구성된다. 다음은 각 구조에 대해 간략하게 설명한다.

① 거구부 구조

외해와 도크 연결 부분에 게이트를 설치하여 도크 내의 배수를 하는 것으로, 게이트를 통해 수압을 받는다. 거구부에서 외해 수압을 지지하는 자립구조와 측벽 및 저반에 수압을 전달하고 지지하는 구조가 있다. 도크 게이트의 종류에는 다음과 같은 것이 있다.

(가) 플로팅 게이트(floating gate)(그림 3-40)

선형을 유지하며 선체를 부상시켜 거구부에 예인하고, 게이트 개폐는 게이트내의 펌프에 의해, 각각의 밸러스트 탱크 내의 밸러스트양을 조정하여 수행하는 구조로 되어있다.

(나) 플랩 게이트(flap gate)(그림 3-41)

전면 해저에 게이트 구덩이를 마련하고, 게이트 하단 힌지(hinge)를 중심으로 원 운동으로 개폐하는 구조로 되어있다. 개폐는 펌프에 의해 각 워터 밸러스트 탱크(WBT, water ballast tank)의 밸러스트 양을 조정하고 윈치 등의 동력장치를 이용하여 실시한다.

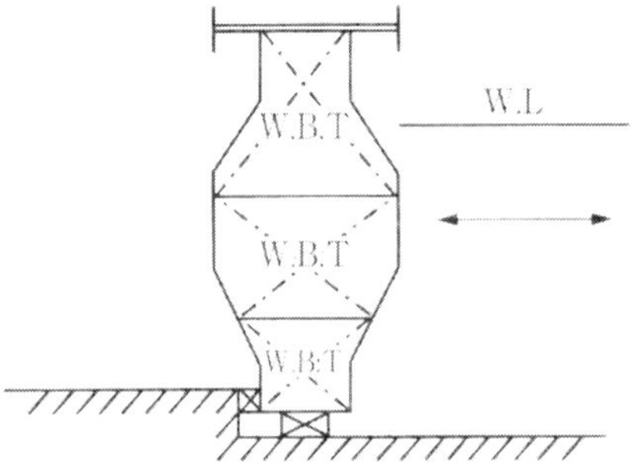

그림 3-40 플로팅 게이트

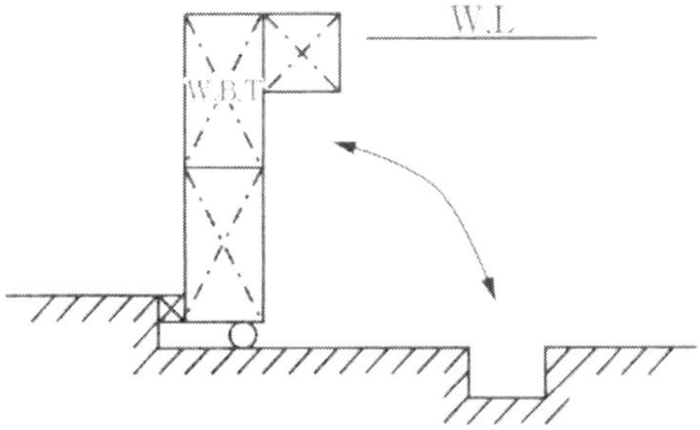

그림 3-41 플랩 게이트

② 측벽 구조

측벽은 일반적으로 토압 및 수압을 받기 때문에 전도(넘어짐, 쓰러짐) 및 안전성이 검토되어야 한다. 또한 크레인 바퀴 압력을 고려하여 지반기초를 결정할 필요가 있다. 한편, 기능적으로 다음 조건을 만족시키는 것이 바람직하다.

- 교통 장치가 설치되어 있을 것.
- 차량이 지상과 거저(渠底) 사이를 자유롭게 왕래 할 수 있을 것.
- 동력용 파이프, 전선 등이 설치되어있는 서비스 갤러리(service gallery, 건조 도크의 측벽부에 설치되어 있는 회랑)는 보수, 점검 및 수리 작업이 용이하게 할 수 있을 것.

③ 저반(바닥 판) 구조

도크는 선대(船台)와 달리 지반에 건설되는 관계로 바닥판 밑면에는 지하수에 의한 양수압(揚水壓)이 발생한다. 이 양수압에 저항하기 위해 지반 조건에 따라서 각종의 바닥판 구조가 채택되고 있다. 저반에 작용하는 하중은 선체 무게, 주요기계 무게 및 수압 시험시 물의 무게 등을 고려할 수 있지만, 도크의 길이 및 폭 방향의 각 장소에서 달라 매우 복잡하다. 일반적으로 선체 중심선 부근 및 선미와 선수 부분의 하중이 크기 때문에, 그 부분의 거저 내압은 다른 부분보다 강력하게 작용하고 있다. 또한 거저는 빗물 등을 한 곳에 모아 신속하게 배수하기 위해 경사가 있고 배수구가 설치되어있다.

2) 선대(building berth)

선대는 육상에서 선박 건조장소인 동시에 진수장치에 의해 건조 선박을 해상으로 옮기는 장소이기도하다. 일반적으로 선박 길이방향 또는 폭 방향으로 육지에서 바다로 향해 완만한 경사를 가지고 있다.

① 구조

진수 중량과 지반을 고려하여 강도를 충분히 주어 건조중인 선체 무게에 변형을 생기지 않는 구조로 하여야 한다. 선대 수중부도 진수 시에 받는 압력에 충분히 견딜 수 있어야 한다. 또한 선대 기울기는 일성한 것과, 2단계 이상의 경사로 완만하게 되어있는 것이 있다.

② 기초 강도

선대 기초 강도는 선미부는 비교적 약하게, 중앙부는 약간 강하게, 선미 부양(lift by the stern, 진수 시 선수가 수중활차 위에 있는 경우 선미가 부상하는 현상)시 선수부 부근을 가장 강하게 한다. 그 뒤쪽은 점차 감소할 수 있지만, 선대 끝부분에서는 고정대 끝단에서 발생하는 선미부양 압력을 고려하여 매우 강력하게 할 필요가 있다.

(2) 크레인

외부 작업 스테이지에 사용하는 크레인을 크게 분류하면

① 주력 크레인(탑재 크레인)

② 보조 크레인(반전, 소형품, 의장용 크레인)

다음은 이와 관련한 일반적인 사항을 기술한다.

1) 주력 크레인

대형 선박을 효율적으로 건조하려면 블록을 필연적으로 대형화시켜 100~300 톤, 경우에 따라서는 800 톤 전후의 것까지 만들게 된다. 주된 탑재 크레인은 이러한 대형 블록 위에 다른 블록의 반전·탑재 작업 또는 주요 기계의 탑재를 신속하고 원활하며 안전하게 할 목적으로 개발되었다. 이 크레인 유형으로는 집 크레인(jib crane)과 골리앗 크레인(goliath crane)이 있는데, 도크 주변의 블록 적재장 및 총 조립장의 구조 및 배치가 크레인 유형을 결정한다.

2) 보조 크레인

선체 블록의 이동을 원활하게 하기 위해서는 효율적으로 크레인을 가동시킬 필요가 있다. 따라서 작업 내용에 따라 크레인을 전용화하고 목적에 따른 구분하는 것이 바람직하며, 보조 크레인의 필요성이 생긴다.

보조 크레인은 블록의 이동과 반전용, 소품 탑재용 및 의장품용 등이 있으며, 형식은 집 크레인(jib crane)이 가장 많이 채택되고 있다.

3) 집 및 골리앗 크레인 특징

① 탑형 집 크레인(그림 3-42)

높은 타워에서의 구조물 상부에 올려져(up & down) 집(jib, 기중기에서 물건을 들어 올리는 팔과 같은 부분)를 마련한 구조이며 권양, 선회 집의 인양, 인입식의 여러 가지 운동을 하는 것으로, 외업 스테이지에서 소형품 탑재용으로 많이 이용되고 형식에는 주행식과 고정식이 있다.

② 고각 집 크레인(그림 3-43)

문형의 가교상에 집을 설치한 것으로, 하부구조 사이에 트럭과 트레일러 등의 이동이 가능하며, 의장품과 소형품 탑재에 적합하다. 대부분이 주행 가능하다.

③ 수평 인입식 집 크레인 (level luffing crane)(그림 3-44)

링크기구에 의해 집이 올려진 후에도 매단 화물을 일정한 높이에서 수평으로 이동할 수 있도록 한 것이다. 탑재 작업뿐만 아니라 야외 운반설비로서 중요한 역할을 하고 있다.

그림 3-42 탑형 집

그림 3-43 고각 집

그림 3-44 수평 인입식 집

그림 3-45 골리앗 크레인

④ 골리앗 크레인(goliath crane)(그림 3-45)

문형 형상이며 상부 주형 위를 트롤리가 횡행하는 크레인으로 대형 중량물 운반에 적합하여 대형 선박의 도크 탑재용 크레인으로 가장 많이 이용되고 있다.

(3) 발판 설비

교통·발판 장치는 건조 선박의 대소와 관계없이 이동에 편리하고 작업 측면에서 안전성, 작업성을 고려하여야 한다. 여기에서는 교통·발판 장치 중 외부 장소에서 장치된 시설에 대해 간단하게 설명한다.

1) 승강 설비(그림 3-46)

승강설비는 거저 또는 거측에서 선내에 이동장치로 설치되는 것과 화물선 건조시에 볼 수 있듯이, 부두 내에서 상갑판 상에 이동장치로 설치되는 것이 있다.

2) 유닛식 발판(그림 3-47)

블라켓 발판 등을 가설하고 있던 곳에서 선체 구조별로 전용화할 수 있는 것을 유니트화 한 것으로, 탱크내부 발판 등에 사용되고 있다.

3) 롤링 타워(rolling tower)(그림 3-47)

부재로 만들어진 발판 하부에 바퀴를 장착한 것으로, 이동이 간편하기 때문에 일반적으로 널리 사용되고 있다.

4) 곤돌라(gondola)(그림 3-48)

고소 작업차 및 매달기 발판을 가설할 수 없는 경우, 곤돌라를 이용하여 크레인에 의해 시공 장소에 접근하는 방법이 있다. 그림 3-48에 나타낸 곤돌라는 선체측면 외판 등의 장애물이 없는 곳에 적용되고 갑판에 있는 윈치에 의한 자동 상하 조작기능을 가진 것도 있다.

5) 고소 작업차(aerial work platform, elevating work platform)(그림 3-49)

고소 작업차는 높은 위치의 작업에 사용되는 발판시설 중 작업바닥이 승강 장치에 의해 위·아래 이동과 불특정 장소에 스스로 이동할 수 있는 것을 말한다. 최근에는 작업 효율의 향상, 고품질의 작업을 할 수 있다는 점에서 많은 조선소에서 사용되고 있다.

그림 3-46 승강설비

그림 3-47 롤링 타워

그림 3-48 곤돌라

그림 3-49 고소작업차(바퀴식)

3.2.5 전기설비

대부분의 조선소에서 큰 전력을 소비하는 자동 용접설비를 채택하고 있다. 또한 블록 건조방식에 의한 크레인의 대형화, 설치 대수의 증가, 안전과 위생 및 작업환경을 위해 환기팬, 냉각 장치 및 대형 조명등의 사용 등으로 도크와 선대에서 전력 수요는 급격히 증가하고 있다. 또한 공장내부 작업에서도 NC 플라즈마 절단기와 쇼트 블라스트 등 대형 공작설비와 시설을 구비하여 생산현장의 전력 소비는 증가하는 추세이다. 이에 대처하기 위하여 전원 설비도 대폭 증설되고 있다.

(1) 변전실

조선소 현장에서 사용되는 전기 기계와 공구는 다양하고 이것들의 정격전압은 조명등이나 소형 전동공구, 용접기 및 동력 등의 220 V, 중소형 크레인 등의 440 V, 대형 크레인, 배수 펌프 등의 3.300 V(또는 6.600 V) 등으로 다양하여 전압에 따른 여러 가지 변압기 설비를 필요로 한다.

(2) 고정배선, 분전반

공장 내의 몇 군데에 설치된 변전실에서 광범위한 작업장에 분배할 수 있지만, 그때마다 필요에 따라 가설 배선하는 것은 경제적으로나 기술적으로 어려움이 따라 각 작업장 부근이나 선대 또는 도크 주변에는 분전반을 설치하고, 변전실 사이에 고정배선을 마련하고 있다.

(3) 가설배선

용접기, 배기 팬(fan), 냉각 장치 등의 각종 장비와 작업 조명은 필요한 시기와 장소에 분전반에서 가설배선을 실시하지만, 이 배선에는 그림 3-50과 같은 캡타이어 케이블(cabtyre cable)[20] 사용된다.

---

20) 캡타이어 케이블(cabtyre cable) : 영국에서 개발한 것이며, 작업현장에서 통전상태로 이동 가능한 전선을 지칭. 일반적으로 이동용 전선으로 실외에서 거칠게 사용하여도 견딜 수 있도록 만들어졌으며, 절연을 위한 피복재료 소재는 고무계와 비닐계가 있음.

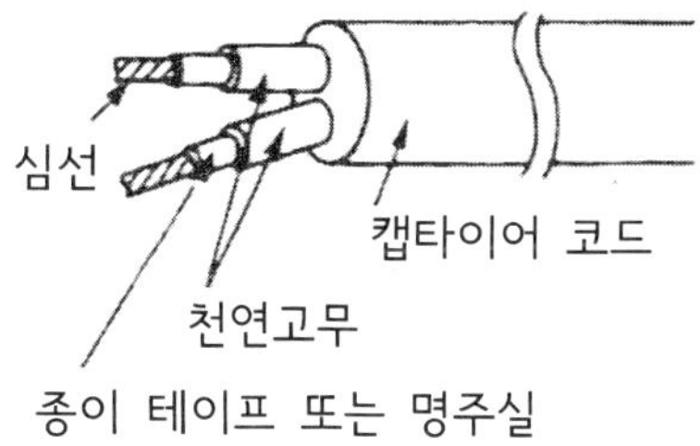

그림 3-50 캡타이어 케이블(cabtyre cable)

3.2.6 배관 설비

선내 배관설비로 동력 및 가공용 용융절단 가스, 산소, 용접용 가스, 압축 공기 및 해수 등이 있으며, 이들은 경제성 및 안전성 면에서 집중 관리되고, 각각의 공급 설비에서 생산 실태에 따라 설치된 배관을 이용하여 공급되는 것이 일반적이다. 이 배관은 고정설비로 사용되는 상설관과 선체내 에서 필요에 따라 도설되는 가설관으로 분류된다.

(1) 용융 절단용 가스배관

용융절단용 가스는 아세틸렌, 프로판, 에틸렌 및 프로필렌 혼합가스 등이 사용되고 있다. 이러한 가스는 각각 특성이 있으며 그에 따라 설비가 필요하다. 배관설비 구성은 주관, 분기관, 가설관으로 구분되어 요소에 중간밸브, 분기밸브, 헤더밸브, 헤더, 취출 밸브, 안전장치, 드레인 밸브가 설치되어 있다. 설치 장소는 누설 점검 및 일상 점검이 용이하고 만일 누설이 있어도 가스가 체류하지 못하고 또한 주위 화원(火源)에서 일정한 거리를 유지할 곳을 선택하는 것이 중요하다.

(2) 산소배관

산소는 기체 또는 액체로 관내에 공급되는데, 용접절단용 가스와 함께 사용되므로 가스관과 병행하여 배관된다. 산소뿐만 아니라 모든 배관에 공통적인 것은, 과도한 압력 변동없이 일시적인 수요 최대치에 대응할 수 있어야 한다. 배관은 물론 압력계 등에 이르기까지 기름 성분을 차단할 필요가 있다.

(3) 용접용 가스배관

용접 자동화가 진행됨에 따라 용접용 가스가 많이 사용되었다. 이러한 가스는 탄산가스, 알곤가스 등이 있으며, 일반적으로 탄산가스가 많이 이용되고 있다. 배관요령은 용접절단용 가스 및 산소배관과 거의 유사하지만 용접용 가스는 불연성 가스이기 때문에 협소한 장소에서 누설은 인체에 산소 결핍과 해로운 영향을 줄 수 있다. 이 때문에 배관시 설치 장소에 유의해야한다.

(4) 공기 배관

압축공기는 그라인더, 치핑 해머(일명, 깡깡이) 등의 에어 공구, 에어 윈치 및 블라스트의 동력원으로 사용되며 표준압력 7~8 kgf/cm^{2}으로 배관되어 있다. 압축기에서 나온 공기는 냉각기에서 냉각하고 드레인을 뽑아낸 후, 공기탱크에 저장 및 사용처에 공급된다. 또한 이송공기 중의 압력 저하는 상당히 크기 때문에 배관 시에는 관경(지름) 변화에 주의해야한다.

(5) 물 배관

물은 수압시험과 변형교정 작업 등에 사용되며 배관에는 청수관과 해수관이 있다. 특히 변형교정 작업은 가스, 산소와 함께 사용하기 위해 병행하여 배관해야하고, 취출구도 가스와 산소에 인접시킨 것이 좋다. 해수관은 주로 수압시험에 사용한다. 관의 크기는 탱크 수압시험에 사용하는 경우, 다량의 물과 지속적인 압력이 필요하기 때문에 관경을 크게 하여 유량을 확보하는 것이 바람직하다.

3.3 시설의 계획과 보전

3.3.1 설비계획

3.2 절에서 언급한 각종 생산설비와 정반을 배치할 때 운반공정의 낭비를 발생시키지 않고, 가공 중 재료 이송흐름을 정체시키지 않는 공장배치가 이상적이다. 잘못된 설비배치는 공장 전체의 생산능률 저하에 직결될 수 있다.

(1) 기계설비의 배치

기계설비는 가공순서에 따라 직선으로 배치하는 것이 바람직하지만, 내업 공장의 기계는 가공중량에 비해서 가공시간이 짧고 부재마다 가공의 공정수가 다르기 때문에 충분한 배려가 필요하다. 배치를 결정하는 요소로 기계 점유면적과 작업면적, 사용빈도 및 기계 가동률 등을 생각할 수 있다.

(2) 운반설비의 배치

컨베이어 및 지게차 등의 운반설비 수는 많을수록 좋지만, 크레인은 너무 많으면 불필요한 대기 시간이 발생하고 각 크레인이 작업반경 내에서 간섭 및 방해가 되어 서로 능력을 충분히 발휘할 수 없다. 따라서 크레인의 설치 수는 신중하게 검토하여 필요 및 최소한으로 해야 한다.

이동 경로를 결정하는 경우에는 공장 배치, 기계 배치와 함께 최적한 운반 경로도를 검토해야 한다. 결론적으로 말하면, 운반거리가 짧을수록 좋다. 운반경로의 합리화는 경제적으로도 기술적으로도 중요한 과제이기 때문에 가장 합리적인 결론에 도달할 수 있도록 신중하게 검토해야 한다. 또한 인원통행이 많은 경우, 근로자의 이동 안전에 각별한 배려를 필요로 한다.

(3) 배선, 배관

배선과 배관의 종류에는 먼저 전원공급을 위한 것으로 전력 배선, 압축공기

배관 등이 있다. 그 다음은 직접 가공에 사용되는 것으로서 산소 배관, 아세틸렌 배관, 프로판가스 배관 및 물 배관 등이 있다. 이상과 같이 각종 배선과 배관 계획은 설비, 기계 및 가공 방법이 결정된 후 이루어져야 한다. 즉,

- 사용되는 설비, 기계, 가공 방법별로 구분한다.
- 설비, 기계, 가공 능력에 필요한 공급 능력을 결정한다.
- 시설비용, 유지비, 수리비 등을 고려한 종합적인 경제성 검토를 한다.

(4) 기타

최근에는 기계설비 등의 운전을 무인 자동화, 부분적 장치화, 무선 또는 유선으로 원격제어하는 방식이 많이 사용되고 있으며, 컴퓨터 시스템의 단말기, 개인용 노트북 및 모바일 폰에 의한 상호 소통을 위해 와이파이(Wi-Fi) 등이 조선소 작업장에 설치되어 있다. 용접 아크나 모터 등의 화염과 불꽃, 운반용 기계의 강한 자기장이 혼재하고 상호 간섭하는 생산 작업장에서 작동되는 제어회로는, 충분한 안전대책을 검토하고 오작동에 의한 사고를 방지할 필요가 있다.

3.3.2 설비보전

(1) 설비보전 의의와 개념

조선소의 생산현장 설비로서 탑재용 크레인 등은 생산 활동에 큰 제약을 줄 수 있으며, 시설이 완벽하게 사용할 수 있는 상태에 있는 것이 필요하다. 최근의 움직임으로는 보전 분야와 사용 분야를 불문하고 전체 인원이 참여하는 총원 참여의 생산 보전(TPM : Total Productive Maintenance)를 구호로 내걸고 활발한 활동을 전개하고 있다. 그림 3-51에 요약된 것과 같은 생산시스템에서 설비의 역할, 중요도에 따라 보전을 실시하는 것이 중요하며, 오히려 "어떤 시설도 한결같이"가 아니고, “시설에 따라 중점 지향 및 다양화”를 해야 한다. 보전의 평가는 생산면에서 단점 감소 및 보전 비용증가의 전체 합산으로 고려해야 할 것이다.

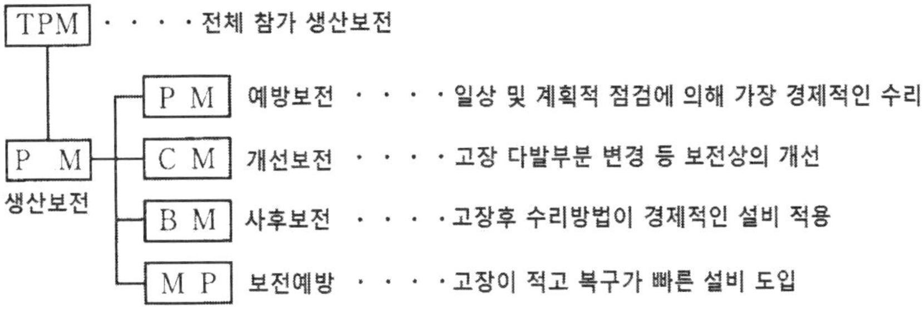

그림 3-51 TPM의 개념

(2) 기계설비의 보전

기계설비 보전의 요점은 각부의 마모에 의한 성능저하 및 노후화 방지, 가공 정밀도 및 안전성 유지, 소음 및 전력 손실 등의 예방이다.

(3) 전기설비의 보전

전기는 열과 힘의 공급원으로 일반화된 반면, 보수와 보전에 대해서는 이용자의 관심이 소홀해지는 경향이 있다. 전력 낭비는 재해 발생과의 상관관계가 매우 크므로 각별한 주의가 있어야 한다.

(4) 배관설비 보전

공장 내부의 부설된 각종 배관종류는, 식별이 편리하게 용도별로 색상을 칠해 나눌 필요가 있다. 색깔은 규격이나 회사 자체 규정에 준하는 것이 좋다. 배관의 보전에 매일 점검하여 누출 개소를 발견한 경우에는 즉시 조치를 해야 한다. 특히 안전상의 입장에서 CO^2와 아세틸렌 등의 가스와 산소 유출은 절대로 피해야 한다.

(5) 시설 사용에 대한 교육

어떤 설비에서도 보전을 완전하게하기 위해서는 검사, 유지보수 제도를 견고하게 확립하고 이를 실시하는 것만으로는 충분하지 않다. 고장이나 열화를 최대한 미연에 방지하려면 그 원인이 되는 결함이나 착오 등의 실수를 없애는 것이 우선 필요하지만, 장비의 올바른 취급 방법을 사용자에게 충분히 인식시키는 것과 동시에, 시설의 보전정신을 함양하는 것이 중요하다.

3.4 공구

3.4.1 공구 종류

조선소에서 사용하는 공구는 매우 다양한 종류의 상당수가 있으며, 분류 방법은 여러 가지 있지만, 여기에서는 목적별로 나누어 공구의 총체적인 것과, 선박 건조를 위한 각 스테이지에 공통적으로 사용되는 공구에 대해 간단하게 설명한다.

(1) 측정 공구

선각 제조공정에서 가장 중요한 것들 중 하나는 치수 정밀도이며 부재가공 및 블록 제작 등에서 미치는 치수 오차는 영향은 매우 크다. 현재는 부재의 대부분이 NC 마킹·절단되므로 가공시의 치수 정밀도는 향상되어, 중간 공정인 블록 대형화가 진행되어 왔기 때문에 치수 정밀도 유지에 특히 주의해야 한다. 설치 정밀도 측정을 위한 3차원 측정기와 레이저 측정기를 도입하여 이전부터 사용되어 온 레벨(level), 트랜싯(transit) 보다 우수한 효과를 거두고 있다. 그림 3-52에 각종 치수 측정을 위한 공구를 나타낸다.

(2) 절단 공구

강재의 절단은 각종 NC 절단기 등으로 이루어지는 것이 일반적이지만, 공구는 가스 절단토치(그림 3-53)를 사용하는 것이 대부분이다. 일부 가공 단계에서 형강절단이나 각도 절단기(angle cutter)를 사용하는 공장과 휴대용 플라즈마 절단기를 도입하고 있는 공장도 있다.

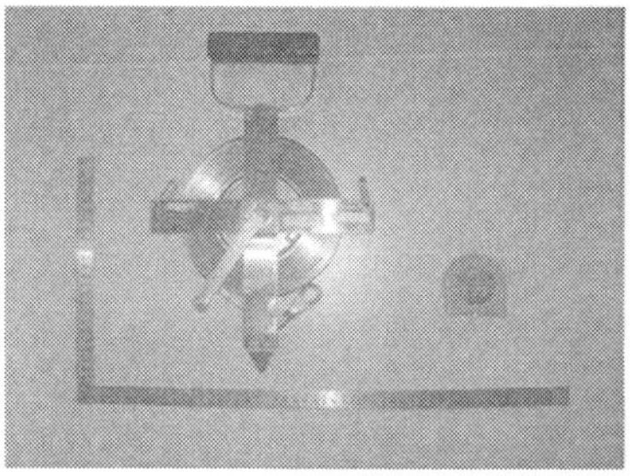

(a) 직각자, 줄자

(b) 레벨

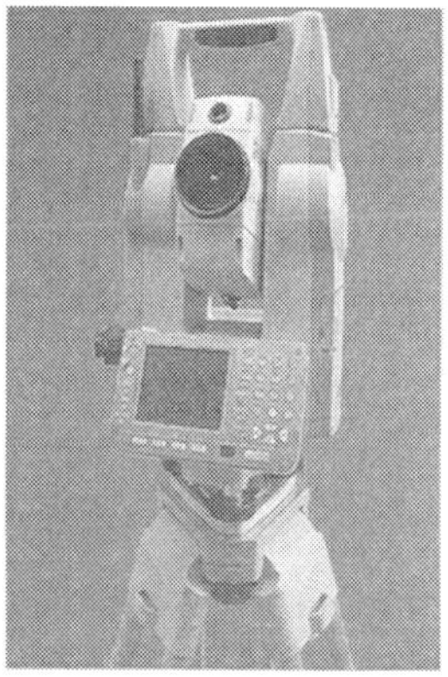

(c) 3차원 측정기

그림 3-52 측정 공구 예

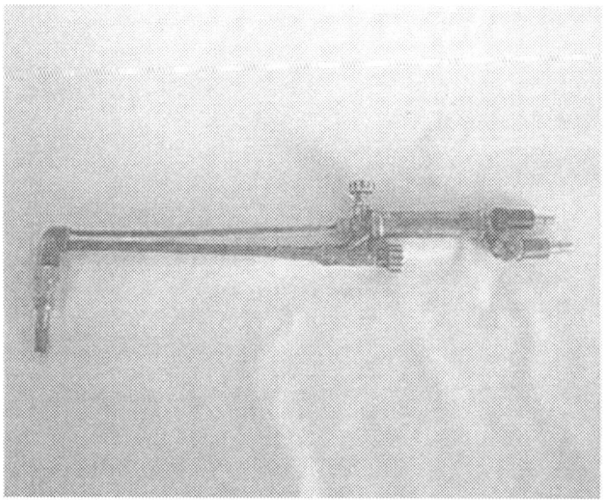

그림 3-53 절단 공구(가스 절단 토치)

그림 3-54 요철 공구(간이 자동 선상가열장치)

(3) 요철(撓鐵) 공구

요철 작업과 변형교정 작업은 가스 버너(gas burner)와 물 호스를 사용하는 것이 일반적이지만, 최근에는 자동화와 반자동화가 진행되어오고 있다. 그 예로 여러 화구를 갖추고 있을 뿐 아니라 다수의 라인 가열을 할 수 있는 선상가열장치(그림 3-54)와 고주파를 이용한 가열장치가 있다.

그림 3-55 용접 공구 예(간이 대차)

(4) 용접 공구

용접 작업 효율화를 위해 각종 자동화, 로봇화가 추진되고 있으며, 각 단계에서 효과적인 방법이 채택된다. 그림 3-55 공구는 주행식 간이 대차 용접토치를 장착한 것으로, 소조립 작업의 용접에 널리 사용된다.

(5) 설치 공구

부재가 커지고 두께가 증가하면 지렛대는 움직일 수 없고 이에 대신하여 설치 공구로 잭(Jack) 및 레버 블록(lever block) (그림 3-56)의 사용이 크게 증가하여 필수적인 장비가 되었다. 특히 잭은 저널 잭(journal Jack) (그림 3-57 (a)), 유압 잭(hydraulic jack) (그림 3-57 (b))으로 개량되었으며 최근에 그 유압잭도 메이커와 사용자의 상호협력을 위해 그림 3-56 설치 공구 예(레버 블록) 통해 소형 고성능으로 개발되어 각 단계 능률향상에 기여하고 있다. 잭의 기름 누출에 의한 강판에 부착, 발화 위험성 등을 개선하기 위해 수압 잭을 채용하는 조선소도 늘고 있다.

(6) 연삭 공구

조선소에서 일반적으로 연삭공정에 사용되는 것은 지립 그라인더(grinder) (그림 3-58), 치핑 해머(chipping hammer), 라운딩 커터 또는 R 커터(rounding cutting) 등이 있다. 그라인더는 동력원으로 압축 공기를 사용하는 에어 그라인더와 전원을 사용하는 전기 그라인더의 2 종류가 있다. 그라인더는 주로 강판 표면 처리, 용접 용단부의 마무리, 조각부분 분리 후 용접 남겨진 부분의 제거에 사용된다. 알(R) 커터는 절단 모서리 등의 모따기(날카로운 모서리 또는 구석을 비스듬하게 깎는 것) 작업에 사용된다.

그림 3-56 설치 공구 예(잭(Jack) 및 레버 블록(lever block))

(a) 저널 잭

(b) 유압 잭

그림 3-57 설치 공구 예(잭)

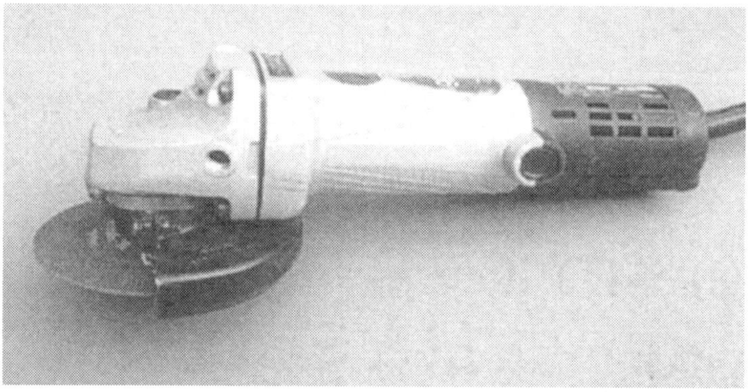

그림 3-58 연삭 공구 예(그라인더)

(7) 양중 공구

크레인은 조선소에 필수적인 것이며, 일반적으로 와이어 로프(wire rope), 걸쇠(shackle), 갈고리(그림 3-59 (a)), 클램프 (clamp)(그림 3-59 (b))는 크레인의 부속 공구이다. 자석과 진공을 응용한 것도 도입되어 강판이나 부재 등의 운반 생력화에 기여하고 있다. 또한 체인블록(chain block)은 와이어 길이 조정 및 크레인을 사용할 수 없는 곳에서 사용되고 있다.

(a) 갈고리

(b) 클램프

그림 3-59 양중 공구

3.4.2 공구 관리

공구는 소모품부터 내구성 자산의 것까지 종류와 수량이 매우 많고, 또한 다수의 작업자가 공용하는 경우가 많기 때문에, 그 관리는 복잡하고 어렵다. 그러므로 공구관리 부서는 항상 생산현장과 밀접한 연계를 바탕으로 최적의 활용 동선을 검토하여 조달, 보관, 출납, 점검 및 조정 등의 적정화와 합리화에 노력할 필요가 있다.

연습문제

(1) 그림 3-60과 같이 같은 정사각형과 직사각형 야드가 있다. 파나막스 선박의 건조 도크 1기 및 가공 조립공장 2동, 강재물 공간, 탑재 크레인을 각 야드에 배치하고 도시하라. 또한 재료의 흐름을 그림에 표시하라.

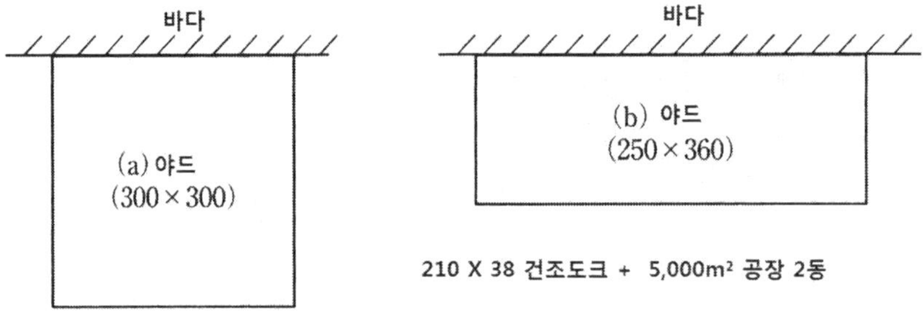

그림 3-60

(2) 외업 스테이지에서 사용하는 집(jib)과 골리앗(goliath) 크레인의 장단점을 기술하시오.

(3) 조선소를 가정하여 건조 도크와 총 조립장을 담당하는 골리앗 크레인을 추가 설치했다. 이에 따라 크레인의 리프팅 능력이 강화되고 총 조립에 결합시킬 수 있는 블록수를 늘릴 수 있었다. 블록 조립공장에서 제작하는 블록의 최대 무게는 지금까지와 다르지 않다. 이 조선소에서 다음 ① ~ ③ 대해 고찰하라.

① 설치로 얻어지는 장점

② 설비, 공구, 기술면에서 해결해야 할 과제

③ 계획·관리 및 운영 면에서 해결해야 할 문제

(4) 조선소의 블록 조립공장은 재료 분배 → 설치 → 용접 순서로 작업이 진행된다. 고정정반 방식으로 원하는 위치에 고정하여 가공 및 조립공정을 하고 컨베이어 정반 방식은 공정 순으로 위치를 이동한다. 양자의 장단점을 고찰하라.

(5) 설비 보전이 필요한 이유를 간단히 기술하라.

(6) 공구의 올바른 관리방법에 관해 간단히 기술하라.

04

생산 관리

4.1 생산 관리

생산관리(production management)란 제품을 싸고 빨리 안전하게 생산하는 것을 목적으로 계획·실시·확인·수정 활동을 말한다. 생산관리는 기업의 생산 활동 전반에 이르는 것으로 넓은 의미로는 공정관리, 품질관리, 원가관리, 작업관리, 시설관리, 자재관리 등을 포함한다. 그림 4-1은 생산 관리의 피라미드를 나타낸다. 생산관리는 좁은 의미로 공정관리, 품질관리, 원가관리를 뜻하지만, 더 좁은 의미로는 공정 관리만을 가리키는 경우도 있다. 공정관리는 일정관리와 공정수 관리가 포함된다.

생산관리는 생산계획(production planning)과 생산통제(production control)로 구분되며(그림 4-2), 「어떻게 작업을 진행해야 할지를 결정, 계획 및 통제하는 기술」이라고 할 수 있다. 관리의 기본은 P(Plan 계획), D(Do 실행), C(Check 확인), A(Action 대책)의 PDCA 사이클을 돌려(그림 4-3) 생산 활동을 효율적으로 수행해 나간다. 효율화 대상은 일반적으로 Q(quality 품질),

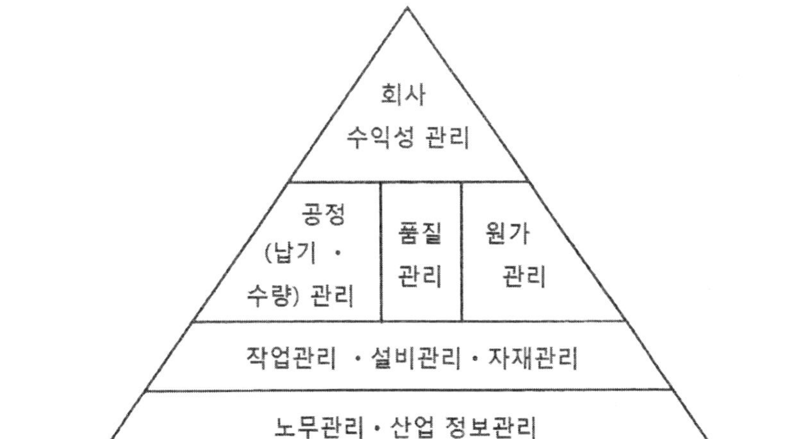

그림 4-1 생산관리 피라미드

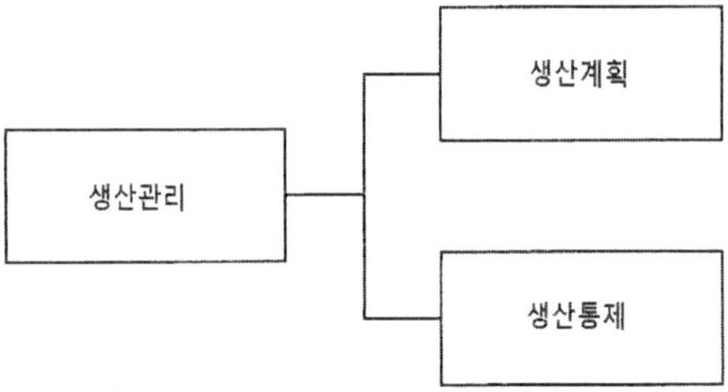

그림 4-2 생산관리 구분

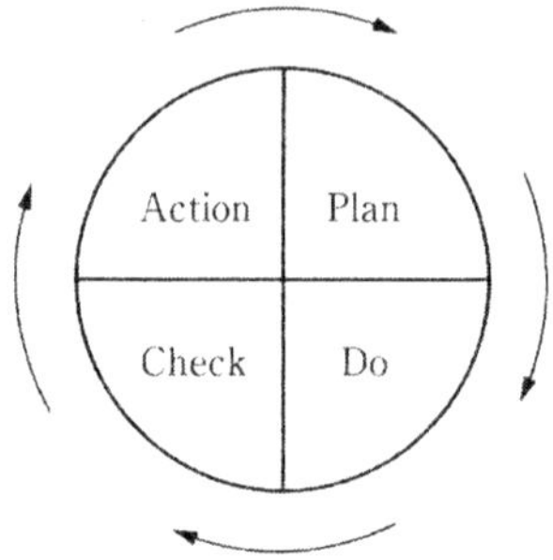

그림 4-3 관리 싸이클

C(cost 비용), D(delivery 납기)의 3 가지로 파악한다. 조선소 생산 활동은 품질 좋은 선박을 납기에 맞춰 저렴하게 제조할 목적으로 선박의 완성 기일을 예정하고 자재를 준비하는 생산 계획에서 생산을 명령·통제하고 생산 설비 및 작업자의 작업 효율을 높이고, 재료나 불량품 절감에 노력하여 정해진 완성 기일(納期)을 지키도록 운영하는 것이다.

조선소에서는 다수의 부품을 다양한 위치에 모아 많은 직원의 공동 작업으로, 1척 마다 개별적으로 생산을 효율적으로 수행하기 위한 기술로 생산관리는 매우 중요하다. 일반적으로 본사 부서와 생산 현장에서 생산관리를 하는 부서가 있지만, 이 장에서는 주로 후자를 기술한다. 현장에서 생산관리에 있어 유의해야 할 기본적인 사항은 다음을 들 수 있다.

- 공장 제반시설의 할당, 적용
- 제품마다 작업량, 일정, 우선순위, 분담의 결정,
- 작업 방법 및 절차의 지시
- 공정상 애로의 예측과 대책의 명시
- 생산 현장에서의 각종 문제, 데이터 관리
- 돌발 사고에 대한 응급조치

최근에는 우리나라 조선분야에도 3차원 설계시스템 및 부품관리 시스템이 활용 및 확산되고 이들과 관련된 경영시스템과 생산관리 시스템이 적용되고 있다. 이 장에서는 생산계획, 일정관리, 공정관리, 자재관리 및 운반관리에 대해 기술한다. 품질 관리에 대해서는 제5장에서 자세히 설명한다.

4.2 생산 계획

조선소의 생산관리 중 생산계획은 장기적인 경영 방침에 따라 장기 매출계획, 이익 계획과 활동 방침을 결정한다. 즉, 공사량을 어느 정도 소화하면서 5년 후, 10년 후 조선소 수주능력을 어디까지 확장할 것인가에 대해 인력, 능력 및 시설 면에서 검토한다. 단기적으로는 수주 선박의 예산과 납기에 따라 공사를 수행하는 계획을 구체화하여 단계 계획, 공정 계획, 일정 계획 등을 실시한다. 여기에서는 수주 선박에 관하여 [4.2] [4.3]를 참고하여 인력 계획, 시설 계획 및 예산 계획에 대해 기술한다.

4.2.1 인원 계획

수주 선박의 공사를 수행하는데 필요한 작업량을 시각적으로 표시한 공사진행표(4.4.3 항 참조)를 바탕으로 인력수급을 검토한다. 운영계획 작성시에 생산시점에서 시설 및 인력의 능력과 매출/이익 계획에서 요구되는 조업도의 대비가 우선 필요하고, 그 차이를 보전하기 위해 생산량을 조절(증감)한다. 직원의 신규 채용과 중도 채용계획 및 외부하청 용역의 조정을 검토하여 진행된다. 생산량을 늘리는 방안으로 작업원 증원은 물론 빠뜨릴 수 없지만 단순히 공사금액만을 생각하고 계획을 수립하는 것이 아니라 시설 개선·확충, 무인화 또는 자동화 설계, 공작법 개선, 근로자 기능 향상 등을 고려할 필요가 있다. 야외 작업을 가능한 한 지상(실내)에 옮겨 작업성 향상을 도모하는 것도 고려해야 한다. 또한 사회정세에 부응하도록 생산량을 탄력적으로 조절하고 잉여 근로자 대책도 검토되어져야 한다.

4.2.2 시설 계획

회사의 경영방침에 따라 수주 선박을 효율적으로 건조하기 위해서는 설비 재검토도 필요하다. 특히 기존 건조해 온 선종과 다른 경우에는 그에 상응하는 설비 개조 및 신규 설비도입도 검토된다. 신규 설비의 도입에 대해서는 향후, 동형선박의 전망을 예측하고 생산량의 충분한 뒷받침을 검증할 필요가 있다. 동형선박의 대량 발주를 예상하고 대대적으로 설비투자를 실시했지만, 수급상황이 변화하고 다른 선종에 바뀌어 그 시설을 효율적으로 사용할 수 없는 경우도 비일비재하다.

시설 계획의 대상으로는 다음과 같은 것이 있다.

- 수요 증가에 대한 설비 증강 및 선박의 다양화에 대응한 설비 개조
- 생력화(省力化), 성력화 계획을 위한 설비
- 작업환경 개선

공사량이 증가할 경우 먼저 기존시설에서 공사량을 소화할 수 있는가 검토하는 것이 고려된다. 기존설비 능력이 한계에 도달하여 작업 방법을 개선하여도 큰 능력증가를 기대할 수 없는 경우, 설비 증강이 거론된다. 그러나 설비 증강이나 신설은 개별적으로 혹은 산발적으로 개발·도입하는 것이 아니라 시스템 접근에 의한 전체 최적화(효율성, 합리성)를 검토할 필요가 있다. 즉 생산 전체의 흐름에서 부분적으로 애로나 문제점이 생기지 않도록 고려할 필요가 있다.

조선소에서는 시설과 생산공정의 간소화, 생력화에 대해서는 종래부터 진지하게 고려하고 있다. 예로, 마킹 및 절단 수치제어(NC)화, 용접 기계화·자동화, 변형제거 자동화, 굽힘가공 자동화, 조립지그 및 발판 장치화 등이 있다. 특히 최근에는 근로자 고령화와 그에 따른 기술전수와 기능전승이 문제시되어 숙련된 기능자 부족을 보충하기 위한 시책에도 힘을 쏟고 있다. 작업환경 개선에 관해서는, 특히 조건이 나쁜 도크 (또는 선대) 작업에 중점을 둔다. 이것은 고소작업이 많아 발판의 정비 등 안전대책이 필요하기 때문이며, 실내에서도 무더위 대책, 환기 및 소음방지 등 기타 작업환경을 개선할 필요가 있다. 이것은 조선업계 이미지 제고를 도모하고, 일손부족을 해결하고 작업 능률을 향상 시키는데 중요하다.

4.2.3 예산 계획

조선분야의 특징은 개별 주문생산이며, 계약에 의해 가격(선가)이 결정된다. 선가에서 차지하는 기계 및 부품, 재료 구입비의 비율은 50% 정도이고, 인건비가 30% 정도이다. 따라서 계약 시 기계나 재료 구입비와 인건비를 어떻게 정확하게 예측하느냐가 중요하다. 한 척의 부품 수는 수십 만개 이상도 있지만, 설계가 진행되지 않은 단계에서 이러한 비용을 정밀하게 예측하는 것은 매우 곤란하고, 또한 인건비를 추정하는 것도 어렵다.

예산 관리의 흐름은 그림 4-4와 같다. 선박 수주와 계약문의가 있으면 견적부서에서 선가가 산출된 상세한 견적서가 만들어 지고, 주문 후 실행예산서가 작성된다. 실행예산은 주문 시 견적서를 기초로 이익계획 등 조선소의 정책을 추가하여 만드는 것으로, 설계, 자재 구매 부문의 예상량을 나타내는 것과 동시에, 제작부서에 공정수를 나타내며 공사를 진행시키는데 있어서의 지침을 제공한다. 공정수 할당은 ① 물량의 정확한 피악, ② 현재 설비와 작업자 능력, ③ 생산성 향상을 위한 제반 시책을 고려할 필요가 있다. 공사가 진행되면 실제 값이 순차적으로 수집되어 예산서와 대비되고, 정확한 이익예상이 얻어진다. 예산의 실적은 데이터베이스화 되어 다음 선박 수주계약의 견적 시에 활용된다.

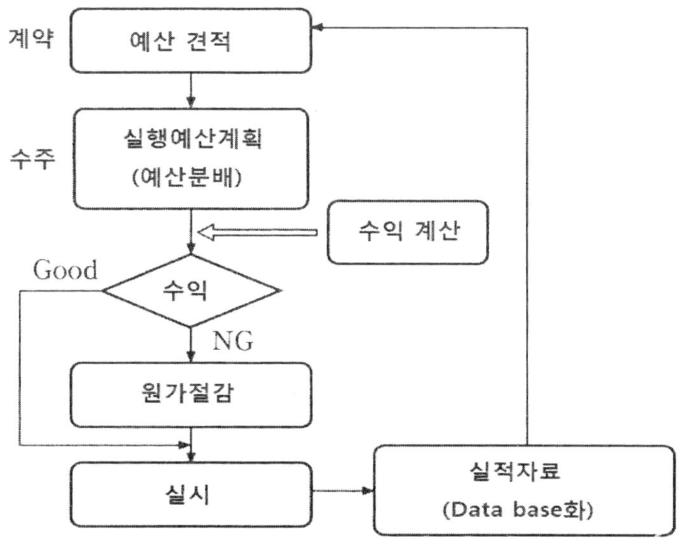

그림 4-4 예산 관리

조선소에서 공정수를 절감하는 효과적인 방법으로 표준 선박의 채용이 있다. 배마다 다른 사양으로 설계하고 건조하는 것은 낭비가 많지만, 동형 선박을 연속하여 건조하면 설계시간도 단축되고 생산 부문도 학습효과가 기대되며, 공정수가 기하급수적으로 감소한다.

(1) 원가구성

제품의 원가구성은 그림 4-5와 같다. 제품가격에서 총 원가를 제외한 값이 이익이며, 총 원가는 생산과 관련된 생산원가와 영업비용(판매비, 일반 관리비)으로 구성된 제조원가로 생산에 직접 참여하는 직접비용 및 기타 간접비로 나누어진다. 제조원가 중 재료비는 제품(선박)을 구성하는 재료의 비용이다. 선박의 경우 원가 주요 부분을 차지하는 중요한 것으로, 설계를 중심으로 재료비를 낮추는 노력이 필수적이다. 재료비 중 직접 재료비는 선박에 사용하는 주요 재료비(강재, 용접재료, 도료, 보온재 등), 장비부품 비용(주로 기계. 보조기계, 관 부품, 주단품, 내장품 등), 보조 재료 (산소, 가스 등)을 말하며, 간접 재료비는 소모공구 비품비나 사무용 소모품비 등이 포함된다.

인건비는 직원들에게 지불하는 임금 및 급여이다. 직접 노무비는 작업원과 임시직원 등에 지불하는 임금이며, 기본급에 수당(상여금, 시간외 수당, 가족 수당, 휴가 수당 등) 및 장려금 등을 포함한다. 이것은 직접 작업한 시간을 기준으로 계산되기 때문에 작업 공정수를 낮추는 노력이 필요하며, 공정 관리 중요성이 여기에 있다. 또한 간접 노무비는 직원 지불급여에 모두 포함된다. 부문비용은 설계 및 제조 등의 각 부문에서 건조 선박 제조원가에 부가하는 비용을 말한다. 경비는 외주 지불 등의 직접비용과 설비의 감가상각비와 복리 후생비, 여비·교통비, 전력·가스·수도의 지불 비용, 검사비용 등의 간접비용이 포함된다.

조선 분야에서는 직접 노무비를 웨지(wage), 간접비(재료비, 노무비, 경비)를 차지(charge)라고 부르며, 웨지·차지 예산 관리를 하고 있다. 총 원가에서 제조원가를 뺀 영업비용에서 판매비와 일반 관리비를 더한 것이다. 일반 관리비는 사업 전반에 걸친 관리비용에 임원급여, 관리부문 급여, 교제비 등으로 구성된다. 이익을 높이기 위해서는 생산 관리를 통해 자재와 직접 노무비 절감(즉 공정수 삭감)을 도모하는 활동이 필요하다.

(2) 실행 예산

계약과정에서 견적서를 작성하고 선가를 결정하여 고객에게 제출하는데, 이것을 수주 예산이라고 한다. 수주가 결정되면 상세한 검토를 실시하여 표준시수를 결정하고 이를 바탕으로 실제 비용을 실행 예산으로 결정한다. 표준시수는 작업 종류에 따라 물량×원래 단위로 표시되며, 예를 들어, 용접 조립시수(시간)은 100톤 × 20시간/톤 = 2,000시간이라고 한다. 이것은 원 단위로 시간당 용접되는 구조중량(톤/시간)의 역수를 취한 것이다. 실제로 용접 길이를 집약하면 견적 정확도가 향상된다. 표준시수 대신 노력 목표로 목표시수를 취할 수 있다. 시수 관리는 4.5 절에서 자세히 설명한다.

그림 4-5 원가구성

4.3 건조 지침

4.3.1 건조방침 개요

건조지침은 생산관리의 일부라기보다도 생산기술에 속하고 있지만 생산관리에 관한 것이 많기 때문에 편의상 여기에서 서술한다. 선박이 수주되어 공사선표(4.4.2항 참조)에 올려져 실제 공사가 착수되어지면 관리부문, 설계부문 및 제조부문에서는 어떻게 건조하는 것이 최선의 방법인가를 검토한다. 건조지침의 결정에 필요한 조건을 이하에서 나타낸 [4.2]가 중요한 것이며, 그 가운데 현재 계획하고 있는 선박에서 문제가 되는 주요항목을 선택하는 것이다. 예를 들면 처음부터 선주가 있는가, 선형이 신규인가, 주 엔진 제조회사가 처음인가 및 그 배가 특수성을 가지고 있는가 등을 검토하는 것이 중요하다.

- 건조선 자체에 관한 조건 : 배의 크기·종류 등급, 고급강·고장력강·특수강의 사용범위, 특수 도장의 범위, 기타 특수사양 등
- 건조 선박에 대한 조건 : 건조시기·일수, 동형 선박의 유무, 척수, 선주 및 국적, 선급협회
- 조선소 설비조건 : 입지 조건, 공장 배치·규모, 선대 또는 도크의 수, 크레인 양중 능력, 공장설비, 특수기계 설비
- 조선소 인적능력 : 설계·기술·기능· 관리의 각 수준, 동원력
- 조선소 환경조건 : 제철소 입지, 강재 공급, 관련 기업, 기자재의 조달 편의성, 외주 공장

건조 지침은 상기의 조건에 경영계획, 선표, 사양서, 기본도 등을 추가로 고려하여 아래의 사항을 검토하고 결정한다.

(1) 건조 방식

건조방식(3.1.4항 참조)은 특히 선대(도크)공기에 대응하여 최적한 방식을 선정해야만 한다. 공사 기일은 출도공정이나 부피가 큰 기계의 납기에서도 영향을 받는다.

(2) 블록 분할과 총 조립

애로점이 있는 공정에서 최대한 능력을 발휘할 수 있는 블록분할을 고려한다. 대부분의 조선소에서는 대조립이 어려움이 되고 있다. 근래에는 건물 내에서 만들어진 블록을 건물 밖으로 내보내 탑재 전에 복수 개로 결합시킨「총 조립」방식이 일반적으로 이루어져 선대(도크) 공기(工期) 단축에 큰 역할을 한다.

(3) 탑재 네트워크

상기의 건조방식에 따르면 블록의 탑재순서·일정을기록한 탑재 네트워크(4.4.1항 잠조)를 작성하여 선대(도크)공기의 준수 여부를 확인할 수 있다.

(4) 종합 일정표

선박건조의 주요 절점(공사단위마다의 착공일·준공일)을 결정한다. 의장, 도장 등의 각 직종별로 블록에 대한 주요 절점을 확정한다. 각 공정의 상호 간섭을 일으키지 않고 마감일을 준수하는 의장품 납기나 강재납기 등을 결정한다. 상세한 것은 4.4.4항을 참조하라.

(5) 기타 중요한 주의사항

해당 선박의 특수한 사양, 선주의 특수성, 특이한 사항을 거론하여 관계자에게 주지시키는 사전준비를 한다.

가장 중요한 것은 건조방식 결정과 블록의 분할이다. 블록분할은 조선소 공장 배치, 설비, 능력 등 여러 가지 조건을 고려하여 결정한다. 조선소에 따라 건조하기 쉬운 블록의 크기, 중량, 형상은 다르므로 조립할 때는 미리 컴퓨터를 이용하여 시뮬레이션을 하고 결과를 참고하여 상세한 결정을 하는 것이 바람직하다.

4.3.2 블록분할

선체의 블록분할 등은 지상조립 단위를 결정하는 것이다. 건조설계는 물론, 의장이나 도장의 요구를 만족시키고, 건조방식이나 설비능력과 공작기술을 고려하여 가장 효율적으로 건조시킬 수 있도록 블록을 분할을 한다. 블록은 내업공장 설비능력의 최대까지 크게 분할하는 것이 원칙이지만, 조립이 공정상에 애로가 있는 경우는 조립공정에 따라 최적한 블록크기를 우선적으로 다루어야 한다.

대형 선박을 연속적으로 건조하는 공장에서는 건조도크 크레인 1기는 150~1,200 ton 까지 들어 올릴 수 있는 능력이 있으므로 지상 조립장에서 반출되어진 블록을 도크 주변의 총 조립장에서 거대한 블록으로 만들어 탑재를 하는 것이 바람직하다.

(1) 블록분할의 실제[4.4]

블록분할 계획안은 설계부문과 생산제조 부문이 협의하여 수행하는데 주로 다음의 두 가지 스텝으로 이루어진다.

① 기본 설계 단계

기본도(선도, 일반배치도, 개략적인 중앙 횡단면도)를 기초로 선내 중앙부의 외판 랜딩(8.2.5참조)을 수행하여 대략적으로 블록을 분할한다. 선창부는 보다 상세하게 결정을 하지만 선박의 전·후부는 개략적으로 검토한다. 기관실 주변은 기관실 배치를 기준 으로 한다.

② 상세 블록분할

구조설계가 다소 이루어진 단계 즉, 키-플랜(강재 배치도 및 외판전개도, 구조용 정면선도 등)의 작성단계에서 상세 검토를 한다. 이러한 도면들은 선주나 선급협회의 승인을 얻어야 하므로, 정식출도가 늦어지기 때문에 블록분할을 조금이라도 빠르게 하기 위해서는 가도(假圖)를 기초로 분할을 하고 공작도 단계에서 최종 결정하는 경우가 많다. 가도에서 블록분할을 하면 이 정보를 가능하면 키-플랜(key plane)으로 이관하여 보다 상세하게 분할을 수행하는 것이 중요하다.

대략적인 블록분할에서는 즉, 도면정보에서 구조 상세나 관련된 의장품 배치 등을 예측할 필요가 있으므로 풍부한 조선분야의 지식과 경험이 필요하다. 일반적으로 설계 작업은 시행착오가 많은데, 블록분할의 경우는 설계가 많이 지난 시점에 변경하려면 설계공정을 크게 복잡하게 하므로, 과거의 동형선, 자매선(姉妹船) 등의 도면을 기초로 신중하게 결정해야 한다.

실제 블록분할 작업에서 문제점은

① 예측정밀도 : 도면정보로부터 부재 치수나 배치를 추정하기 때문에 정밀도가 문제가 된다.

② 우선순위 부여 : 블록분할의 관련시힝에서는 서래 또는 교환((trade off)의 관련이 있는 것도 있다. 예를 들면, 외판의 굽힘 가공을 우선하면 블록길이를 짧게 할 수 있지만 조립을 우선으로 하면 긴 블록이 유리하게 된다. 그럴 때는 어느 쪽을 우선으로 해야 하는가 평가 기준을 명확하게 할 필요가 있다.

③ 시간적 제약 : 좋은 블록분할을 하는 것은 선박구조나 의장의 상세치수가 결정되어지기 전에 중량이나 부품 수, 용접 길이 등의 관리물량을 정확하게 산출되어야 필요가 있기 때문에, 설계의 진척상황이나 시간적 제약으로 만족하지 못하는 경우도 많다.

이하에 블록분할 결정에 고려되어야 할 것에 대한 설명을 한다.

(2) 탑재순서 결정

우선 배의 어떤 부분에서 탑재가 이루어져야 하는 것을 결정하는 것이 분할의 첫 걸음이다. 이것은 각 조선소의 건조방식에 따라서, 각 선박들의 종합일정 계획(4.4.4항을 참조할 것)을 고려하여 결정되어 진다. 또 블록 탑재순서는 그 조선소 설비 능력이 가지는 생산량과 상관관계가 있고, 조립공정의 블록형상별(평행부, 굽힘부 등)생산능력을 파악하고 탑재공정과 조립공정, 내업공정이 적절하게 균형이 맞도록 탑재순서를 결정할 필요가 있다.

예를 들면 그림 4-6에 나타낸 것과 같이 기점을 두 개소로 설치한 2점 건조방식의 경우 그 기점 블록의 설정에 따라서, 선미부와 평행부, 선수부의 공사량이 거의 비슷한 곳을 기점으로 잡고 있다. 그렇지 않으면 공사량이 많은 부분에

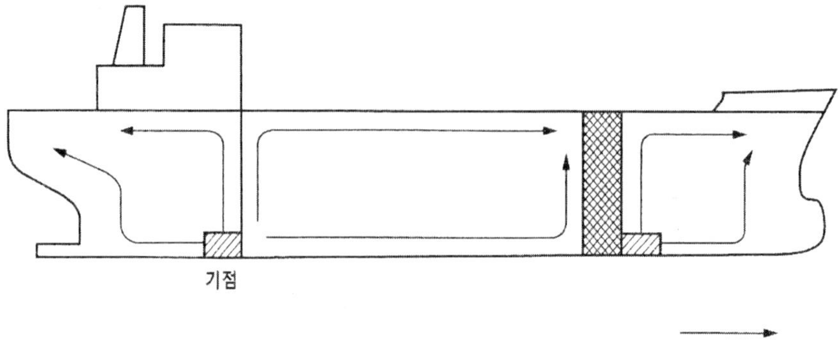

그림 4-6 2 기점 방식

따라서 건조시기가 좌우되고 작업량 균형의 편차가 발생하게 된다. 또 기점 블록은 블록결합 상태에 따라 안정성이 있는 장소를 선택하는 것이 좋다.

(3) 크레인·설비 능력

탑재 크레인 능력이나 조립공장내의 크레인 능력은 블록 분할에 커다란 제약을 가져온다. 건조 도크에 골리앗 크레인(문형 크레인)을 설치하고 있는 대형조선소에서는 도크내 어느 위치에서도 크레인 능력의 최고 한도까지 블록을 운반할 수 있기 때문에 블록 분할상 조건으로 최대중량이 설정되어 진다. 한편 선대(도크)용 집(jib) 크레인을 사용하는 경우에는 ① 블록과 크레인 위치관계 ② 양중 능력 ③ 선회반경을 검토하여 최대중량을 결정할 필요가 있다. 또, 해상 크레인을 병용할 경우도 있다. 어떠한 경우에도 양중계획은 역학적 강도와 안전성의 충분한 검토가 필요하다.

(4) 지상조립 조건

지상조립에서는 블록의 종류(평판, 굽힘, 입체 등)에 따라서 공장내 어떠한 라인에서 어떠한 블록을 제조하는가가 중요하다. 설비는 컨베이어, 고정정반, 핀지그(pin jig)부착 정반 등이 있지만, 이동성을 고려하여 원활하게 이동하도록 계획을 세울 필요가 있다. 특수한 블록에 관해서는 사전 검토를 충분하게 해야 한다. 통상, 주요 요령도를 작성하여 공작도에 전개시켜 정보제공을 한다. 블록을 조립하는 관점에서, 블록 분할할 때 주의해야할 점을 서술한다.

1) 판 분할

블록 분할선은 판 분할선과 합치되기 때문에 작은 치수의 이음새 등은 피하고 균등한 판 폭(板 幅)이 되도록 배려할 필요가 있다. 또 NC절단기 등의 설비능력이 허락하는 한, 폭 넓은 강판을 사용하고 판 이음 용접 길이를 가능한 감축하는 것이 바람직하다.

2) 중량

블록분할은 크레인이나 운반대차(運搬台車)에 의해 블록 운반 능력과 조립정반이나 고징기구의 강노를 염두에 두고 배치계획을 세워야 한다.

3) 블록 형상

블록 성빌도를 유지하기 위하여 조립 중에 변형이 발생하지 않은 형상을 할 필요가 있다. 또, 운반과 반전 등의 때에 큰 보강을 필요로 하는 분할은 피하는 것이 좋다. 조립작업에서 높은 위치가 되는 경우는 발판 가설이 필요하기 때문에 고정구 높이를 사전에 검토하고 발판을 가능한 낮은 설치를 검토해야 한다.

조립정반의 회전율을 향상시키기 위하여, 평행부 블록 형상은 가능한 최대한 동일하게 하고 각 블록에서 작업량이 평준화되도록 계획을 세워야 한다. 또 선수와 선미부 구조의 굽힘 부문에서도, 동일정반에서 가능한 유사한 블록을 만드는 배려가 필요하다.

4) 블록 투영면적

블록의 투영면적은 조립공장의 회전율을 악화시키지 않도록 배려하여 결정해야 한다. 또 면적이 넓은 블록은 전체의 강성이 상대적으로 저하되기 때문에 크레인을 들어 올릴 때, 과도한 응력이나 변형을 유발할 수 있다. 이것을 방지하기 위해 큰 보강을 필요로 하는 분할방법은 피해야 한다.

(5) 선대·도크 공작상 조건

선대(도크)공정에서는 아래와 같은 것을 고려해야 한다.

·탑재시간 : 탑재하기 쉽고, 안정을 유지하는 블록 형상이 되도록 탑재시간을 단축해야 한다.

- 위치결정 : 위치결정 시간단축과 선형유지 용이성을 도모해야 한다.
- 선대상(도크내) 작업 : 탑재할 블록을 가능한 크게 하고 이음형상은 가능한 단순하게 한다.
- 작업환경 : 위보기 작업, 높은 위치 작업, 협소한 통로작업과 같이 작업환경이 악화되는 것을 피한다.
- 발판없는 작업 : 발판장치(작업 유니트)의 도입이나 구조겸용 발판(girder & stringer)을 발판으로 이용)의 사용을 검토해야 한다.

(6) 총 조립

총 조립할 때는 선대(도크)작업의 지상화에 수반되어 생산성과 안전성 향상, 선대기간 단축을 도모하여 연간 건조척수 증가, 조기지상 의장 채용에 의한 생산성 향상 등이 가능하기 때문에 블록분할을 계획단계에서 탑재순서 등을 정확하게 결정해야 한다. 총 중량은 크레인 능력에 영향을 받으며, 해상크레인 이용도 고려해야 한다.

(7) 의장·도장공사 등의 관련

블록의장이나 유닛의장 등의 관련을 충분하게 고려하여 선각 작업만이 아니라 의장작업에서도 합리적으로 수행하여 전체적인 이점을 추구하는 분할을 결정할 필요가 있다. 통상, 기본 의장요령이 작성되어지면 어떤 건조공정(반전(反轉) 블록, 정전(正轉) 블록, 총 조립, 선대)에서 의장공사를 검토하기 때문에 그것을 기초로 조정한다. 특히 기관실이나 상부 구조는 의장품이 많기 때문에 의장공사를 우선적으로 하는 경우가 많다. 의장 공사에 관해서는 지상의 도장공장에서 블록 반출입도 고려할 필요가 있다. 벌크 캐리어 블록분할 예를 그림 4-7에 나타냈다.

4.4 공정 관리

4.4.1 공정관리 개요

(1) 공정관리란 [4.3]

공정관리 등은 야드현장에서 선박 생산관리의 중심이며, 생산예정에 따라서 소정의 선박을 정해진 납기 내에 최상의 선박을 생산하기 위한 관리활동이므로, 시간 축을 따라서 사람과 물건(설비포함)을 효과적으로 조합시켜, 생산기간의 단축, 생산 중간품, 재고 등의 적정화, 생산단가 저감 등을 목표로 하고 있다.

일반적으로 ① 계획단계에서 공정계획, 제조명령서 발행, 설계·재료 준비, 제작순서 계획, 공정수 산출, 일정계획, 작업분배 ② 통제단계에서 진도관리, 실적보고 지료 관리 등이 주된 내용이다. 공정관리는 선박의 제조형태에 따라서 다종 다양하기 때문에 초점이나 관점이 다르지만, 조선분야에서는 일정관리를 중심으로 그 계획과 통제 및 진척관리(進陟管理)가 이루어진다. 공정관리에 관해서는 작업관리라는 것이 있지만 이것은 개개인의 작업만을 관리하고 있다.

(2) 공정표

공정표를 작성하는 업무는 각 조선소마다 많이 다른 부분이 있어서, 선표(線表)작성 후의 흐름을 그림 4-8에 나타냈다.

① 대 일정(종합 일정) : 한 선박의 전체 주요일정을 기입

② 중 일정 : 블록의 공정별 월차계획

③ 소 일정 : 설계가 완료된 필요물량이 확정된 시점에 물량을 기준으로 공정별로 작성한 주 단위나 일별 일정계획

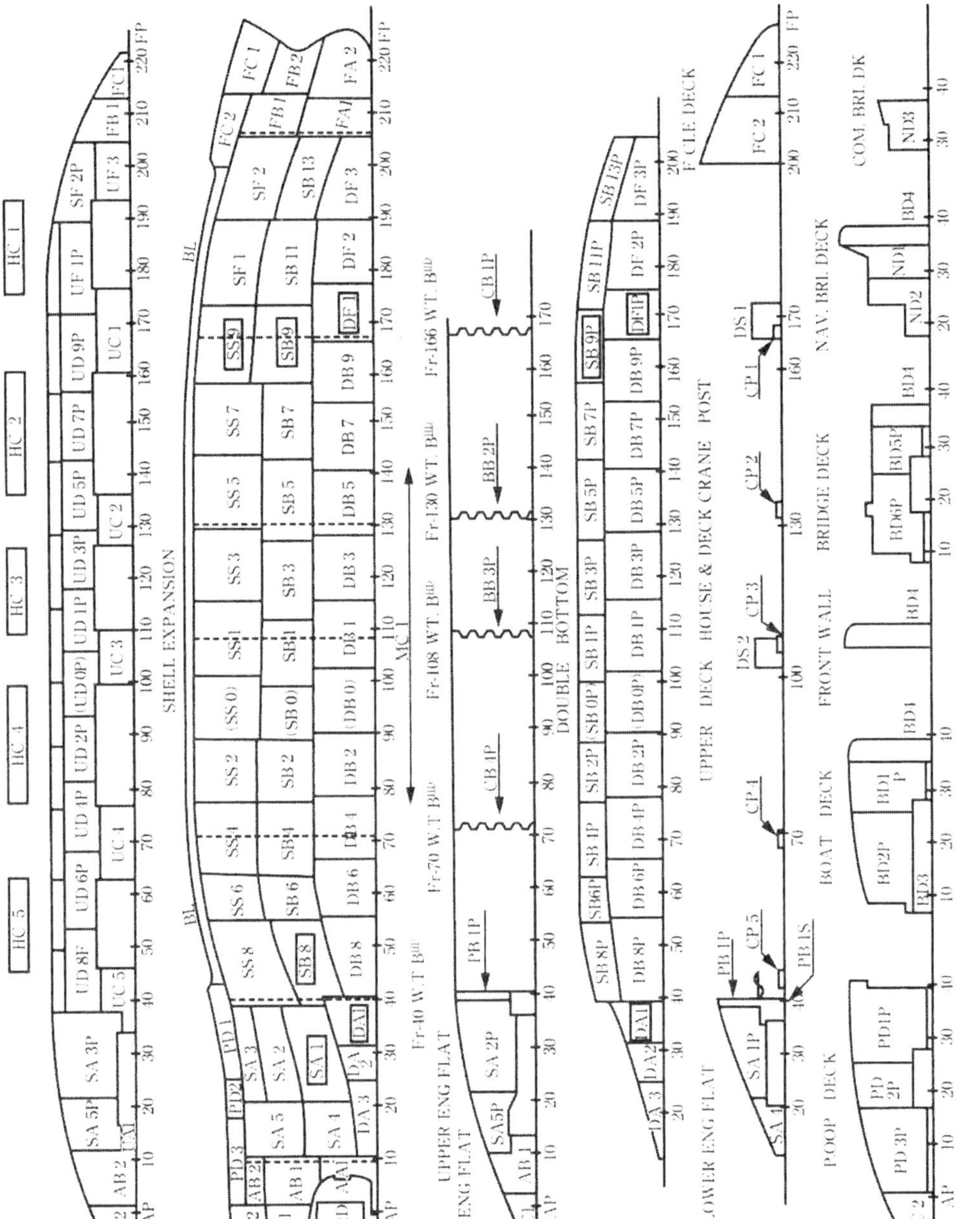

그림 4-7 벌크 캐리어 블록 분할

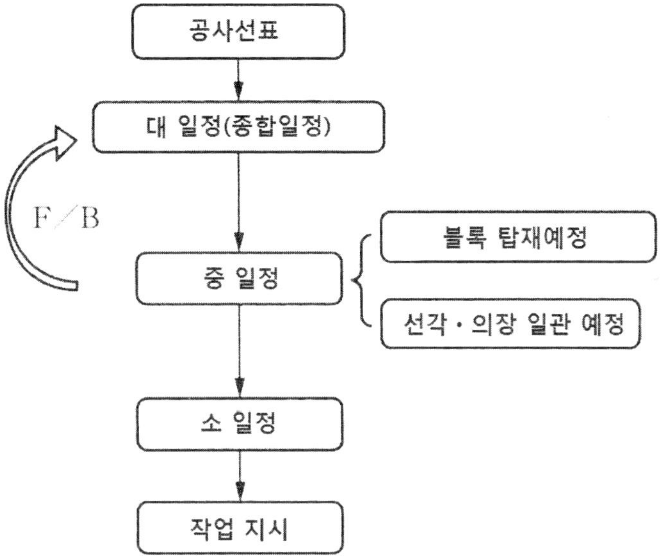

그림 4-8 일정계획 흐름도

선표를 기준으로 공장 전체의 일정조정이 마무리되면, 해당 선박에 대한 개별적인 공정이 검토되어야 한다. 처음은 배의 주요 일정인 기공(keel lay), 축심투시, 진수(launch), 엔진 점화, 발전기 공인시험, 계류상태 운전, 해상운전, 최종입거, 인도(delivery) 등을 결정하고 주요 도면의 출도시기, 자료의 입수시기를 정하는 종합공정표를 작성한다. 대 일정(종합일정)이 이것에 해당하며 기공의 약 1년 전에 사양서, 일반배치도 및 기관실 전체배치도를 참고하여 작성한다. 선표의 작성시점에서 직접 준비할 것을 제외하고 자재준비는 이 공정표를 기준으로 하고 있다.

강재의 준비는 기공의 4～5개월 전에 시작한다. 강재의 입수는 너무 빠르면 경비 손실이 있고, 너무 늦으면 공기(工期) 확보가 곤란하게 된다. 5일 단위로, 후에는 1일 단위로 강재 납기를 지정하여 발주하는 경우도 있다. 그러므로 반입되어져 탑재까지 선각공사 전반에 대한 공정표를 작성하고, 이것을 기준으로 강재 준비를 해야 한다. 이와 같은 공정표를 마스터 스케줄(master schedule)이라고 한다.

설계로부터 선각의 키-플랜(key plan)이 나오면 건조방침, 시공요령의 검토를 하고, 블록분할을 결정한다. 이것을 기초로 종합일정의 수정이 이루어진다. 우선 탑재순서를 고려한 블록탑재 날짜를 결정할 때 탑재순서를 표시한 탑재 네트워크가 이용된다. 탑재일정을 결정할 때 주의해야할 점은, 탑재중량 합산, 탑재 개시시점을 제외한 1일 탑재블록 개수에서 큰 편차가 없도록 하는 것, 진수 전에 마무리 가공기간을 남겨두는 것 등이다. 진수 전에 어느 정도까지 공사가 완료되어져야 하는가는 각 조선소마다 건조방침에 따라 결정되어 진다.

대 조립 개시일은 탑재 기일을 기점으로 조립·선행 의장·블록 도장에 필요한 일수를 제외하고 설정한다. 이 조립 일정을 중량 혹은 환산용접(換算鎔接) 길이(4.5.4항 참조)로 합산하고 이것을 평준화시켜서 작업량을 조절하는 것과 동시에 조립일정을 조정한다. 처음부터 정반 운반계획(어떤 정반으로 어떤 블록을 조립할 것인가, 블록의 배열 결정)을 세워서 대 조립 일정을 결정하는 경우도 있다. 부품조립 가공에 관해서도 마찬가지 순서를 따라서 결정한다.

후에 공작부문에서 공사 진척사항을 고려하여 스테이지 별로, 중 일정(3~수개월)이나 소 일정(1 개월)을 계획할 때, 1 주일 앞서 주간작업 일정을 설정하는 조선소도 있다. 스테이지 사이의 조정은 종합일정표를 기초로 작성되어지며, 각 직종별로 중 일정표에 따라서 이루어지는데, 컴퓨터를 사용한 일정 계획 시스템도 활용되고 있다.

4.4.2 선표

선표는 그림 4-9에 나타낸 것과 같이, 선대(또는 도크)에서 건조기간 및 안벽의장 기간을 선(line) 길이로 나타내고, 각 칸에 각 선박들의 기공, 진수, 인도까지 걸리는 날짜를 나타낸 도표이다. 기공이라고 하는 것은 선대 또는 건조도크에서 최초로 블록을 탑재하는 날을 말한다. 이것의 일정은 조선소가 선주로 부터 계약금(혹은 그 일부)을 받은 일을 말하며 중요한 절점(節點)이다.

선표는 사용할 목적에 따라 거래선표(수주계획 선표, 영업 선표)와 공사선표(실행 선표)로 나누어진다. 거래선표는 조선소의 영업전략이므로 수주 환경에 따라서 조선소 조업이나 이익계획을 고려하여 본사에서 작성한다. 선박 거래을 할 때 사양(specification)을 결정하고 선가(船價)를 산출할 때와 같이, 언제 그 배의 인도가 가능하겠는가를 결정해야만 한다. 인도 시기는 선가에 뒤떨어지지 않는

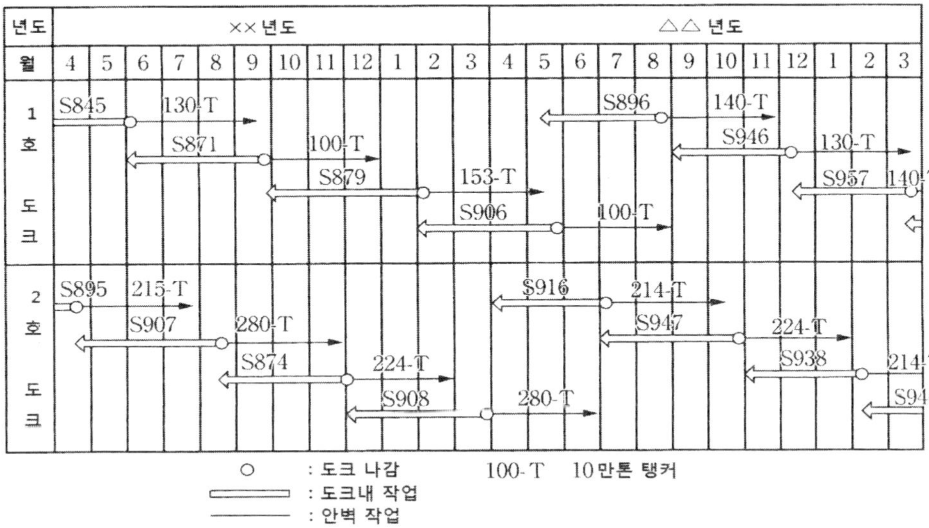

그림 4-9 선표

계약성공 여부를 결정하는 중요사항이다. 이것에 대하여 선박제조 공사를 실행하기 위해 사용하는 선표가 공사선표이며, 조선소 생산공장의 가장 기본적인 공정표이다. 물론 대 항목(기공, 진수 등)에 관해서는 거래 선표와 동일하지만, 공정 면에서 문제가 있는 경우를 대비하여 여유를 가지고 있기도 하며, 또는 생산공장의 여건을 적극적인 자세를 반영하여 단축시키는 경우도 있다. 공사선표는 조선소의 선박제작 공장의 생산효율을 결정하는 중요한 공정표이며, 모든 공정표의 기초가 되기 때문에 일단 결정이 되면 쉽게 변경할 수 없다.

공사선표는 자재의 납기를 정하고 준비를 위해 사용되어 진다. 발주로 부터 입수되기까지 기일이 걸리지 않은 자재 및 기계들에 관해서는 선박별로 상세한 공정표를 작성하는 단계에서 수배를 하지만, 주 엔진 또는 발전기, 선창 펌프 등 대형 보조기계 및 기타 입수가 곤란한 기계와 자재는 공사선표를 기초로 준비해야 한다. 기공부터 인도까지 한 개의 선으로 나타낸 공정표로 자재의 입수시기, 기계들의 부착시기를 결정하게 되므로 종래의 실적을 기초로 표준적인 공정을 이해할 필요가 있다. 이와 같은 선표 편성에 있어서는 다면적인 검토를 해야 한다. LNG선, 여객선, 함정 및 특수선박이 선표에 있는 경우에는 특히 주의할 필요가 있다. 계절별 노동능력 저하 및 파업이나 사회적 여건에 따른 노동력 부족에 관해서도 고려해야 한다.

4.4.3 적산(積算)

앞에서 서술한 것과 같이 거래선표를 편성하는 단계에서 공사량 및 작업시간 추정을 하면, 상세한 인원계획 및 공정표 작성 지침을 만들 수 있기 때문에 공사선표를 기반으로 상세한 공사량 및 작업시간을 추정할 수 있다. 이것을 적산표(積算表)라고 한다. 적산표는 그림 4-10에 나타낸 것과 같이 횡축은 기간(월)을, 종축은 공사량을 표시하는 것이 일반적이며, 누적 선도는 직선이 되고 편차가 있으면 곡선이 되지만, 통상 처음에는 일량이 적다가 점차 많아지며 종반에는 다시 일량이 적게 되며, 이 누적곡선이 S자 형태가 되는 경우가 많다. 이 때문에 이 곡선을 S 커브라고 부르기도 한다. 통산 적산은 다음의 두 가지 스텝으로 이루어지고 있다.

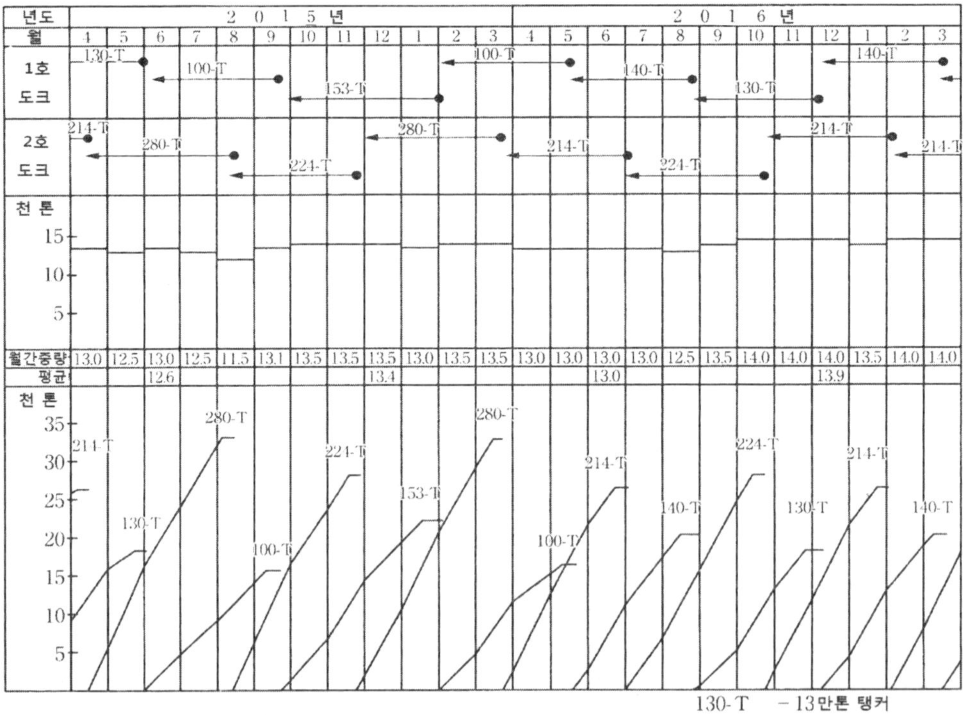

그림 4-10 적산표

스텝 1

공사선표를 기반으로 한 적산계획은 월 단위로 선표에 기재되어져 전체 선박에 대하여 작업시수, 공사량을 적산한다. 장기 근로자 배치 계획, 설비 계획, 강재 도입계획에 사용되는 동시에 선표가 실행가능할지 여부를 확인할 수 있다.

스텝 2

중 일정표를 기반으로 적산계획을 하면 각 직종별, 공정별로 적산을 할 수 있다. 블록 단위의 작업구획 단위에서 공사량, 작업시수가 구해지고 있기 때문에 그것을 하루(日) 단위로 적산할 수 있다. 적산표와 인원 동원능력, 설비 능력을 비교하여 과부족을 평균화시킨다.

두 스텝에서 적산이 높은 곳에서는 낮게 하고, 낮은 곳은 높게 만들어, 가능한 일정값으로 설계할 필요가 있고 이것을 평준화라고 부른다. 공사량을 산정하는 파라메터(parameter)로 블록 중량 및 용접 길이, 강판 매수 등이 사용되고 있다. 공사량의 계획 적산에 실적을 기입하면 공사 진척상황을 일목요연하게 알 수가 있어 조선소 마다 선박건조의 진척관리에 사용되고 있다.

내업공장 능력은 통상 월단위 가공중량을 나타내고 있는데, 이것은 중량으로 공사량을 대표하고 있는 일례이다. 조립에서는 용접 길이를 이용하고 있다. 이 경우 도면상 길이보다는 용접 각장(접합용접의 경우는 판 두께) 및 용접작업 자세(아래보기, 수평보기 및 위보기)를 고려하여 그 난이도를 가미한 것(4.5.4항, 환산용접 길이를 참조)도 이루어지고 있다. 그 외 강판매수(가공), 블록의 크기(대조립) 등도 파라메터로서 사용되고 있다. 이하에 대표적인 적산에 대하여 예를 들고 있다[4.2].

(1) 중량 적산표

중량적산표는 선박별로 표시된 누적중량 곡선으로서 선박건조 진행 프로세스를 고려하여 탑재, 대조립, 소조립, 가공 스테이지 별로 작성되어 진다. 최초의 적산표 작성단계에서는 같은 시기에 건조되어지는 다른 배들과 공정면에서 조정을 하고, 통상 월단위로 각 선박들의 중량을 집계하여, 각 기간의 합계 중량이 크게 변동이 없도록 조정해야 한다. 이 경우 더운 여름철과 같이 능률저하가 예견되는 하계나 태풍, 장마 계절 등과 같이 공정이 고르지 못할 우려가 있거나 연휴 또는 공휴일이 많아 가동일이 적은 달(月) 등은 공사량을 적게 하는 배려가 필요하다.

탑재는 탑재개시 후 빠르게 진행하여 진수 20일부터 2주 전에는 블록 탑재를 완료하고 그 후에는 마무리 가공을 하는 시기로 해야 한다. 통상 한 선박의 탑재 중량이 그 건조시기 기간에 큰 변동이 있기 때문에 같은 시기에 건조되고 있는 배의 중량을 집계하여도 다소 편차는 발생한다. 이것에 반하여 대 조립에서는 작업인원 뿐만 아니라, 정반과 다른 제약조건이 있기 때문에 일정량 공사 흐름이 요구되어 진다. 그림 4-9는 탑재 중량적산의 예이다. 7월과 8월에 중량이 떨어지고 있는 것은 여름철 능률저하를 고려하고 있기 때문이다. 평균탑재 중량을 보면 연도별로 생산량이 늘어나고 있는 것을 알 수 있다.

통상 공사량의 편차를 조정하기 위하여 스테이지 사이에 선행기간(통상 어드밴스(advance)라고 한다.)을 잡고 평준화를 한다. 어드밴스를 어떤 위치에서 할 것인가는 조립 정반면적 및 스토크(stoke) 지역(블록 적치장)의 크기와 관계가 있다. 스톡크량을 많게 취하면 평준화는 용이하지만 설비 면에서는 비경제적이다.

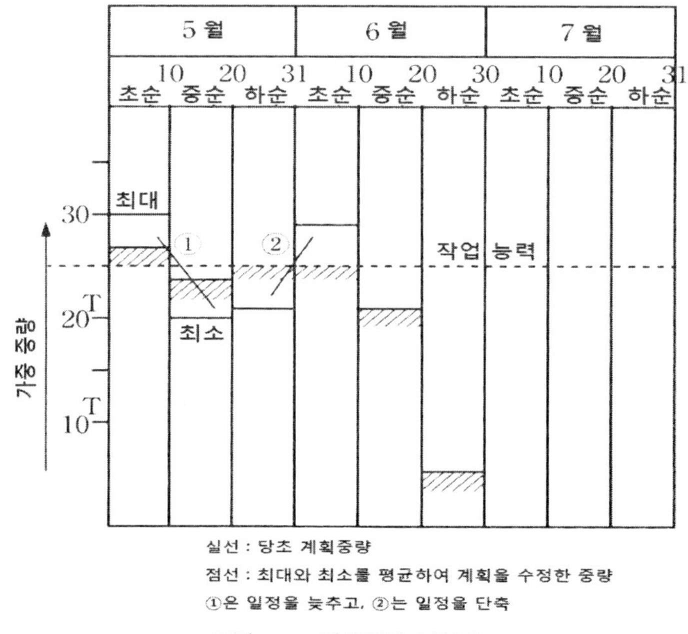

그림 4-11 가공중량 평균화

대조립, 부품조립, 강재반입의 적산은 각각 탑재중량 곡선에서 거슬러 올라가 적당한 선행기간을 취하여 평준화를 한다. 조품조립은 일부를 외주로 주는 경우가 많기 때문에 다소 공사량의 변동은 외주량의 증감으로 조절할 수 있다.(그림 4-11 [4.4]).

반입 중량의 적산을 보면 매월 필요한 강재량을 알 수 있다. 강재 가격은 선박가격에 대한 비율이 크기 때문에 1년 전부터는 매월 필요한 강재중량을 예상할 필요가 있다. 이 정보는 철강 제조회사에 미리 필요량을 알려주어 입수를 용이하게 하는 등의 여러 계획에 활용된다.

(2) 작업시간 적산표

중량 적산을 참고하여 작업시간 적산을 한다. 또 이것을 누적시킨 누적시수도 계산한다. 공사기간은 각각의 선박에 따라서 다를 수 있기 때문에 기공, 진수 및 인도를 기준점으로 이것들을 합산한다. 작업시간 적산예를 그림 4-12에 나타냈다. 적산에 대해서는 전체 시수의 적산 외에도 선각·의장 별 혹은 스테이지별, 직종별 적산 등이 작성된다. 직종별 작업시간 적산에서 급한 인원의 증감은 불가능하기 때문에 공사량에서 큰 변동이 일어나지 않도록 주의할 필요가 있다. 그러나 자료가 불충분하고 전체 공사량 견적도 충분하지 못할 경우, 변동이 작은 경우에는 잔업시간 증감으로 흡수될 수 있지만 한계를 초과하면 사외 인력이나 외주량 증감 등으로 후속 대책을 세워야 한다.

공사량 변동을 미리 예측할 수 있다면 대책을 세우기 쉽다. 또 입안한 계획과 실적값을 비교하여 두 가지가 편차가 없도록 적기(適期)에 대응처리를 할 필요가 있다. 공사량(중량 또는 용접길이)과 작업시간과의 표준곡선에서 실적치를 그려보면 그 시점까지 작업능률을 판정할 수 있다(그림 4-13). 이 자료를 활용하면 공사 지연을 예방할 수 있다.

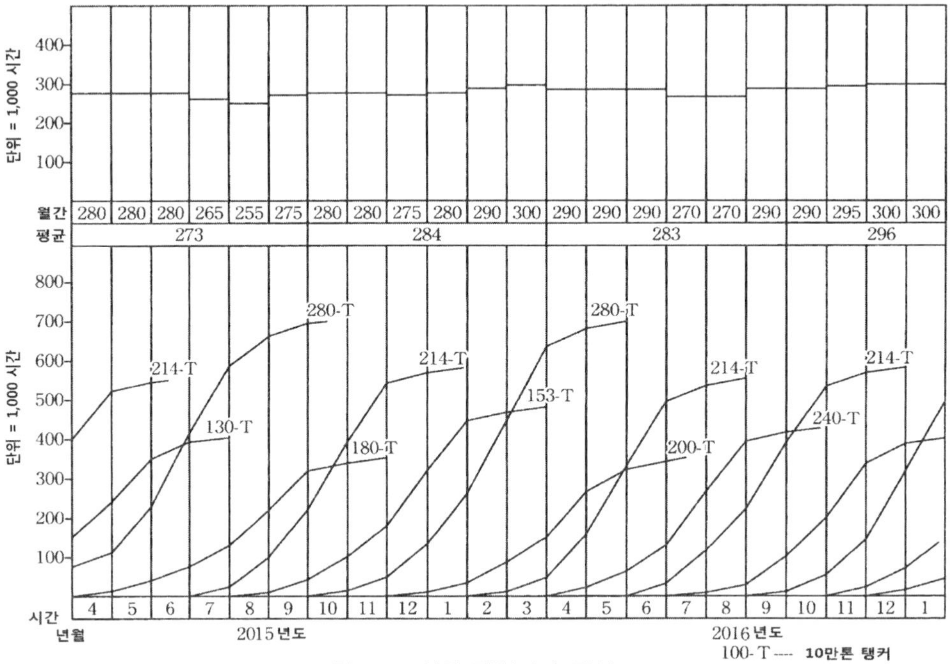

그림 4-12 선각 작업시간 적산표

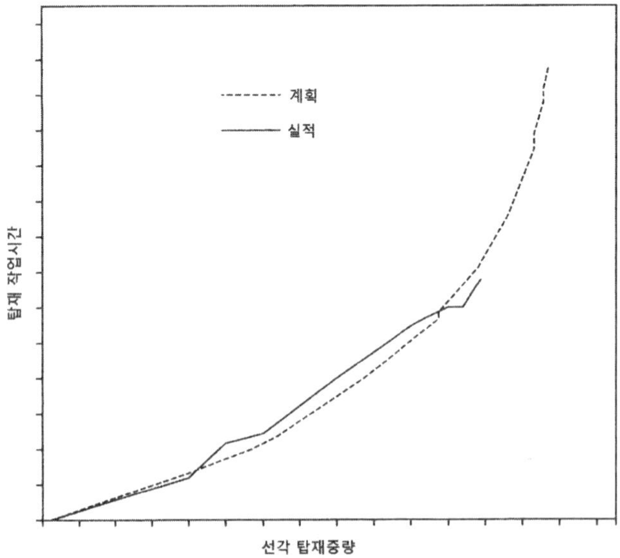

그림 4-13 공사량-작업시간 표준곡선

(3) 기타의 적산

선박 건조공사가 시작된 선박 별로 상세 스케줄을 작성할 경우나, 공정상 애로가 있는 설비와 기계를 관리하는 경우에 중량, 작업시간 이외의 적산표가 작성되어 진다. 용접 길이(또는 환산 용접 길이)적산, 정반면적 적산 등이 그 일예이다.

기계류는 공정상의 애로점이 될 우려가 있기 때문에 각종 기계, 예를 들면 플레이너의 적산, 밴딩 롤러의 적산 등이 작성된다. 고가인 기계장치에 대해서는 상세한 적산표를 작성하여 기계장치 가동률 향상을 도모해야 한다.

4.4.4 종합 일정

(1) 종합 일정표 [4.3]

선박의 건조납기를 정확하게 견적할 목적으로 소요 공정수로부터 산출한 공사기간을 표 형식으로 정리하여 종합공정표를 만든다. 이 공정표를 총합공정표 또는 대 일정표라고 부른다. 이 종합일정표에 따라서 강재 입수로부터 강재하치장 → 마킹 → 가공 → 조립 등을 통하여 진행되어진 선박건조 공정을 관리한다. 종합 일정표에서는 주 엔진, 보조기계, 선행 의장품 탑재 등이나 대형 주단품 등의 입수시기도 명시되어 있다.

조선소에서 동시에 여러 척의 선박을 건조하는 경우, 그림 4-14에 나타낸 바와 같이 각 선박 일정을 병기하여 공장 전체의 공정계획에 사용한다. 이 자료를 기반으로 매월마다 또는 매순(초순, 중순 및 하순)에 소요 공정수를 집계한 적산표를 만든다. 이 적산표에 의해 공정수(작업량)의 시간변화를 분석할 수 있다.

적산표에 따라서 소요공정수와 작업인원 공정수를 비교하면 건조공정 작업원의 과부족을 예측할 수 있다. 작업인원 부족에 대해서는 협력회사 직원의 증원이나 잔업 증가로 대처한다. 작업원이 여유가 있는 경우는 후속되는 공사를 미리 진행하거나 교육이나 연수 등의 별도 일을 계획한다.

적산표에서 변동이 생길 때는, 작업량이 많을 경우를 사전에 대처하고 출도 및 재료나 구입품 입수도 미리 가능하도록 확인할 필요가 있다.

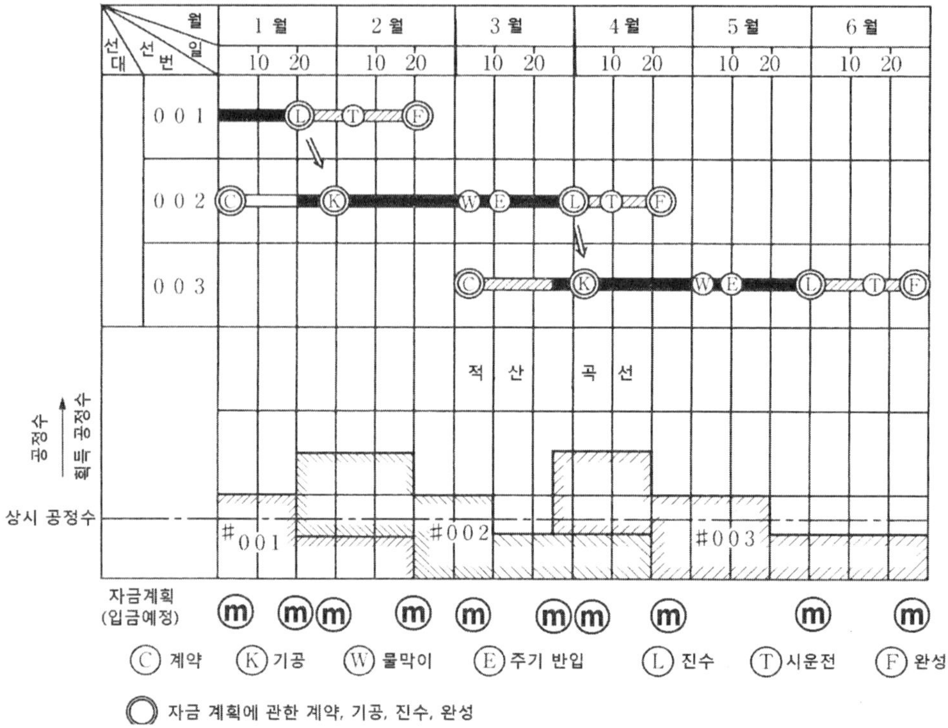

그림 4-14 선표와 적산표의 예

종합일정표는 초기에는 한 선박에 대하여 작성하지만 설계가 진행되면 중일정 수준에서 검토가 가능하며 블록 등을 조립하거나 총 조립, 선대(도크)공사, 의장·도장공사 등으로 세분시켜 재료나 기계의 입하·적입, 검사 등의 시점 또는 절점을 기록해야 한다. 작업관리자는 종합일정표를 이용하여 공장 경영계획을 세우지만 현장이나 하부조직에서는 보다 세분화되어진 중 일정이나 소 일정 계획에 반영해야 한다.

(2) 외업공사 평준화

종합일정표는 공장전체 생산활동의 중요 방침으로서 결정되는 것이므로, 그 영향을 직접 받는 것은 외업공정이다. 외업 일정 계획에서는 공정전체의 소요 공정수를 평준화하는 것이 중요하다. 즉, 과거의 건조 공정수 실적을 참고하여,

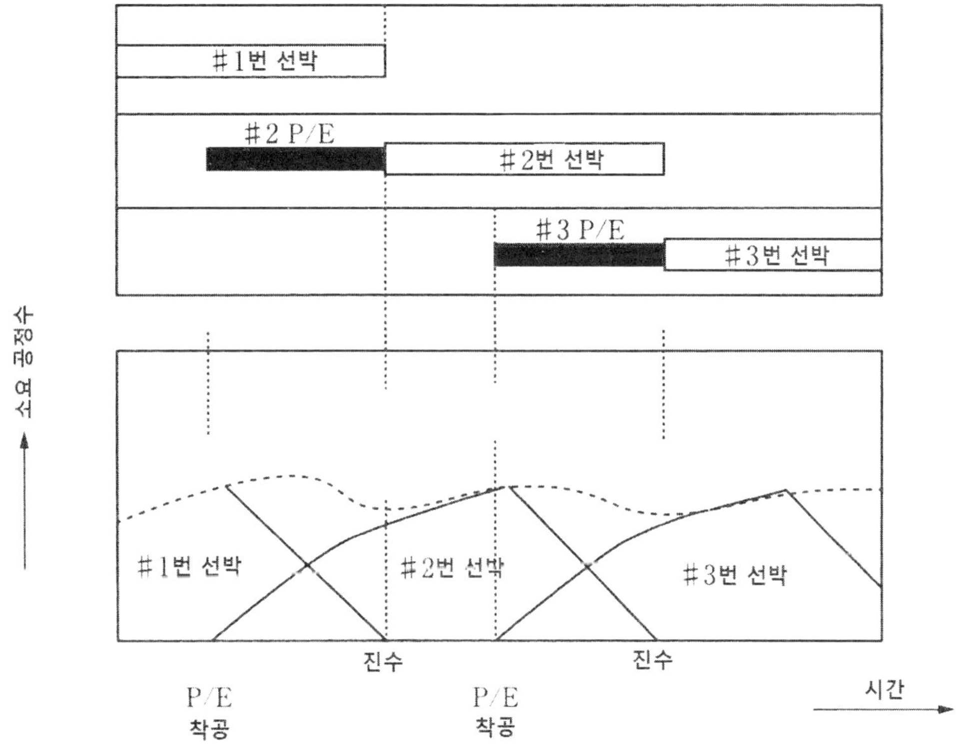

그림 4-15 건조선박과 후속 선박 P/E 동시 건조

작업능률의 계절변동도 고려한 소요공정수 적산을 하고 조선소전체의 소요 공정수를 평준화시키면서 각 선박들의 주요 절점을 결정한다.

이 외업공정 공정수 평준화에서는 진수 전후에 발생하는 아이들링(idling)을 방지하는 것이 중요하다. 단일 선대(도크)에서는 공사량 평준화가 어렵지만 그림 4-15에 나타낸 것과 같이 1기의 도크에서 한 선박을 건조하는 중에 후속 선박 선미부를 동시에 건조하는 경우는 평준화가 용이하다. 선미부는 통상 기관실을 포함하고 있어 공사량이 많기 때문에 이것을 P/E(Pre Erection)이라하고 후속 선박 건조를 조기에 할 수 있는 방안이 된다.

4.4.5 탑재일정

앞에서 서술한 공사용 선표에 의해 기공, 진수의 2대 절점은 결정되어져 있기 때문에 이것을 기초로 탑재계획을 한다. 탑재 계획에서는 선체의 블록, 각종 대형의장품(주 엔진, 발전기, 주축, 마스트 등)이나 프로펠러 및 타(rudder)가 포함되어 진다.

최초에 결정되어진 건조방식(층상 건조, 윤절 건조, 다점 건조 등)에 따라서 기공~진수의 사이에 블록 탑재를 어떠한 일정으로 할 것인가를 계획해야 한다. 그 때는 공장설비와 제조부의 탑재방침에 기초를 두고 종합일정표 계획 내에서 탑재일정을 결정할 필요가 있다. 공장 설비는 각 조선소에서 서로 다르기 때문에 블록 결정방법(2.3.6항 참조)의 최소 일정이나 각 직종 공사량 적산 등을 고려하고, 공장 설비능력 범위 내에서 크레인 부하(負荷) 및 사용계획을 세운다. 초기 탑재계획 순서를 그림 4-16에 나타냈다.

탑재계획 입안 시 고려항목을 이하에 나타냈다.

- 대 조립일정과 블록의 스토크 능력
- 선체고정 일정 및 순서
- 대형 의장품 납기 및 부착 시기
- 의장 및 도장 일정
- 진수 시 조건(공사 진척, 발라스트, 발판해체 등)
- 공장 설비능력(도장공사 처리능력 포함)

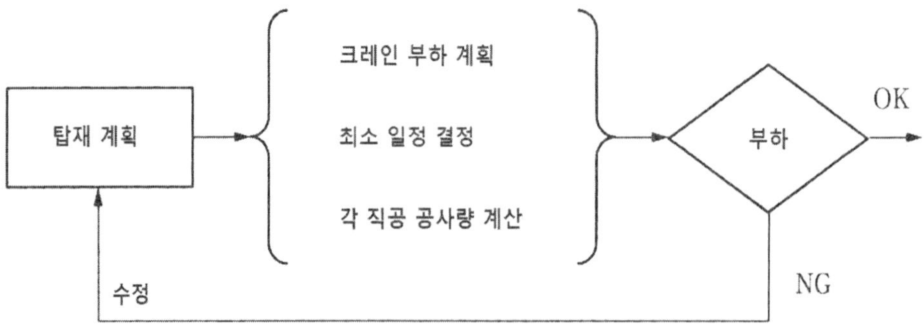

그림 4-16 초기 탑재 계획 순서

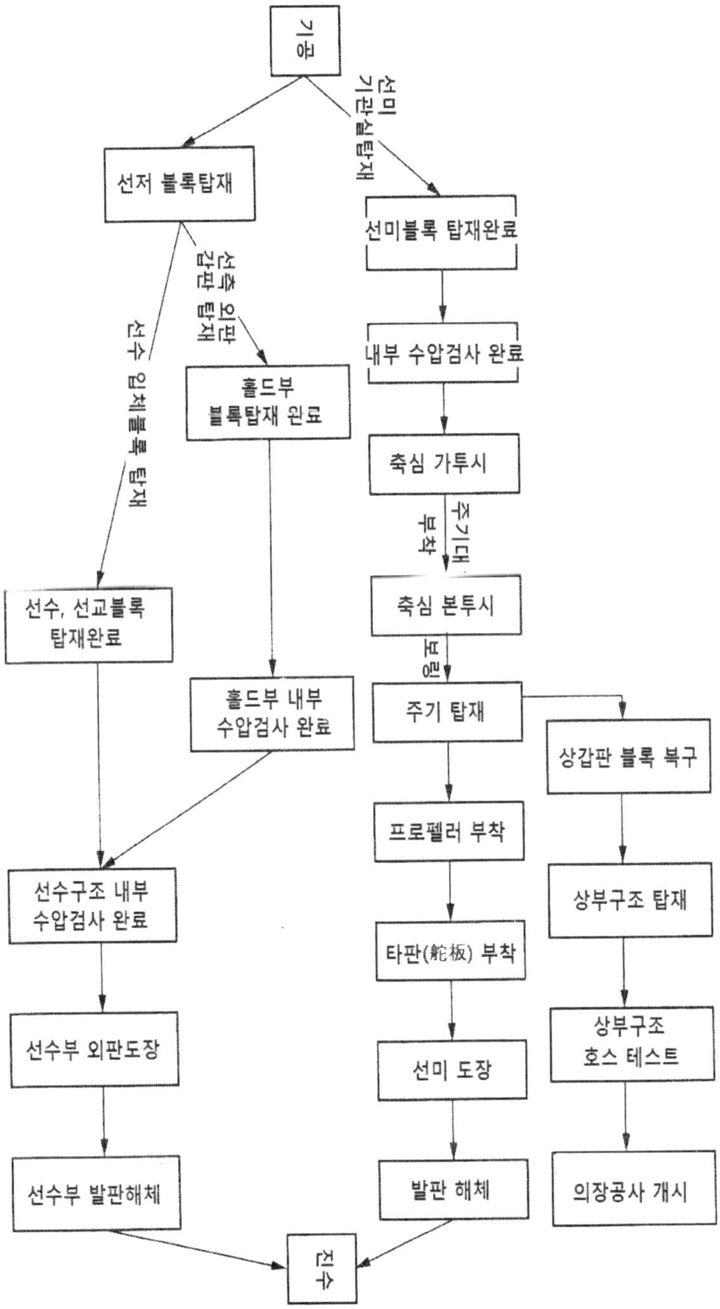

그림 4.-17 블록 탑재에서 진수까지 흐름도

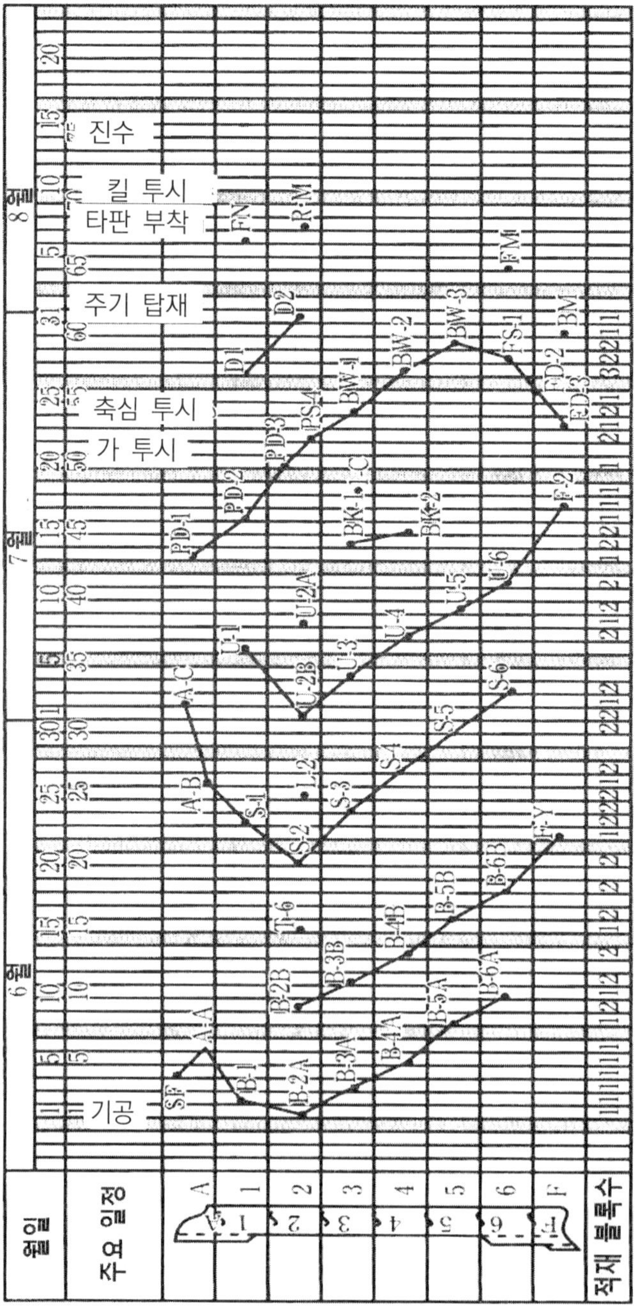

그림 4-18 탑재일정표 일예

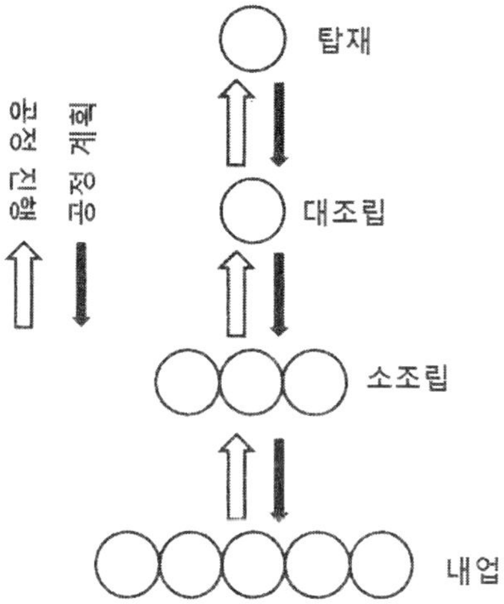

그림 4-19 공정계획 흐름과 공사진행

탑재계획에서는 건조선표를 준수하는 범위내에서 비교적 자유도가 적은 대조립 공정의 평준화를 우선으로 하여, 블록탑재 일정을 수정하는 경우도 있다. 그림 4-17에 블록 탑재에서 진수까지의 흐름을, 그림 4-18에 탑재일정표의 예를 나타냈다[4.5].

조선소에서 선박의 연간 건조척수는 기공에서 진수까지의 선대(도크)기간으로 결정되기 때문에 공정계획은 이 블록 탑재 공정에서 시작하여, 대조립, 소조립, 내업 순서로 작성된다. 그러므로 실제 공사는 이것의 역순으로 이루어지기 때문에 일정 계획은 항상 후속 공정에서 요구되어지는 절점을 기준으로 작성된다. 이 흐름을 그림 4-19에 나타냈다.

4.4.6 중 일정

공사를 원활하게 수행할 목적으로 구체적인 공사순서로서는 종합일정표를 기초로 3, 4개월(또는 수개월)단위로 블록 별, 구획 별로 일정표를 작성한다. 이것을 중일정이라고 한다. 중 일정 계획단계에서는 상세설계가 진행되어 물량도 구체화 되고 공사계획을 보다 상세하게 하는 것이 가능하다. 선각, 의장, 도장 등

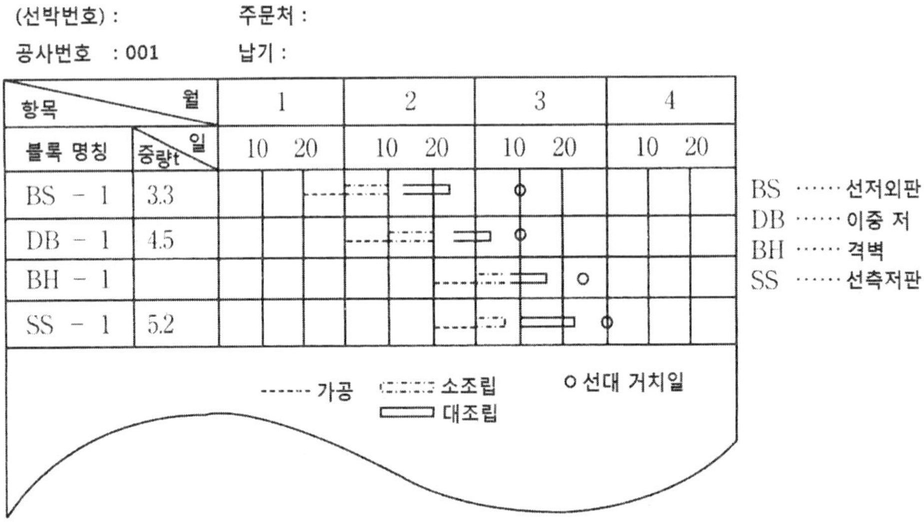

그림 4-20 블록 별 공사일정표 일예

의 각 공사 관련은 종합일정표에서 가이드 라인이 나타나기 때문에, 그 제한 내에서 각 공정의 중 일정을 계획해야 한다. 이하 선각공사에 관한 것만을 대략적으로 설명한다[4.3]. 선각의 중 일정표에는 기공에서 탑재까지 공사일정을 나타내는 블록 별 공사일정표와 각 스테이지별로 작성한 중 일정표(이것도 블록 별)의 두 종류가 있다. 그림 4-20에 블록 별 공사일정표의 예를 나타냈다. 그림에서는 블록 별 가공기간, 조립완료일과 블록 탑재일이 기록되어져 있다. 이것이 의해 현도 완료일, 지상 의장공사 개시일, 재료 투입시기나 대형 크레인 준비 등을 결정할 수 있다.

중 일정표를 작성하려면, 우선 주요 도면에서 블록중량, 절단 길이, 용접 길이 등을 나타낸 관리량표를 작성하고 블록별로 작업량을 산출한다. 이 표를 기초로 실적 자료를 참고하여 각 스테이지의 블록 별 표준일정을 결정함과 동시에, 종합일정표의 주요 절점 정보로부터 블록 탑재일정표를 작성하고, 블록 별 공사일정표를 작성한다. 선각중량과 용접길이의 관계를 그림 4-21에 나타냈다.

또한 일정은 작업원이나 설비 및 공사 난이도에 따라 변하기 때문에, 조선소마다 실적 자료를 이용하여 표준일정을 정하고, 작업량 변동이 발생하지 않도록 각 스테이지 별로 조정할 필요가 있다. 각 스테이지 별, 중 일정에는 가공 중 일정표, 조립 중 일정표, 탑재 중 일정표가 있다.

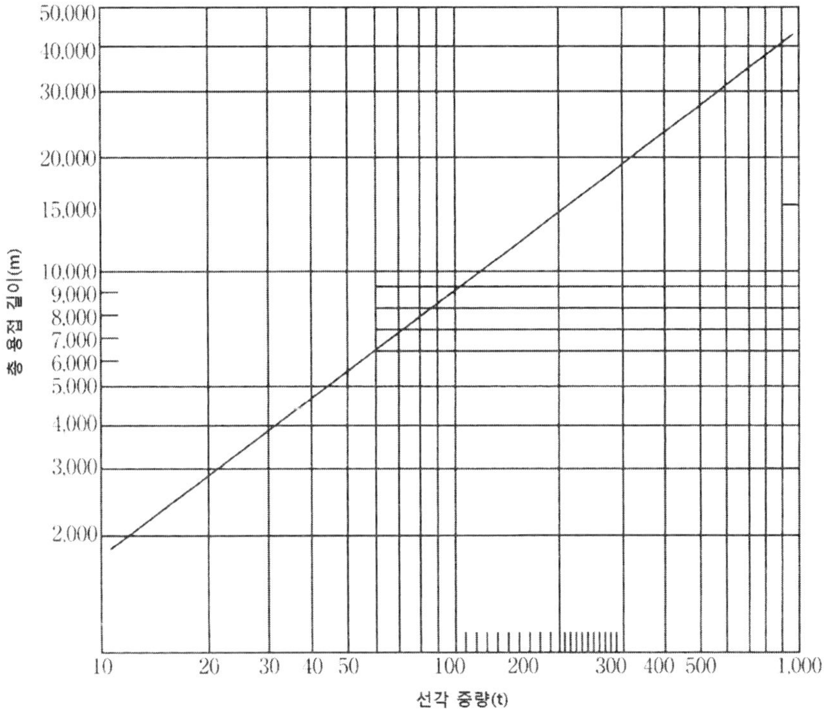

그림 4-21 용접길이와 선각중량 관계

가공분야의 일정표는 가공계열(판 절단, 형 절단, 굽힘 가공)별로 부재 가공을 어떤 기계로 할 것인가 또는 어느 장소에서 가공하는 것이 좋을 것인가 나타내는 일정표이다. NC절단 등에서는 장치의 가동능력을 고려한 계획이 필요하다.

조립 분야의 일정표는 소 조립, 중 조립, 대 조립 순서로 계획한다. 대조립은 블록 건조방식의 요체에 해당하므로 그의 성공여부는 선각공사 뿐만 아니라 지상 의장공사 성패에 영향을 미친다. 계획에서는 작업량 평준화, 조립정반 가동률 향상 및 조립계통 분할(평행 블록이나 굽힘 블록 등)에 배려를 해야 한다. 일정표에는 블록 검사일도 기재한다.

탑재 중 일정표는 선각의 최종 공정이기 때문에 각 블록 탑재일이나 고정시기가 나타난다. 계획에서는 의장 공사·도장 공사 등의 절점을 준수하고, 혼재작업을 가능한 감소시키는 배려가 필요하다. 크고 넓은 조선소에서는 작업자 이동시간을 적게 하도록 그룹편성을 최적화시킬 필요가 있다. 각 스테이지에서 작업원이나 설비를 효과적으로 활용할 수 있도록 중 일정표를 작성하고 작업량과 작업시간 적산표를 작성한다. 이것에 의해 직종 별 변동이 명확하게 분석되기 때문에 작업 표준화를 고려하여 필요에 따라서 처음 계획을 수정할 수 있다.

4.4.7 일정관리와 능률관리

조선소에서 공정관리는 계획되어진 선박건조 공사가 그 기일까지 어떻게 소화될 것인가를 관리하는 일정관리와, 그 공사가 계획된 예산에 대하여 실적이 어느 정도 가능할 것인가를 관리하는 능률관리 등의 두 가지로 나눌 수 있다. 아래에서는 중 일정 레벨에서 일정과 능률관리에 관하여 설명한다[4.3]. 조선소 공사의 진척상황은 일정계획표(중 일정표)상에서 실적이 쌓아지는 것으로 파악할 수 있다. 일정 계획표에서 매일 일정시간에 지금까지 이루어진 공사의 진척도를 파악하고, 필요에 따라서 작업인원의 증감, 초과근무나 휴일출근 등의 조정을 한다.

(1) 일정관리

선각공사의 일정관리는 각 스테이지에서 블록별 중 일정표의 진행 주체가 되므로 선각 전체의 진척도는 4.4.3항에서 서술한 적산표에 실적을 기입하여 관리하는 방법이나, 직종간 일정을 파악하기 위해 작성한 중량곡선이나 용접 길이 관리곡선 등의 관리도표를 사용하여 파악할 수 있다. 그림 4-22에 나타낸 중량곡선은 가공완료 중량, 조립완료 중량, 선대(도크)상에 탑재되어진 블록 중량 등을 해당하는 달(月)의 상순, 중순 및 하순 그리고 각 달마다 누적한 것으로 가장 기본적인 관리도표이다. 작성과 관리가 용이하며, 선박건조 진척도를 거시적 관점으로 파악할 수 있는 것과 동시에, 장래의 일정계획 조정이 가능하다 . 선각중량을 대신하여 용접 길이를 관리하는 방법도 있다. 이것은 블록탑재에 의해 발생하는 용접 길이를 누적하는 것으로서 진척도, 능률, 인원배치에 대하여 높은 정밀도로서 관리할 수 있는 이점이 있다. 3차원 CAD화에 따라서 용접 길이 산출이 용이하게 되어, 널리 쓰이고 있다.

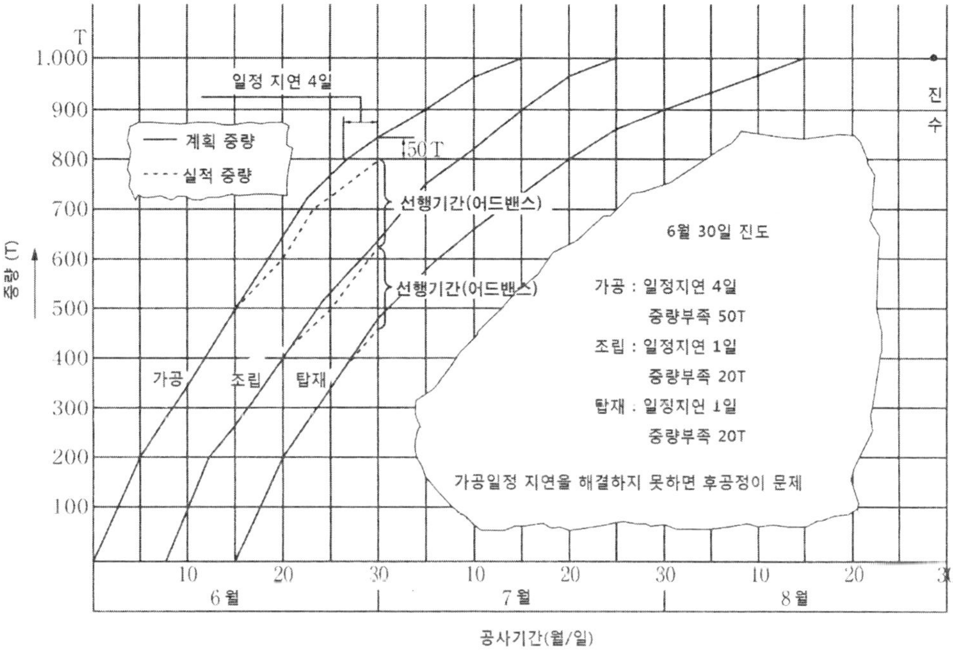

그림 4-22 중량곡선과 실적

(2) 능률곡선

능률곡선은 PDCA를 관리의 기초로 하고, 매일의 실적(시수)를 정확하게 계상하는 것이 중요하다. 실적은 물량, 단위 및 능률 등과 관련지어 데이터 베이스(data base)화로 할 필요가 있다. 공사 진척도와 능률은 상반되는 경향이 있어, 진척도 만을 중요시하면 인원배치 과잉에 의하여 능률저하를 초래한다. 또 능률만을 중요시하면 인원배치 부족으로 진척도가 저하될 우려가 있다.

선각공사에서는 공정수(예산) 및 일정 계획에 의하여 공정수 이행계획 곡선(control curve)를 작성하고 능률관리를 한다. 계획곡선 상에서 5일~10일마다 실적을 기입하여 계획곡선과 차이를 파악하고 분석한다. 만일 능률이 저하되면, 원인을 조사하고 계획선에 가깝게 근접하도록 대책을 강구해야 한다. 공정수 이행곡선은 H : 시간, T : 중량, M : 길이로서 아래와 같은 종류가 있다. 여기에서는 H/T는 횡축에서 시간 M을, 종축에서는 중량 H로 곡선을 그린 것을 나타냈다.

- 가공 : 가공중량 베이스(H/T), 절단길이 베이스(M/H)
- 조립 : 조립중량 베이스(H/T), 용접 길이 베이스(M/H)
- 탑재 : 탑재중량 베이스(H/T), 용접 길이 베이스(M/H)
- 선각 총 합계 : 탑재중량 베이스(H/T)

거시적 관점의 관리는 중량베이스가 좋지만, 보다 높은 정밀도로 관리하려면 절단 길이 베이스, 용접 길이 베이스로 관리하는 것이 바람직하다.

가공과 조립에서 공정수 이행 곡선의 예를 그림 4-23에 나타냈다. 그림에서 M/H로 계획된 15,000M에서 계획 공정수는 5,000H이였지만, 현재 10,000M의 작업을 이행하였을 때 공정수는 3,500H, 현재 능률은 10,000M/3,500H = 2.86M/H가 되므로, 이때까지 추이를 본다면, 1,500M 이행시까지에서 공정수가 계획을 245H(15,000/2.86 - 5,000)을 상회할 것이라는 것을 알 수 있다. 그러므로 대책을 세워서 계획에 근접하는 공사를 진행시켜야 한다. 그림 4-24에 탑재중량 베이스 외업공사의 공정 이행곡선(T/H)를 나타냈다. 진수시점에서 4,100H/100T = 41H/T의 계획이 4,500H/100T = 45H/T에서 예측되어질 때 4H/T만큼의 편차가 발생하므로, 이 경우에 대한 방안이 필요하다.

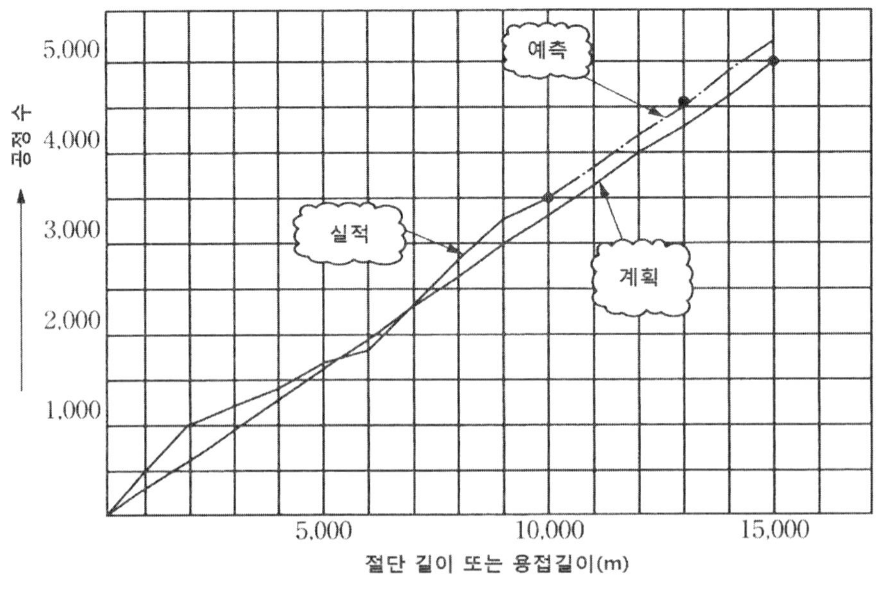

그림 4-23 공정수 이행곡선(M/H)

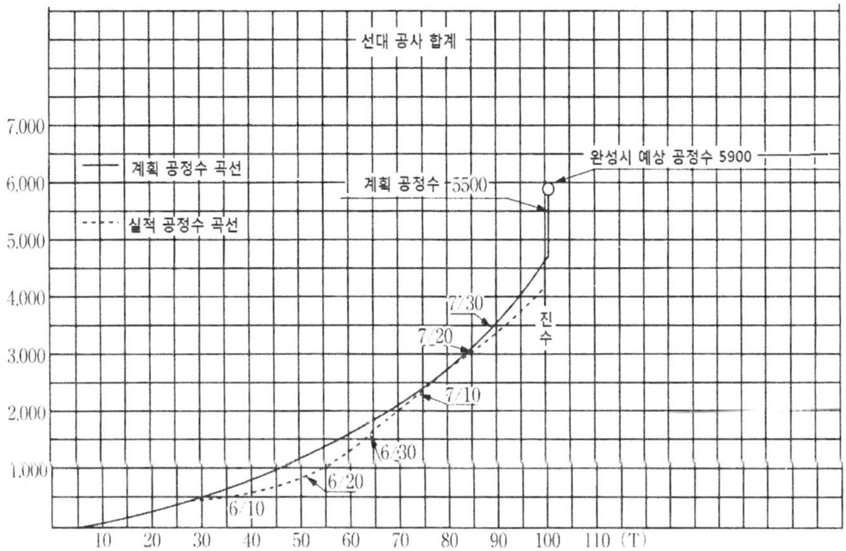

그림 4-24 외업공사의 공성수 이행곡선(T/H)

4.4.8 소 일정

소 일정은 일정계획에 기본이 되는 공사를 실행하기 때문에, 생산라인 관리자가 작성하여, 매일 필요작업량(시수)과 합당한 작업인력을 배치하는 실행계획이다. 통상은 중 일정 계획 정밀도를 높여 작업일정(주간)을 작성하고, 작업자 한 사람마다 작업을 명확하게 한다. 소 일정표 작성은 공정 준수가 최대목적이므로, 이를 위하여 조업량 변동에 초과근무 등의 대응을 고려해야 한다.

조립 공정이나 외업 공정과 같이 다양한 공정과 밀접한 관련이 있고, 많은 종류의 작업직종을 포함하는 공정에서는 계획이 복잡할 수 밖에 없다. 그러므로 현실적인 공사 진척도와 다른 공정상황을 감안하여 소일정표가 공정통제를 하는 것이 필요 불가결하다. 본래 계획일정과 실적일정과 사이에 큰 편차가 생기는 것은, 계획 단계에서는 불명확하던 것이 실행단계에서 명확하게 규명되는 경우가 많아, 공사일정을 이것에 맞추어 수정할 필요가 있는 경우이다.

소일정표 작성 시에는 전후 공정의 공사 진척도를 명확하게 파악할 것, 부재 혹은 블록들의 작업절점을 명확하게 지시하는 것이 중요하다. 소일정표 작성순서 및 주의점을 아래와 같이 나타낼 수 있다.

- 직종별(조립공, 용접공 등) 공사단위(블록, 구간 등), 개인 작업자의 하루단위 작업량 배정
- 중 일정에서 결정되어진 월간 공사량은 반드시 완료. 월내에서는 재량대로 조정할 수 있음
- 검사가 있는 공정의 검사일 기재
- 공사단위마다 절점(착공일, 준공일)을 명기

4.4.9 스케줄(schedule)

일정계획은 생산공학이나 경영공학 분석 분야에서는 스케줄링(scheduling)이라고 부르며, 많은 산업분야에서 현실화되고 있다. 종래 조선분야에서는 겐트 차트(gantt chart)라고 불렀던 옆으로 향한 막대그래프를 사용했었다. 이 방법은 간편하고, 직관적으로 이해할 수 있는 반면, 복수의 작업이 동시에 진행되는 경우, 작업자 사이의 순서관계나, 시간적인 여유에 대한 유무를 알 수 없다는 결점이 있었다. 이 때문에 현재는 화살 다이어그램(arrow diagram)을 사용하는 경우가 증가하고 있다.

화살 다이어그램은 작업사이의 흐름 및 통계적 처리를 주 목적으로 하는 PERT (program evaluation and review technique)법과 계획 최단축화(최적화)를 목적으로 하는 CPM(critical path method)법으로 나누어져 개발되어 졌으며, 현재에는 PERT/CPM(또는 간단히 PERT)로 통일되어 사용하고 있다.

그림 4-25에 화살 다이어그램의 예를 나타냈다[4.6]. 겐트 차트 내에 기록되어진 작업명은 화살 다이어그램에서는 절점과 절점을 연결하는 가지(枝)로 표시되어져 있고, 절점은 작업 개시와 종료 이벤트로서 취급되고 있다. 각 작업은 A-1의 후에 A-2의 작업이 이루어지도록 선행, 후행이 순차적으로 이루어지게 하며 전체적으로 일관성 있게 만든다. A-1은 A-2의 선행작업이며, A-2는 A-1의 후속 작업이라고 부른다. 이 경우 그림 4-26에 나타나 있는 것과 같이 가지(branch)에 소요되는 시간(또는 일수)를 기록하여 최초부터 가지에 이르기까지 누적되는 시간을 절점부의 박스 상단에 기록하고 있다[4.6]. 이것을 가장 빠른 착수일(또는 가장 빠른 착수시간)이라고 부르며, 하단의 숫자는 늦어지는 경우의 일수(日數) 또는 시각으로서 가장 늦은 착수일 또는 가장 늦은 착수시각이

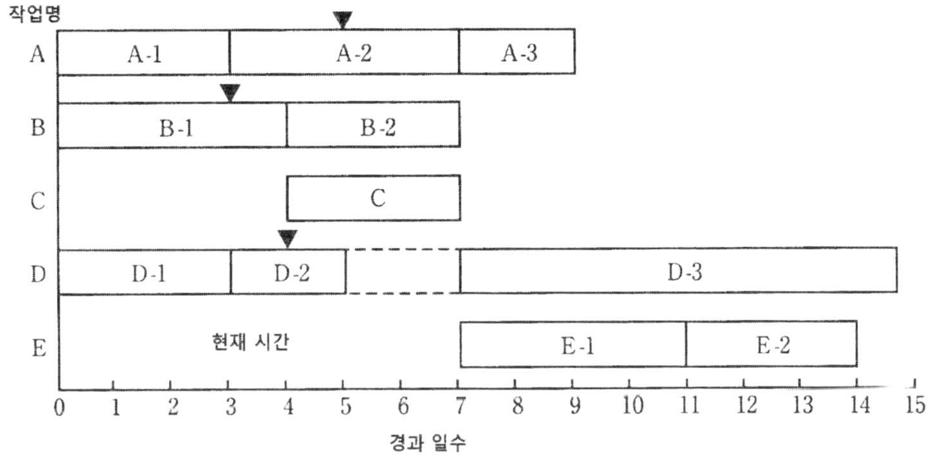

(a) Gantt chart

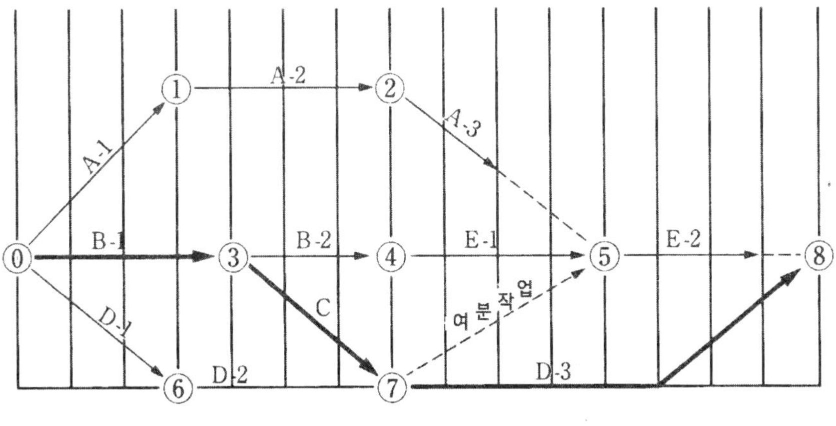

(b) Arrow diagram

그림 4-25 겐트 차트와 화살 다이어그램

라고 한다. 이 두 개가 일치하는 절점을 묶은 선을 크리티칼 패스(critical path)라고 하고, 전체 소요시간을 이것보다 빠르게 하는 것은 가능하지 않다. 또 가장 늦은 착수일과 가장 빠른 착수일과 차이는 각 작업의 여유 일수가 된다. 그림의 점선은 더미(dummy) 작업이라고 하며 실적 작업은 없지만, 작업의 연계를 나타내는 선이다.

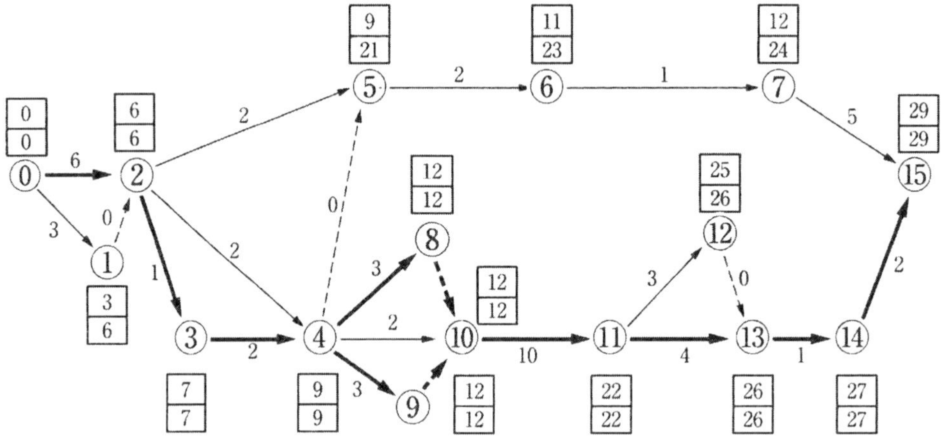

그림 4-26 크리티칼 패수(critical path, 굵은 선)

조선 분야에서는 일정계획의 자유도가 높아, 겐트 차트가 주류가 되고 있지만, 점차 PERT기법을 사용하고 있다. 여기에서는 달력위에 화살 다이어그램으로 표시한 PERT방법을 사용한 사례를 조선소 스케줄 업무와 조합하여 설명한다[4.1].

표 4-1은 사전에 준비한 작업 리스트이다. 작업명칭과 시수 및 공기 등이 기입되어져 있다. 그림4-27(a)는 가장 빠른 스케줄, 같은 그림 (b)는 가장 늦은 스케줄이다. 이 그림으로부터 B 작업은 12/10에서 12/15의 사이에 실행되어 진다면, 후 공정 E에 영향이 없고 여유기간을 가진다. 이 여유기간을 작업 B의 플로트(float)라고 한다. 이 플로트를 이용하여 크게 작업 변동이 생긴 공정을 조정할 수 있다. 한편 A → D → E의 작업 경로에서는 전혀 조정여유가 없다. 이것은 크리티칼 패스이다. 이 상태에서 공정을 2일 단축할 경우는 크리티칼 패스의 A → D → E 작업경로 전체 누계공기를 단축할 필요가 있다.

(c)에서는 작업순서를 변하게 하지 않고, D의 작업시간을 8 h/day 로서 공기(작업기간)을 2.2 일 단축할 수 있다. 작업 B, C는 여유가 3일 정도 되므로 공기를 변경할 필요가 없다. 이 경우 D의 작업자 수를 증가시켜도 같은 모양의 결과를 얻을 수 있다.

이와 같이 일정계획의 최단 스케줄링을 하는 것은 사람, 설비, 생산단가의 세 가지 면에서 최적하다고 평가되어지는 답을 구하는 것이기 때문에 설계요원 능력, 제조요원 능력, 설비 능력을 평가하여, 그것들의 최적값을 구할 수 있으므로 전체가 최적화되어질 수 있도록 주안점을 두고 결정해야 한다. 해당 조선소의 가장 적절한 스케줄링을 계획하고, 운용하여 흐름도를 작성하기 위해서는 조선소마다 고유한 전략이 필요하다.

표 4-1 작업리스트(예)

작업명칭	지정 개시일	지정 완료일	작업자	배정 인원수	시간(h)	공기 (day)
A	12월 8일		홍*동	1	16	2
B			김*수	1	16	2
C			이*희	1	24	3
D			이*수	1	64	8
E		12월 26일	박*일	1	32	4

작업순서

A →	B
B →	C
C →	E
D →	D
E →	E

(h/day)

작업자	작업시간
홍*동	8
김*수	8
이*희	8
박*수	8

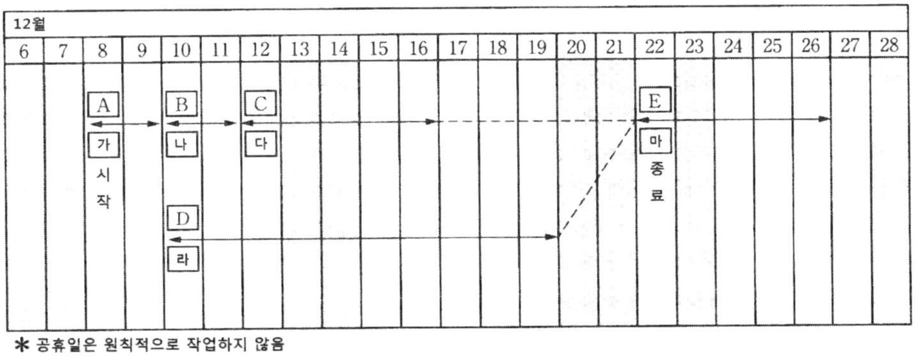

(a) 가장 빠른 스케줄

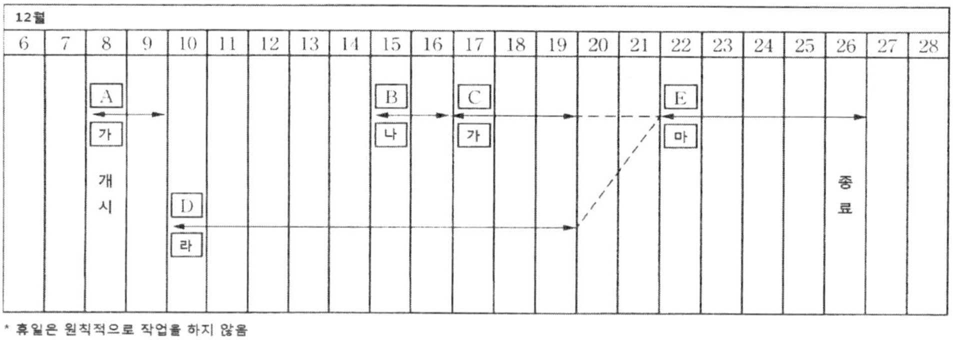

(b) 가장 늦은 스케줄

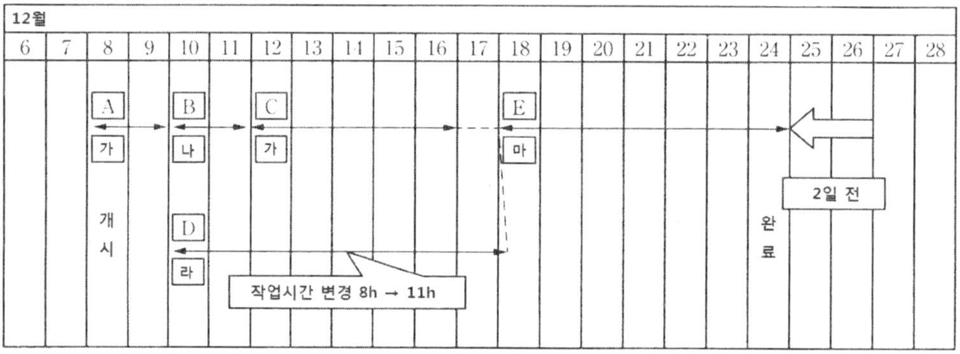

(c) 단축 스케줄

그림 4.-27 스케줄링 작성 예

4.5 공수 관리

[4.1]을 기초로 공수관리에 관한 기본적인 고려방안을 설명한다.

4.5.1 공사량과 작업량

일반적으로 제조업에서 공사량(W)는 사람 1명이 하는 한 시간 단위의 노동량으로 환산하여 이것을 작업량이라 부르는 시수(H) (Man hour)로 표시한다. 시수를 대신하여 사람 1명이 1일(8시간)에 일하는 노동량으로서 정의되는 공수(D)가 이용될 수도 있다. 이 관계는

$$H / W = K \tag{4-1}$$

$$h = 8D \tag{4-2}$$

이다. 여기에서 K를 환산계수라고 하고 효율을 나타낸다. 식(4-1)은 톤 당 시수나 용접 길이당 시수 등이 대표적인 예로서 이용되고 있다. 예를 들면 「20만 톤형 탱커 선각공사의 톤 당 시수는 약 20 (H/T)이다.」라든가 「어떤 공사의 조립작업은 용접길이 당 시수가 0.2 (H/M)이다.」등의 표현을 할 수 있다.

여기에서 서술하는 공사량 등은 이루어지는 일량의 전체 합을 나타내고, 설계상에서 변경이 이루어지지 않는 한, 작업방식 등의 외적 조건에 따르지 않는 불변으로 볼 수 있다. 이것에 대하여 작업량은 실제 공사에 소비되는 인간 노동력 전체 합으로서 여러 가지 조건에 따라서 변동이 있다.

작업량은 기계설비나 환경이 고정되어 있는 경우, 공사를 수행하는데 필요한 노동량 전체 합을 말하고, 이 공사를 수행하기 위한 표준 노동시간이 표준시간이다. 표준시간을 설정하는 방법으로는 작업을 관측하여 구한 직접법과 직접 작업관측을 하지 않고 자료를 모아서, 추정에 의한 간접법이 있다.

자동차 산업 등에서는 작업연구가 활발하게 이루어져 워크 샘플링법(work sampling method) 등 여러 가지 방법으로 작업을 관측하여 표준시간을 정하고 있지만, 조선분야에서는 작업원 의존성 생산형태로 인하여, 이러한 종류의 연구는 부족하게 이루어져 있다.

4.5.2 작업 능률과 시수관리

작업 능률ε은 줄여서 능률이라고 부르고, 실제로 행하는 작업시간(H^*)과 그 작업으로 설정되어진 표준시간(H)의 비율로서 다음식과 같이 평가되어 진다.

$$\epsilon = H^* / H \tag{4-3}$$

여기에서 ϵ > 1은 표준보다 능률이 나쁜 것을, ϵ < 1은 표준보다 능률이 좋은 것을 의미한다. 또 작업시수 효과 δ 는 실제 작업시간 (H^*)와 표준 작업시간(H)와의 차이로서 식 (4-4)로 정의된다.

$$\delta = H^* - H \tag{4-4}$$

ϵ 은 생산성이나 작업상태 파악에 편리하고, 작업 시수효과는 절감시수 또는 초과시수 절대량을 아는데 필요하다. 작업능률은 선종, 선형, 사양을 시작으로 공장의 설비 기계력, 기술력, 기능 숙달도, 관리력, 계절 및 기타 여러 가지 요인에 의한 변동이 있으므로, 종래의 실적으로부터 각 공장에 그 시점까지 표준적인 능률을 구하는 것은 용이하다. 한편 도면이나 사양서를 조사하여 공사량을 산정하는 것도 가능하다.

선박건조 초기의 계획 단계에서는 위에서 서술한 방법으로 공사량(W_0)와 효율(K_0)를 계산하고 표준시간(H_0)의 추정을 하지만, 실시 과정에서는 실제 작업시간(H^*)을 모아서 실제로 행하는 공사량(W)에 대한 작업 표준시간(H)와의 차이($H^* - H$) 및 비율(H^* / H)를 평가한다.

조선소 생산현장의 시수관리에서는 이 작업능률 ($\epsilon = H^* / H$)를 1에 가깝게 하고, 가능하면 $\epsilon < 1$ 또는 $\delta = H^* - H < 0$이 되도록 노력할 필요가 있다. 그것을 위해서 계획과 실적을 항상 비교하고, 필요에 따라서 시기 적절하게 지시와 조정을 하는 것이 중요하다. 만일 계획과 실적 사이에 괴리가 생기는 경우는 철저하게 원인을 규명하고 보완조치를 해야 한다.

선박건조 상에 이루어진 공사의 경위를 정확하게 파악하기 위해서는, 공사 담당부서는 적시에 정확한 시수를 계산해야 한다. 이것이 배의 원가에 관한 회계상 경리기록이 남게 하여, 어떠한 작업이 어떠한 위치에서 어느 정도 시수가 걸리는가를 데이터베이스화 시켜 다음 선박의 계획이나 수주활동에 필요한 정보로 활용되도록 해야 한다. 시수 계산상은 4.2.3항 (1)의 원가구성에서 서술한 것을 보면 직접노무비에 해당된다.

4.5.3 관리량과 관리단위

공사량(W)의 산정은 공사량을 대표하는 물량을 선정하여 크기로서 공사량을 대표로 삼는다. 이 물량을 관리량(U)라고 부르고, 원 단위(메터, 톤, 평방 메터, 매수, 개수 등)을 관리 단위라고 부르고 있다. W와 U의 관계는 식 (4-5)와 같이 나타낼 수 있다.

$$W/U = C \tag{4-5}$$

C 는 환산계수로서 공사의 종류에 따라 일정하게 된다. 그리고 $K \times C = E$가 되면 식(4-1)과 식 (4-5)식에 의해 식 (4-6)을 얻을 수 있다.

$$H/U = E \tag{4-6}$$

E는 작업효율을 나타내는 환산계수이다. 관리량은 가능한 용이하게 유도될 수 있어야 하며 공사량의 대표로 이루어져야 한다. 실제로 이용되는 공사량의 일례를 이하에서 나타낸다.

(1) 내부 구조부재의 가스 절단작업 경우

철판의 두께, 용접 개선(groove)형상 등에 의해 절단속도는 다르므로, 이 종류의 공사에 관해서는 평균 속도를 실적으로부터 구해 절단 길이를 알 수 있으면 작업에 필요한 시간을 추정할 수 있다. 즉, 여기에서는 절단 길이를 관리량으로 하고, 절단속도가 효율이 되는 것이다. 또 강판 1장 또는 단위중량당의 평균 절단 길이를 구하려면 각각에 대응하는 작업시간을 추정하기 위하여 관리량으로 강판 매수나 중량을 이용할 수 있다.

(2) 블록 조립작업 경우

블록은 복수 종류의 작업이 조합되어져 완성되기 때문에 단일 관리량으로 공사량을 나타내는 것은 적절하지 못하다. 블록 조립에서는 부재를 필요한 위치에 배치하는 작업, 여러 매의 강판을 패널(panel)로 이음작업, 부재 부착위치를 마킹하는 작업, 부재들을 조립하는 작업, 용접할 작업 등이 필요하다. 이것들의 공통 관리로 중량(면적)과 용접 길이를 병용하는 경우도 많다.

(3) 발판가설, 해체작업의 경우

발판에서 판의 매수는 비교적 용이하게 계산되고 공사량에 비례하기 때문에 관리량으로 사용되어지지만, 현장에서는 부착길이(블록들과 부착하는 이음매 길이)가 이용되는 것도 있다. 선각공사 작업의 종류와 일반적으로 이용하고 있는 관리단위의 관계를 표 4-2에 나타냈다. 관리량은 용이하게 도출할 수 있는 것이 필요하며, 큰 관점에서는 작업시수와 비례관계가 있다. 그 이유는 강판의 매수, 중량 및 용접 길이가 가장 중요한 관리단위가 되기 때문이다.

또 반입 중량이나 탑재 중량 베이스에서 관리표를 작성하면 각 스테이지 사이의 상대적인 관계를 파악할 수 있어 공정관리에서 활용할 수 있다. 이와 같은 방법은 실적자료법이라고 부른다.

4.5.4 환산 용접길이

용접 작업에 의한 소비 시수는 선각 총 시수의 약 40%를 점유하는 가장 큰 것이다. 용접 작업에 관한 관리단위 가운데, 공사량을 가장 합리적으로 나타낼 수 있는 것이 환산 용접길이(L')이다. 이것은 용접 길이(L)을 베이스로 개개의 변수들을 고려하여 구할 수 있다. 구체적으로는 용접 방법(수동 용접, 자동용접), 용접의 종류(맞대기, 두께), 강판의 두께, 용접 각장, 자세(아래보기, 위보기, 수평 등)을 고려하여 계수 (β_i)를 정하고 공작도에서 용접 길이(L_i)를 산출하여 이것으로 부터 식 (4-7)과 같이 계산한다.

$$L' = \sum \beta_i \times L_i \tag{4-7}$$

표 4-2 작업의 종류와 관리단위

			M (길이)	M^2 (넓이)	M^3 (부피)	T (무게)	매 (수)	묶음 (수)	개(수)
			용접길이 부착길이 절단길이 마킹길이			강재중량 조립중량	강판매수 발판매수	형강 묶음수	블록수 피스수 탱크수 홀드수
창고		강판				◎	○		
		형강 등				◎		○	
가공	쇼트 블라스트 및 샵프라이머 도장	깅핀	△	◎		△	○		
		형강 등	△	◎		△		○	
	마킹	강판	△	○		○	◎		
		형강 등				○		◎	
	절단	강판	△			○	◎		
		형강 등				○		◎	
	기계 및 요철	강판				○	◎		
		형강 등				○		◎	
	운반 및 정리	강판				◎	○		
		형강 등				◎		○	
부품조립	판 이음		◎	△		○			△
	운반		○			◎			△
	조립		◎	△		○			△
	용접		◎	△		○			△
대조립	판이음		◎	△		○	○		△
	운반		○			◎			△
	조립		◎	△		○			△
	용접		◎	△		○			△

		M (길이)	M^2 (넓이)	M^3 (부피)	T (무게)	매 (수)	묶음 (수)	개(수)
		용접길이 부착길이 절단길이 마킹길이			강재중량 조립중량	강판매수 발판매수	형강 묶음수	블록수 피스수 탱크수 홀드수
선대	위치결정	△			○			◎
	부착	◎			○			
	용접	◎			○			
	운반				○			◎
	발판	△	△		△	◎		○
	반목		○		△			◎
	트리거	△			△		◎	
	수압	△		○	△			◎
	검사		○		○			◎

◎ 가장 일반적으로 사용, ○ : 잘 사용, △ : 가끔 사용

4.6 자재 관리

자재관리 목적은 적은 생산비용으로 필요한 시각 및 장소에서 필요한 재료를 준비하므로서 발주·검수업무와 현품의 입·출하 및 보관 업무가 있다. 여기에서는 선박 제조부문에서 기술적인 재료계획에 관하여 서술한다.

4.6.1 기본 개념

자재관리는 최소의 재고량을 가지고 필요한 재료를 정확하게 준비하는 것을 목표로 하고 있다. 조선산업에서 재료 입수관리의 좋고 나쁨은 선박의 건조공정, 공작법, 공수에 크게 영향을 미친다. 그 때문에 제조부문 방침을 재료 구매부문, 자재부문에 정확하게 전달되어 재료 입수, 관리에 반영하는 것이 중요하다. 조선 분

야에서는 재료비가 건조비용에 점유하는 비율이 크며 특히 강재는 20~30%에 도달하며 그 재료관리의 좋고 나쁨은 조선소 경영면의 수익성에 큰 영향을 준다.

자재관리에서는 아래와 같은 것을 구할 수 있다.

- 불량품에 의하여 생산정체와 지연이 발생하지 않을 것
- 재고품을 가능한 줄일 것
- 저렴한 가격으로 조달할 수 있을 것
- 관리로 인한 간접 공수를 최대한 줄일 것
- 재고 상황을 정확하게 파악할 수 있을 것

재료는 일반적으로 식섭재료와 간접재료로 나눌 수 있다. 직접재료는 제품재료와 같이 배에 따라 각각 준비되어지는 비 상비재(非 常備材)와 용접재료 같이 시기별로 소모량을 예측하여 준비할 수 있는 상비재 등의 두 가지로 크게 구별된다. 간접 재료는 공구와 기계류, 고정구 및 보조 자재 등을 의미한다. 배를 만든나는 것은 개별 수주 생산품이기 때문에 비 상비재가 재료의 과반수를 차지한다.

강재의 재질적인 구분으로서는 연강(mild steel), 고장력강, 특수강 등을 포함하고 있고 각각의 선급협회에 의하여 규격별로 나누어져 있다. 강재 반입계획은 강재 종류별로, 발주처 별로, 운반방법 등을 결정한다. 다음 공정에서 납기지연이 없도록, 강재 반입능력, 적치 장소를 고려하여 가공(마킹, 절단, 굽힘 등) 개시일정을 결정함과 동시에 반입 일정계획이 이루어져야 한다.

내업 공정은 상세한 도면과 공정설계, 강재 네스팅(nesting) 및 절단 정보가 없으면 결정할 수 없지만, 일반적으로 강재 발주는 납기 2~3개월 전에 하기 때문에 다소 부정확한 설계정보나 과거 실적을 기초로 반입계획을 할 수도 있다. 특히 내업 공정에서는 설비능력을 초과하는 작업량 소화가 곤란하기 때문에 물량 추정에 주의할 필요가 있다.

4.6.2 재료관리

재료관리란 선체구조를 형성하는 선급규격 강재를 주 대상으로 최소 가격으로 필요한 품질과 수량의 강재를 적재적소 및 적시에 생산공정 현장에 투입시키는 관리 업무를 말한다. 재료관리 업무 합리화에 따라서 강재비용의 저감을 도모함

과 더불어 강재 예비량 저감, 강재발주 원활화에 의한 공정수 저감, 적정한 재고에 의한 경비 절감을 얻을 수 있다.

(1) 재료 예비량 및 발주

새롭게 배를 건조하기 위한 공사용선표가 결정되어지면, 계획부서에 의해 탑재일정, 대조립 일정, 소조립 일정, 마킹 일정 등이 결정되어 진다. 재료 발주로부터 입수까지는 제강회사의 제조기간이 필요하기 때문에 통상 2~3개월, 대형 형강 등은 4개월 정도의 기간이 필요하므로 예비량 계획을 할 때 예비량에 기반을 둔 발주를 해야 한다. 그림 4-27에 예비량 표준일정표의 예를 나타냈다.

강재의 예비량에 결점이 없으면, 절단 계획(cutting plan)을 세울 수 있다. 컷팅 플랜은 계획적인 부재의 네스팅에 의해 강재 사용도를 높이고 필요한 재료를 필요한 시기에 가공공정으로 공급하고, 절단정보 작성 시에 취재방법(取材方法) 지시도로서 역할을 할 수 있도록 작성해야 한다. 그림 4-28에 컷팅 플랜의 예를 나타냈다.

절단공정에서 작업 단위는 블록과 절단기 단위이며, 컷팅 플랜은 반드시 블록 단위 절단기종 단위와 조합하여 가공하는 것이 원칙이다. 강재 사용도는 강재비용에 큰 영향을 미치므로, 발주를 하기 전까지 정확한 네스팅을 수행하여 최대한으로 강재 사용도를 높혀 발주하는 것이 중요하다.

스킨 플레이트(skin plate) 등에 관해서는 기본설계, 성능설계, 생산설계 등의 단계에서 제강회사 압연능력과 조선소 설비 능력을 고려하여 치수나 크기를 결정해야 하므로 선체 중앙부 외판, 격벽, 갑판 등은 중앙 횡단면도나 강재배치도 등의 도면으로 재료 크기결정이 가능하게 된다.

일반부재에 관해서는 선각구조도를 기반으로 컷팅 플랜(cutting plan)을 작성하고 재료 크기를 결정하는 것이 바람직하다. 특히, 중앙 횡단면도에 기입되어 있는 트랜스 웹(transverse web) 부재는 다수 개의 동일형상 부재를 필요로 하기 때문에 재료치수 결정의 좋고, 나쁨이 강재재료 사용도에 직접적인 영향을 주기 때문에, 보다 신중하고 상세한 컷팅 플랜을 작성하여 재료 크기를 결정해야 한다.

강재나 와이드 프랫(wide flat) 등은 일반적인 규격에 의하여 형상이나 치수가 결정되고 있다. 설계단계에서는 각각의 구조에 적합한 경제적인 종류를 선택하여 설계를 한다. 그러므로 예측량 추정에서는 규격, 강의 종류, 형상, 크기를 도면상에서 확인하고 방향 조합을 고려하여 재료 치수를 결정할 필요가 있다.

현재는 자동 네스팅 시스템이 마련되어 발주정보 정밀도 향상에 기여하고 있다. 최근에는 제강회사들도 리드 타임(lead time) 단축을 추진하고 있기 때문에,

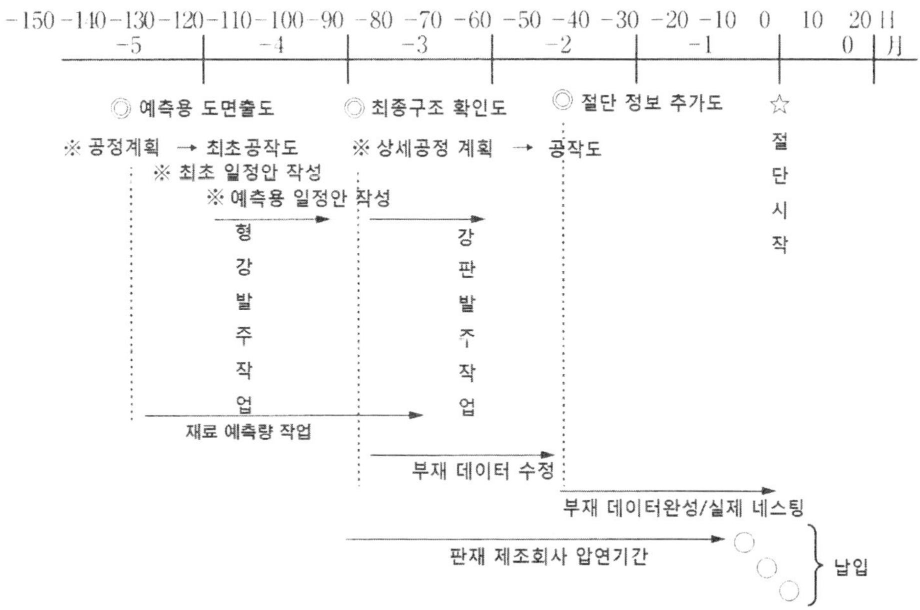

그림 4-27 재료예측량 표준 일정표

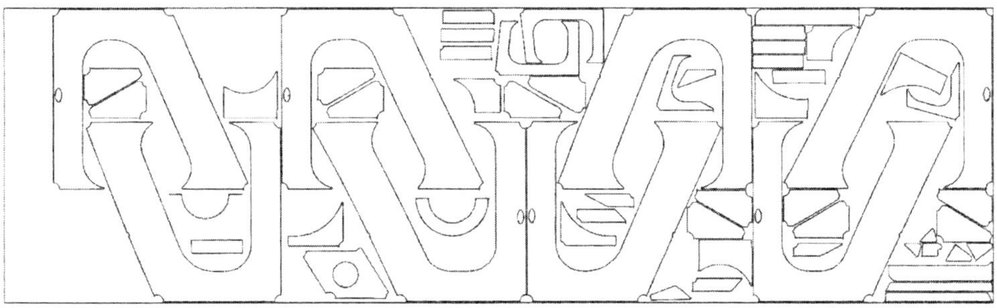

그림 4-28 컷팅 플랜의 예

재료 입수 필요기간은 짧아지는 경향이 있다. 이러한 노력들에 의해 보다 정확한 정보를 기반으로 재료 발주가 가능하게 된 한편, 내부식성 강판 등 다종 다양한 고기능 강판이 개발되어져 예측량·발주 업무는 복잡해 졌다.

(2) 재고 조정

재료가 입수되기 까지 긴 시간이 필요하기 때문에, 그 사이에 생기는 설계내용이나, 일정계획 변경을 흡수해야 되는 상황이 있다. 이 때문에 조선소에서는 어느 정도 재고를 보유해야 되는 것을 피할 수 없다. 일반적으로 재고량을 줄인다는 것은, 경제적 면이나 자산관리 면에서 바람직하다. 생산관리 상에서도 아래와 같은 이점이 있다.

- 재료 하치장 면적을 감소시킬 수 있다.
- 재료 이동을 줄이고, 핸들링을 감소시킬 수 있다.
- 재료관리가 용이하다.

재고 강재는 이미 사용처가 결정되어 있는 것과 설계변경이나 오작(誤作) 등을 대비하여 준비한 재료로 나눌 수 있어 준비 재료도 런닝 스토크(running stoke)와 데드 스토크(dead stoke)로 나눌 수 있다. 런닝 스토크 등은 예정재료의 변경이 일어날 경우를 대비하여 처음부터 계획적으로 준비를 시켜놓은 것이기 때문에 사용빈도가 높은 표준치수 재료가 많다. 데드 스토크는 당초 사용이 예정되어져 구입한 재료이지만 계획변경 등에 의해 불필요한 것이 되었기 때문에, 대체사용이 불가능한 특수한 치수의 재료나 열처리를 한 재료인 경우가 많다. 이와 같은 데드 스토크는 추가적인 활용수단을 강구해야 한다.

재료의 출고는 출고표로 관리되고, 발주 후 일정변경이 조정되면 가공일 순서로 가공 건물로 반입된다.

(3) 크기 표준화

재료 관리에서는 재료치수 표준화를 추구해야 한다. 표준화에 따라서 데드 스토크가 줄어들고 런닝 스토크의 최대 활용이 실현될 수 있다. 그러나 과도한 표준화는 다른 용도로 전용할 수 없는 남은 재료 또는 스크랩(scrap) 발생이나, 불필요한 용접이음 증대를 초래할 우려가 있다. 동형 선박, 유사선박에서는 앞에 건조한 배의 실적을 참고하여 남는 재료가 생기지 않도록 강재 발주치수를 최적화하는 것이 중요하다.

(4) 잔재 처리

조선소에서 재료 사용도는 대략 91%~95%정도이며, 남은 5%~9%의 잔재를 효과적으로 활용하는 것이 과제이다. 남은 재료에 관해서는 설계단계에서 용도가 지정되는 경우는 거의 없으므로, 잔재 관리는 제조 부문에서 처리하는 것이 대부분이다. 잔재는 수가 많아, 하나씩 출고 관리하는 것은 곤란하기 때문에 일정이상의 크기가 모아지면, 한 장소에 모아 집중관리를 하는 것이 일반적이다.

(5) 재료 통제

재료 발주 데이터나, 검수표 및 출고표 등 재료관리를 위한 정보량이 많아지고 있다. 원활한 강재 입출고를 위해서는 정보시스템을 이용하는 것이 좋다. 각 조선소에서는 발주에 필요한 데이터를 전자 정보화하여 MRP(material requirements planning)나 ERP(enterprise resource planning)을 응용하여 자산조달 시스템 및 물류시스템을 개발 및 구축하고 있다.

현재에는 3차원 CAD 설계정보를 예산관리에서 이용하도록 되어 있으며 보다 정확한 정보를 기반으로 재료관리가 가능해 지고 있다. 그림 4-29에 3차원 CAD의 예를 나타냈다. 일부 CAD 시스템에서는 여러 종류의 금칙사항을 고려한 네스팅 기능을 담고 있는 경우도 있어, 경험이 적은 작업자도 짧은 시간에 예측량 견적을 할 수 있다.

예측량 계산 완료 후 강재 발주 데이터가 작성되면 발주 수속이 이루어 진다. 발주 데이터에서는 재료의 재질, 선급, 치수, 납기, 선박번호 등의 많은 정보가 포함되어져 있다. 조선소와 강재 제조회사 사이에는 많은 자료가 소통되어져야 하므로 신속하게 데이터의 전자정보화가 이루어지고 있다.

한편, 납기까지 사이에 설계변경이나, 부재(部材) 데이터에 저장하고 발주시킨 재료를 다시 제조하는 경우도 있다. 이러한 경우도 정보시스템의 활용이 가능하다.

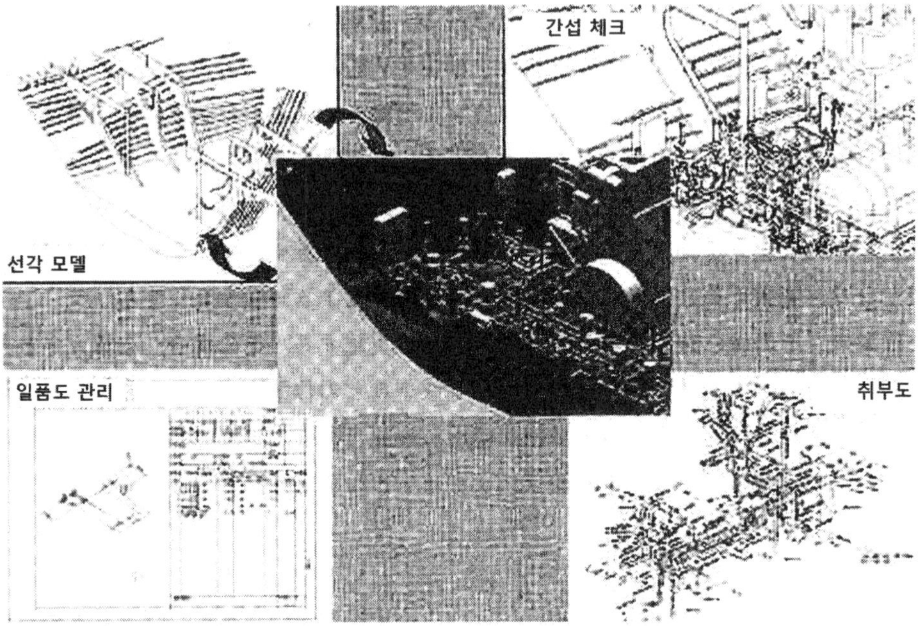

그림 4-29 3D-CAD의 예

근래는 설계 시스템과 자재조달 시스템, 물류 시스템, 생산계획 시스템 등을 통합시켜 리드타임 단축과 데드 스토크 삭감을 도모하는 시도를 하고 있다. 앞으로는 SCM(supply chain management)의 발전으로 조선소 뿐만 아니라, 강재 제조회사 등도 포함된 물류 전체 최적화를 목표로 하는 통합 시스템화가 이루어질 것으로 예측한다.

4.7 운반 관리

4.4절에서 탑재 일정이나 중 일정, 혹은 상세한 일정표의 설계입안과 관리에 대하여 서술하였는데 그것을 스케줄을 통하여 수행하기 위해서 중요한 요소로 들 수 있는 것이 운반 관리이다.

부재나 블록의 반입, 이동, 재료의 배치, 반출, 탑재 등을 적절하게 관리하는 것은 높은 능률성을 위해 시간적으로 적절성 있는 운반 업무를 가능하게 하여, 각 작업 공정의 스케줄을 준수하면서 생산성을 향상시키는데 크게 기여하고 있다. 한편, 운반관리를 소홀하게 하면 공정혼란, 생산성 저해, 재해발생을 유발할 우려가 크기 때문에 물류·운반 담당자 등의 면밀한 일정계획과 통제가 필요하다. 또 능률 좋은 운반방법, 정돈된 재료정리, 토지 이용효율이 높은 창고적재, 기다리는 시간이 짧은 운반기계 사이의 수도(受渡)방법 등, 소프트웨어나 하드웨어 양면에서 신중한 검토와 관리가 필요하다.

물류는 제조의 기본이기 때문에 운반 업무를 공정관리의 중요 항목으로 채택해야 한다. 각 조선소에서는 관계자들의 정보교환이나 사전검토를 활성화시키고, 정보시스템을 활용하는 것에 의해 재고 최소화와 운반공정수 감소를 시도하고 있다.

여기에서는 2장 및 3장에서 다루지 않았던 공정과 공정사이, 공장과 공장사이에서의 운반관리에 관하여 서술한다.

(1) 강재 반입부터 블록공정 까지

선각제작의 운반 업무는 강판이나 조재(條材)를 가공공장으로 반입하는 것으로부터 시작한다. 조선소에서 강재를 납입하는 곳은 제철소나, 쇼트 메이커라고 하는 쇼트 블라스트와 1차 방청도장을 시공하는 회사이며, 운반선을 이용하여 바닷길로 반입하는 경우와 트레일러 등의 운반차량을 이용한 육로로 반입하는 경우가 많다. 강재는 각각 정해진 마킹(marking)하는 날을 참조하여, 수십 톤에서 수백 톤 단위로 운송되어 진다. 조선소는 제철소나 쇼트 메이커에서 강재 반입을 하고, 가공개시에 앞서 블록단위 등의 관리단위로 나누는 작업을 한다.

작은 부재의 절단가공은 컷팅 플랜이나 절단효율 혹은 운반횟수 등을 고려하여 조립 개시일보다 이전에 실시하는 것이 바람직하다. 그때 부재는 지게차 등으로 하치장에서 이송되어오며, 필요한 기일에 필요한 조립공장으로 다시 지게차를 이용하여 운반을 한다. 또 가공공장에서 각 조립공장까지 운반은 받는 쪽의 작업 진척도나 재고상황 등을 고려하여 적절한 시점에 이송할 필요가 있으므로 운반 순서가 적절하지 않으면 재고과다 또는 부족으로 문제가 발생한다.

소 조립 작업은 그 후에 이어지는 중·대 조립에 선행되어 실시된다. 그 경우는 소 조립된 부품을 블록에 설치하기 위해 운반 가설대에 적치해 두고 트레일러 등의 작업 대차에서 가설대를 적치 장소까지 운반하고, 필요한 시점에 다시 대차(台車)에서 조립장소까지 운반하는 방식이다. 이 경우에도 대차 운행 스케줄과 조립스케줄의 정합성이 중요하다.

(2) 조립

조립공정에는 내업과 마찬가지로 크레인이나 컨베이어 및 대차 등이 이용된다. 블록 핸드링 횟수를 줄이기 위하여는 블록 대형화가 효과적이지만 이 경우에는 크레인 능력증강(하역 중량, 양정 등)이 필요하다.

컨베이어 관리는 정반에 복수의 블록을 윈치(winch) 등으로 이동하는 등의 작업이 각 조선소에서 이루어지고 있다. 블록을 1대의 크레인으로 탑재 스테이지까지 운반하지 못할 경우에는 이동 대차를 활용하기도 한다.

(3) 블록 완성에서 외업 스테이지 까지

조립공정에서 제작되어진 대조립 블록에서는 선행 의장·전장 공사·도장 공사 및 발판가설 공사 등이 이루어진다. 블록을 선박 제작공장에서 반출시켜 선대(도크)에 탑재되기 까지, 혹은 총 조립을 개시하기까지 기간을 스토크(stock) 기간이라 부르고 그 사이 운반작업은 재크업(jack up) 대차나 옥외 크레인 등으로 이동시킨다. 이 작업은 앞 공정의 부재단위 등과는 다르므로 여러 사람이 작업해야하고 1개의 블록에 요구되는 시간도 길다.

대차(도크) 주변의 크레인은 스토크 기간 중에 블록을 이동시키거나 반전·탑재를 해야 하고 건조 선박으로 작업공구 등을 이동시켜야 하며, 주 엔진, 발전기를 설치하는 의장품 탑재작업 등을 담당하고 있다. 블록을 포함한 운반·탑재 물품의 종류와 이동은 여러 가지 경로가 있기 때문에, 외업 스테이지에서 크레인 운반 업무는 다른 것과 비교하여 매우 복잡한 관리를 필요로 한다.

(4) 운반업무 관리수법과 저해요인

위에서 서술한 바와 같이 운반업무의 성공 여부는 업무 관리체제 양부(良否)에 큰 영향을 받는다. 이 때문에 운반 업무의 관계자들이 회의를 하고, 매일 또는 주간 단위로 운반 예정을 입안·수행하는 방법을 강구하고 있다. 또 각 작업공정에서 요구사항 집약과 운반 작업예정 입안에 전문 어플리케이션 소프트웨어(application software)가 활용되고 있다.

운반 업무에 스케줄 지연이나 혼란을 유발하는 저해요인은 아래와 같은 것을 들 수 있다.

- 운반기계나 설비 고장에 의한 정지나 지연
- 운반경로 폭주나 교차에 의한 지체의 발생(예를 들면 부품을 운반하고 있는 차량이 블록 반전 작업을 개시하는 골리앗 크레인 작동반경내 통행 곤란)
- 각 공정 혹은 사외 조달품 등의 납기지연
- 블록 탑재작업에서 예정시간 초과
- 옥외 크레인이나 해상 운송시 악천후에 의한 운전 정지

이것들은 내적요인과 외적요인으로 나누어진다. 내적요인 발생을 방지하기 위해서는 운반·탑재작업에 필요한 시간을 정확하게 예측하고, 관계자들과 밀접하게 정보를 교환할 필요가 있다. 외적요인이 발생할 경우에는 지체 없이 예정을 수정하고, 관계자 전체와 공유와 소통을 하는 것이 필요하다.

연습문제

(1) 공사량 파악을 위한 계획의 기초가 되는 관리량이라 부르는 세 가지 항목을 설명하시오.

(2) 블록분할을 할 때 기본 5가지를 서술하시오.

(3) 일정 계획을 할 때, 겐트차트 방식과 화살 다이어그램(PERT/CPM)수법의 장점과 단점을 서술 하시오

(4) 표 4-3은 조선소에서 어떤 작업 일람표이다. PERT방법에 의하여 일정표를 작성하시오. 작도를 할 때는 본문 그림 4-26과 같은 모양으로 그리고 크리티칼 패스(critical path)를 굵은 선으로 기입하고, 필요에 따라 더미(dummy)작업도 점선으로 기입하고 각 절점의 가장 빠른 착수일, 가장 늦은 착수일을 절점위에 두 줄로 기입하시오.

표 4-3

작업명	소요시간(H)	선행작업
(1, 2)	7	(1, 2)
(2, 3)	5	(1, 2)
(2, 4)	6	(1, 2)
(3, 4)	5	(2, 3)
(3, 5)	5	(2, 3)
(3, 6)	8	(2, 3)
(4, 6)	7	(2, 4) (3, 4)
(5, 7)	6	(3, 5)
(6, 7)	2	(3, 6) (4, 6)

(5) 텐덤 방식으로 소요작업 1척 당 350천 시간의 선박을 연간 5척 피치(pitch)로 연속 건조한다. 선표를 표 4.-4(a)인 경우를 고려하여 매월 작업시간을 표 4-4(b)로 나타내시오. 표 4-4(c)에서 매월 당 작업시간의 변동을 받으면 평준화 되어진 선표를 그리고 표 4-4(b) 수치를 어떻게 수정하고, 공정계획을 어떻게 수정하면 좋겠는가를 설명하시오.

표 4-4

(a) 선표

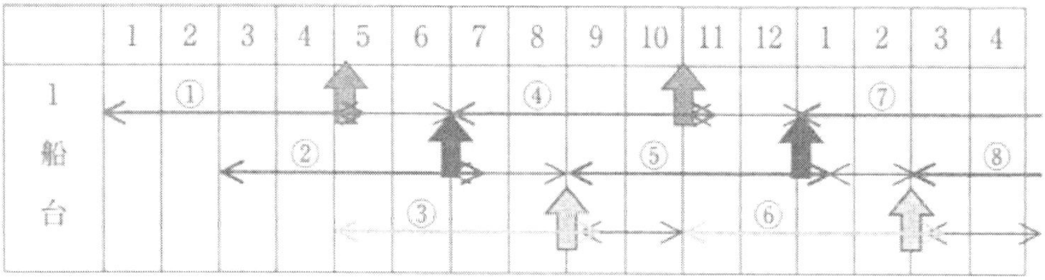

* 위를 향한 화살표는 진수를 의미한다.

(b) 공정과 작업시간

	1월	2월	3월	4월	5월	6월	7월	8월
공정	가공 개시 (월초)		탑재 개시 (월초)		중간 부상 (월초)		진수 (월초)	인도 (월말)
월 발생 시간 (단위kH)	20	25	60	75	55	35	20	10

(c) 작업시간 적산표(Excel활용 권장)

선박 번호	1 월	2 월	3 월	4 월	5 월	6 월	7 월	8 월	9 월	10 월	11 월	12 월	1 월	2 월	3 월	4 월
①																
②																
③																
④																
⑤																
⑥																
⑦																
⑧																

05

품질 관리

5.1 품질관리 개요

5.1.1 품질관리

품질관리(quality control) 등은 선주와 고객 요구가 합치되는 품질의 제품을 경제적으로 만들어 내기 위하여, 생산 각 단계에서 실행되어지는 활동을 종합한 것이다. 주안점은 아래와 같은 4 가지로 요약될 수 있다.

- 선주와 고객 요구에 합당한 품질의 제품 또는 서비스일 것
- 경제적으로 생산될 것
- 관리 수단 및 그 체계를 확립할 수 있을 것
- 실천을 위하여 통계적 수법을 이용할 것

이하에서 조선소에서 이루어지는 「품질」과 「관리」를 보다 상세하게 설명한다.

(1) 품질 의미

품질 등은 제품 또는 서비스를 사용목적을 만족할 수 있는 어떤 결정을 하기 위하여, 평가대상이 되는 성질이나 성능의 전체로 정의되어 진다. 품질 항목은 대상이 되는 제품마다 약간의 차이는 있지만 아래에 기록한 것들이 일반적이다.

- 기능·성능 : 일반적으로 가장 중요한 품질항목인 경우가 많고 시험 등으로 측정 또는 실증 가능한 항목이다.
- 물리적·화학적 성질 : 일반적으로 측정 가능한 것으로 가장 중요한 품질항목인 경우도 많으며, 상기의 대용특성으로 설정되어진다. 이와 같은 경우는 본래의 기능, 성능과 이 대용특성 사이의 관련이 명확해야 한다.
- 신뢰성·수명 등 : 최근에는 특히 중요한 항목으로 다루어지고 있으며 이것들은 측정시간 관계에서 거의 판정 불가능하다. 특히 이 항목에 관련해서는 품질설계 단계 또는 공정관리에서 보다 결정적이다.
- 쉬운 사용법 : 상기와 마찬가지로 검사에서 결정되는 성질은 아니지만, 품질설계 단계까지는 결정되어진다.

이상과 같이 한 제품의 품질항목에 있어서도 그 내용이나 취급은 큰 차이가 있지만, 항목사이 비중도 서로 다르다. 중요한 것은 이와 같은 품질항목을 각각의 제품이 구비되고 있는 동시에 롯드(lot) 또는 집단으로 보는 경우의 품질, 특히 특성치 변동이 큰 문제가 되는 것도 있다. 이것들의 품질과 고객 요구품질을 만족시켜지는 것과 동시에 사회요구를 만족시켜주어야 한다.

(2) 관리 의미

통제와 제어라고 하는 「관리」는 본래 의미와 유사하게 「품질관리」를 정의할 수 있고, 정해지는 표준이나 규격으로 실시되고 있는 것을 확인하고, 만일 표준으로부터 벗어난 값으로 수정처리를 해야 한다.

여기에 표준은 경우에 따라서 상당히 넓은 내용을 가지고 있다. 예를 들면 방침, 계획, 규칙, 사양 및 기준 등으로 불리는 종류도 있다. 또 수정처리 등은 단일처리를 하는 것이 아니고 그 결과의 흐름(flow)를 포함하고 있다. 그러므로 관리 등은 PDCA 사이클을 순환하는 것(4.1절 참조)이고, 관리를 하기 위해 우선 대전제는 계획이나 표준을 확립하는 것이다.

5.1.2 통계적 방법

(1) 특성 요인도

원래, 제품에서는 어느 정도의 오차가 발생하므로, 허용 오차(tolerance)를 인정하고 이것을 전제로 하는 것이 품질관리의 대원칙이다. 조선소에서도, 여러 종류의 공정에서 선박에 필요한 물품이 만들기 때문에, 같은 재료와 같은 공작법에 의해 같은 제품이나 물건이 만들어지지만 항상 같은 품질이 얻어지는 것은 아니다. 이 성질을 품질특성이라 하고, 이 품질에 영향을 주는 원인을 요인이라 한다. 요인은 단 한 개인 경우는 거의 없고, 통상은 복수 개가 있으며, 그것도 각각의 요인들이 몇 개의 세세한 요인으로 나타낼 수 있다. 이것은 계층구조가 되기 때문에 그림 5-1의 형태로 도시하면 이해하기가 쉽다. 이 그림을 특성요인도라고 한다. 그림의 우측이 특성이며, 좌측을 요인(원인)으로 우측을 결과로 하는 경우도 있다.

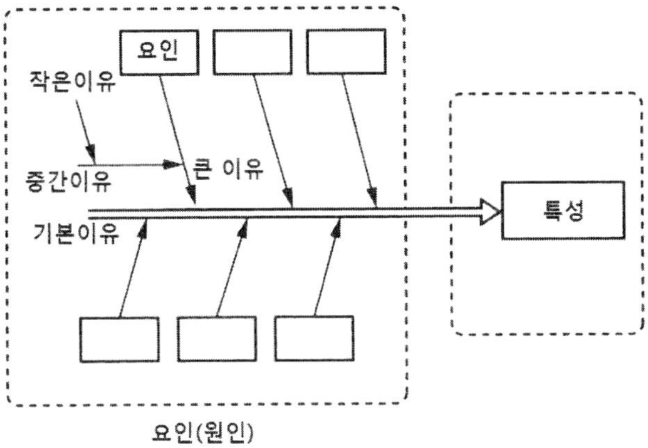

그림 5-1 특성요인도의 묘사 방법

특성요인도는 수평으로 이끌어지는 기본이유로 방향이 정해지고 여러 개의 화살표(큰 이유)를 유도하고, 이 시작 쪽으로 요인을 간단하게 쓴다. 각각의 상세한 것을 중간 이유, 작은 이유로 표시되고 있다. 화살표나 선의 각도(약 60°), 사각 네모로 쌓여있는 것은 그림의 양식을 따른다(그림의 쇄선은 설명용이기 때문에 불필요). 일례로서 어느 기계재료에 대한 경도특성(硬度特性)의 특성요인도를 그림 5-2에 나타냈다. 품질특성과 요인의 상관관계를 정리하는 것은 품질관리에서 기본이며 점차 더 중요한 활동이 된다.

(2) 통계 데이터 정리

특성 요인도에 의해서 특성과 요인의 관계를 알 수 있고, 처리되어진 요인의 항목을 세부까지 명확하게 한다. 이것들의 항목 내, 개선하기 위해 어떤 것을 우선적으로 취급해야한가, 혹은 어떠한 개선을 하면 효과적일 것 인가를 알기 위하여 파레토 선도(Pareto diagram)을 이용하고 있다. 파레토 선도 등은 그림 5-3과 같이 의미있는 순서대로 요인을 나타내면 도수분포도이다. 빈도분포(막대 그래프)와 이것을 순서대로 누적시켜 절선(折線)을 중첩시키고 있다. 그림의 예는 계기 고장원인을 장소별, 제조회사별, 원인 별로 정리한 것으로, 이것에 의하면 개선을 요하는 항목 중요도를 알 수 있다. 중요도가 클수록 개선효과도 크다.

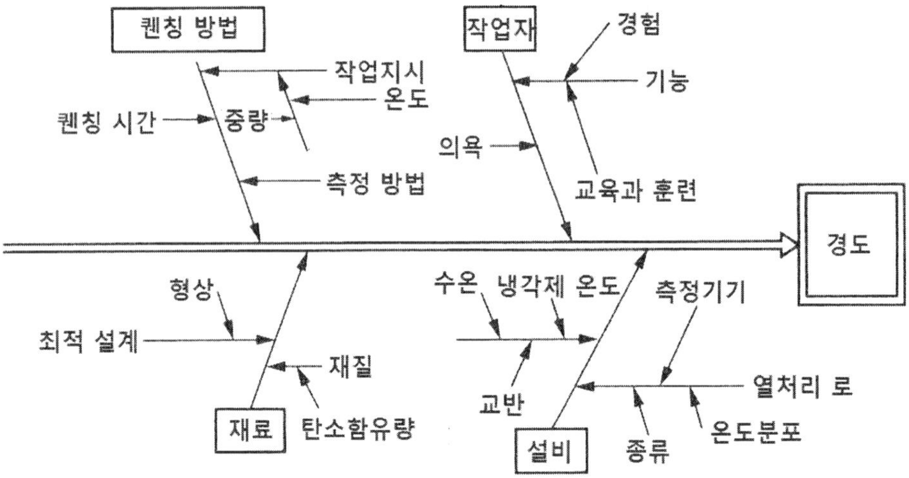

그림 5-2 기계재료에 대한 경도특성(硬度特性) 특성요인도[5.2]

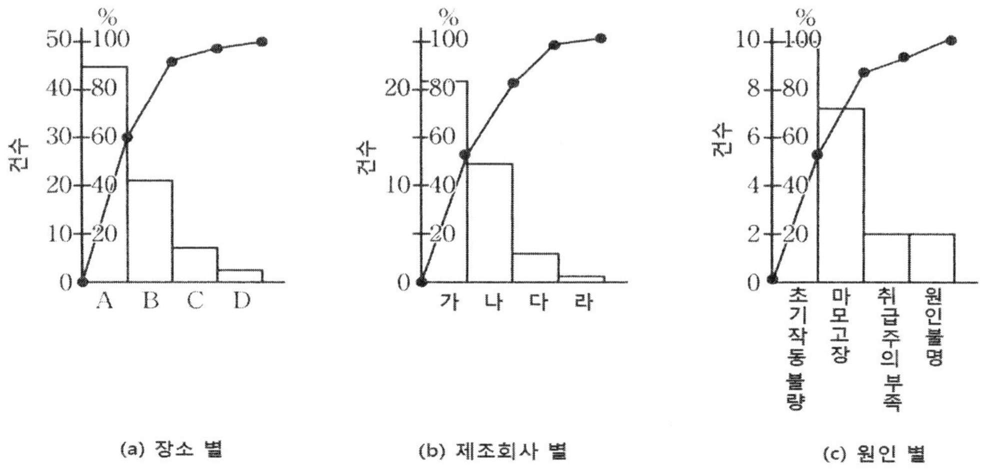

그림 5-3 파레토(Pareto) 분석[5.1]

다음에 데이터를 수집할 때 정리한 것으로 기초적 통계학 지식에 관하여 서술한다. 수집 데이터는 통상 그림 5-4(a)와 같이 히스토그램(histogram, 도수분포)으로 표시된다. 도수분포는 평균값과 「편차」로 특징되어 진다.

평균값은 식 (5-1)로 정의되는 데이터의 산술평균 μ로 표시될 수 있다.

$$\mu = \frac{1}{n}(X_1 + X_2 + ... + X_n) = \frac{1}{n}\Sigma_i X_i, \qquad n \text{ : 표본 수} \tag{5-1}$$

편차의 척도는 분산, 표준 편차, 평균 표본수 편차 등이 있는데, 일반적으로는 식 (5-2)로 정의되는 표준편차 σ를 이용하고 있다. σ^2은 분산이라고 부른다.

$$\sigma = \sqrt{\frac{1}{n}\sum_{i=1}^{n}(X_i - \mu)^2} \tag{5-2}$$

오차가 여러 개의 스테이지에서 누적되고, 각 스테이지 오차 평균과 표준편차가 $\mu_{1,}\mu_{2,}\cdots$및 $\sigma_1, \sigma_{2,\,...}$인 경우, 최종 오차 평균치 μ는 식 (5-3)으로 계산된다.

$$\mu = \frac{1}{n}(\mu_1 + \mu_2 + \cdots + \mu_n), \quad \sigma = \sqrt{\sigma_1^2 + \sigma_2^2 + \cdots + \sigma_n^2} \tag{5-3}$$

빈도 분포의 막대그래프 상단을 연결하여 곡선으로 생각해 보자. 빈도 분포의 구간을 무한히 작은 것으로 생각하여 극한값을 취하면 곡선과 횡축에서 둘러싸인 면적이 1.0이 되는 정규화 그래프를 확률밀도 분포(probability density distribution)이라고 부르고, 확률변수의 값이 x일 때 곡선 종좌표 $f(x)$를 확률밀도 함수((probability density function)라 부른다. $f(x)$는 식 (5-4)에서 근사적으로 되는 경우가 많다. 이때 확률변수는 정규분포(normal distribution)로 나타나고 확률밀도 분포는 그림 5-4(b)에 나타낸 것과 같이 종모양의 형태를 하고 있다.

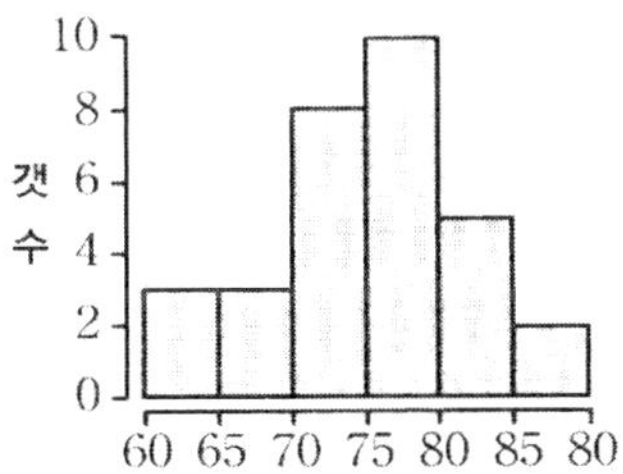

(a) histogram

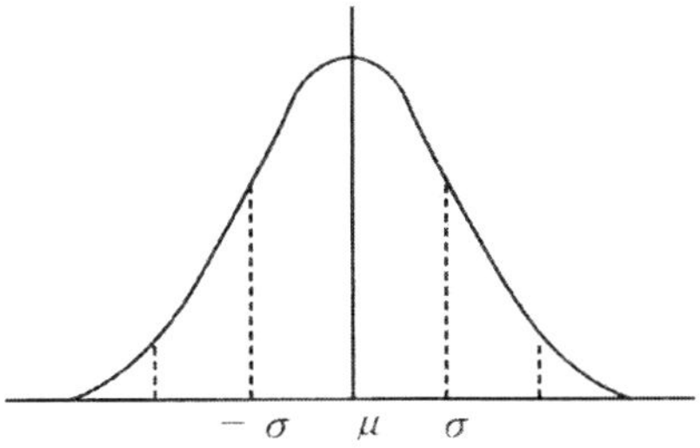

(b) 정규 분포

그림 5-4 히스토그램과 정규분포

$$f(x) = \frac{1}{\sqrt{2\pi\sigma}} exp\left(-\frac{(x-\mu)^2}{2\sigma^2}\right) \qquad (5\text{-}4)$$

확률변수가 정규분포를 따를 경우, 표준값이 $\mu \pm \sigma$, $\mu \pm 2\sigma$, $\mu \pm 3\sigma$의 범위 값을 가질 확률은 각각 68.27%, 95.48% 및 99.73%이다.

(3) 관리도

관리도 등은 관리 가능한 요인에 관한 작업방법, 설비, 치공구 및 지그 등을 표준화시킨 것으로서 그 작업 실시상황을 계측하여 품질 관리가 목적이다. 관리도는 품질의 유지향상에 역할을 하는 것 이외에도 제조공정 관리나, 공정능력 파악, 표준화 유지 등에도 이용된다. 관리도는 여러 가지 종류가 있지만 자주 사용되는 것은 $\bar{x} - R$관리도 이다. 이것은 관리한계를 나타내는 한 쌍의 선을 위, 아래로 긋고, 이것을 품질 또는 제조조건을 나타내는 점을 그린 것 이다. 이 점이 관리한계 안쪽에 있는가, 바깥쪽에 있는가에 따라서, 제조공정이 어떠한 상태인가를 알려준다. 관리한계선은 $3\sigma(-3\sigma \sim 3\sigma$ 사이)를 사용하지만 σ, 2σ를 사용한 것도 있다. 그림 5-5에 실제 예를 나타냈다.

$\bar{x} - R$ 관리도가 그림 5-5와 같은 경향을 보일 때 제조공정에 문제가 생기고 있다는 것을 간파하고 상응한 조치를 취해야 할 필요가 있다

① 점이 점차 상승(또는 하강) 할 때

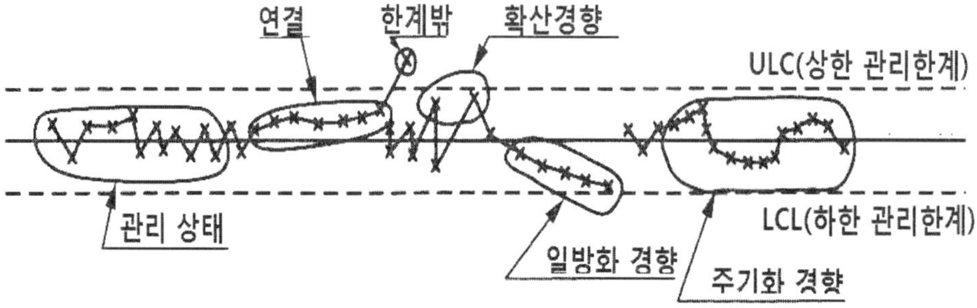

그림 5-5 $\bar{x} - R$관리도 실 예

② 점이 주기적으로 상하로 변하는 경우

③ 점이 평균선의 한쪽에서 여러 개의 점이 연속할 경우

(4) 통계적 방법의 적용

우선, 표준편차나 평균치에 대한 것을 조선소 선각제조 공정의 품질관리 분야에 도입하여 구체적으로 철판 늘리기에 관해서 설명한다. 현재하고 있는 조선소들의 생산현장의 공작 정밀도 관리 기본인 표준편차에 관해서는 부재(部材)가 일정한 정밀도 범위내에 들어가도록 각 스테이지에서 정밀도(표준편차)를 분할하는 방법을 이용하고 있다. 또 평균값은 용접에 의한 철판 수축량을 예측하고, 해당 부재에 개별적으로 연신량이나 늘어난 길이를 주는 방법을 사용하여, 철판의 늘림과 수축을 하고, 다음 공정에서 접합이나 마무리 절단을 한다(그림 5-6) [5.3].

선박 선수·미의 형상 복잡한 구조부위나 블록 접합부의 어려운 접합에서 탑재 늘리기, 위치선택 후 절단 여부를 결정하는 경우도 있다. 한쪽에서 철판 또는 탑재 늘리기 사용은 블록 주변부 구조 공간이 정규 치수보다 넓어지는 것, 인접 블록의(늘림에 직각방향으로) 부재 공간에 차이가 생기는 것, 탑재 후 무리하게 끌어당김으로 추가 용접공정 발생 등의 문제점이 발생한다. 8.1.2항에 후술한 현

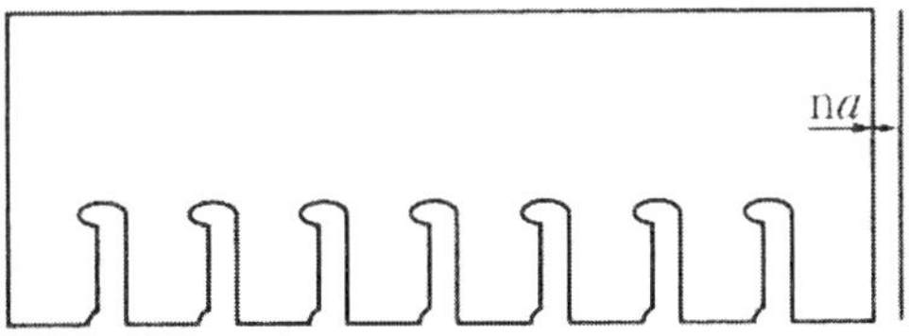

(a) 끝단 늘리기

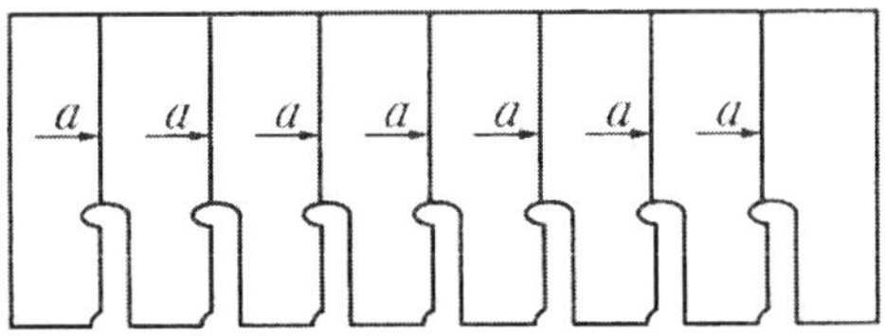

(b) 합계 길이

그림 5-6 철판 끝단부 늘리기와 연장 길이

척현도에서 아날로그 정보로 선체형상을 취급하던 시대에는 연장 길이 적용은 곤란하였지만 컴퓨터에 의한 선각 일품처리 시스템이나 CAD/CAE시스템이 적용되어 용접작업이나 변형에 의한 수축량을 디지털로 정확한 연장 길이 산출이 가능해 졌다.

또 관리도를 이용하여 품질관리를 하는 구체적인 것으로서 조립공정에서 정밀도 체크하는 항목을 아래와 같이 표시할 수 있다.

- 맞대기 접합, 직각(T자) 접합 개선(groove) 정밀도
- 주판(主板)과 내구재 시프트 정밀도
- 플로와(floor), 거더(girder), 브라켓(bracket) 등 부재 정밀도
- 입체블록 조립시 부착 정밀도

5.1.3 조직과 교육

종래의 품질관리는 전문 직종을 중심으로, 조선소 생산라인에서 독립시켜 진행시켰다. 그러나 현재에는 이것에 덧붙여 현장작업자가 참여한 자주적인 품질관리를 하는 것을 중요시하고 있다.

이것은 작업자 전원이 품질에 관심을 가지고, 자신이 만든 생산품에 자신이 책임지는 의식 널리 보급되어 졌다. 품질관리 전문가들도 이것을 도와서 작업자 지도교육을 하고, 품질관리가 현장작업의 일부가 되는 노력을 해야 한다. 이러한 품질관리 총괄적인 목표는 최종 품질 확보에 머무르지 않고, 나태한 작업태도 배제, 공정의 원활한 소화, 작업의 표준화, 성력화 촉진 등 그 효과는 품질향상과 더불어 원가절감과 생산성 향상에 크게 기여하게 된다. 아울러 작업자를 포함한 품질에 대한 평가모임 또는 연구회를 가져서 향상의식이나 기술향상을 도모할 필요가 있다.

작업자 교육은 각각 공정에 있어서 일상적인 생산 활동을 통하여 이루어지고, 정기적으로 또 계획적으로 품질관리에 관한 교육이나 훈련을 하는 것이, 보다 좋은 제품생산을 지속하기 위하여 중요한 일이다. 품질관리 교육에 대하여는 지식만이 아니고「왜 품질관리가 이루어져야만 하는가?」라는 목적을 주지 시키고,「무엇을 어떻게 만들어야 하는가?」라는 방법적인 것을 제시할 필요가 있다.

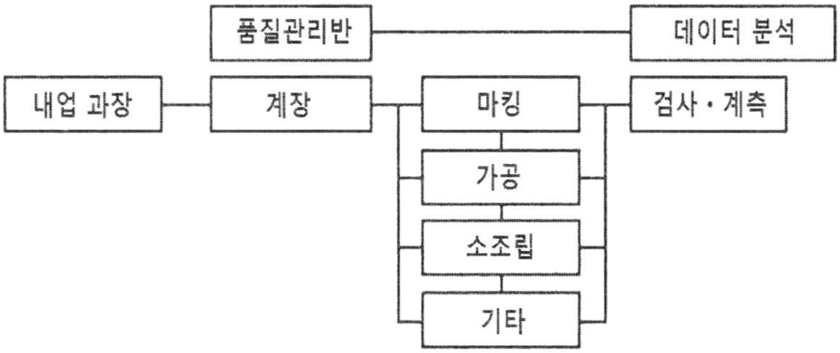

그림 5-7 품질관리 조직 예

구체적으로는 내업 공정을 하는 경우 품질관리 조직 예를 그림 5-7에 나타냈다.

5.1.4 오작 방지

각 공정에서 품질을 악화시키는 요인의 하나로 오작을 들 수 있다. 오작이 발생하는 요인은 아래와 같은 사정에 따르는 경우가 많다.

- 도면 부정확성
- 작업방법 또는 공작법 부정확
- 작업자 교육 불충분
- 정보 또는 소통 부족
- 작업환경 불량
- 작업자 부주의
- 결정된 작업공법에서 미 숙지

이것들은 설비 성능부족이나 작업표준 부족에 기인한 외부 요인과 작업자 자신의 부주의, 태만 등에 의한 휴먼에러(human error)에 기인하는 내부요인으로 구분할 수 있다.

표 5-1 오작발생 원인과 방지대책

원인	대책
육체적 요소, 심리적 요소 (작업자 불량)	잘못 생각, 잘못 숙지 등은 작업자의 표준화와 검사제도 확립. 오작과다 발생자 타 부서 배치
훈련적 요소 (지도 불량)	작업자 기술교육, 지식교육은 오작발생방지 보다 기본적인 것. 충분하고 철저한 지도 필요
지도 연락 (감독자 불량)	감독관리자 지시연락 명확화와 간소화
설비적 요소 (설비 불량)	적정한 예산확립으로 긴급개선 도모
대외적요소 (외부 불량)	각각의 관계를 규명하여 개선도모

외부 요인에 대한 항구적인 대책을 세우는 것은 가능하지만, 완전히 배제하는 것이 곤란한 내부요인의 오작발생 원인을 규명하면, 그 가운데 하나가 사전에 방지책을 세워 지속적인 노력을 할 필요성이다. 표 5-1에 오작원인 별 방지대책을 나타냈다. 또 이하 오작방지 대책의 예를 나타냈다.

(1) 오작조사표 활용

발생시킨 오작에 대하여 결정된 양식으로 경과내용을 기입하여 오작 조사표를 제출하고, 그 상황을 조사하여 오작원인을 철저하게 규명한다.

(2) 원인분류와 방지대책

오작조사표를 집계하여 오작원인을 파악 및 분류하고 합리적으로 해석하여 적정한 방지대책을 입안한다.

(3) 방지대책 실시

방지 대책으로 실시할 사항을 열거하면

- 완성 블록의 허용정밀도나 작업표준 수정 및 개선한다.
- 공작관리도표나 작업지시에 오작이 생기기 쉬운 장소와 그 원인을 지적하고 작업자 주의를 환기시킨다.
- 기계설비나 치공구 및 작업환경을 개선한다.

5.2 선각공사 정밀도 관리

5.2.1 정밀도 관리 개요

선각공사에서 정밀도 관리를 하는 목적은 다음과 같다.

- 완성한 선박의 주요치수나 적하중량 등이 계획단계에서 결정되어진 주요 성능을 만족시킬 수 있을 것
- 이음새 등의 선각구조가 설계상에 필요한 강도를 가질 것
- 공작오차에 기인하는 수정작업을 최소화 할 것
- 선박 외관을 미려하고 양호하게 할 것

이것을 기초로, 선각공사를 완성시켜 외업공정에서 필요한 블록정밀도가 조립공정에서 취할 정밀도 표준이 되고 내업공정에서 정밀도 표준은 조립공정이 요구하는 정밀도에 의해 결정되어진다.

다만 각각의 부품이나 제품이 높은 정밀도 일수록 좋은 것만은 아니고 기능 및 상품가치를 고려하여, 각 조선소 마다 또는 사내 품질 표준과 비교·검토하여 적정하게 달성 가능한 정밀도 목표치를 선택하는 것이 중요하다. 또, 각각 공정에서 정밀도 관리를 앞에 서술한 정밀도 목표를 만족시키면서, 경제성을 악화시키지 않도록 고려하고 최선의 정밀도 관리방법을 확립하는 것이 바람직하다.

5.2.2 각종 작업에서 정밀도 관리항목

마킹 정밀도와 절단 정밀도 사이에는 밀접한 관계가 있고, 절단 개선(groove)에 올바른 마킹치수로 넣어주는 것이 중요하다. 또 마킹 라인의 폭에 대하여 어떤 위치에서 토치 입구를 접근시켜 절단할 것인가 등의 작업표준을 확립하는 것이 필요하다. 아래에 마킹 정밀도에 영향을 주는 요인을 나타냈다.

(a) 손작업에 의한 마킹

- 선표 및 목형 정밀도
- 직각도
- 마킹선 두께
- 마킹선 그리는 방법
- 절단 방법

(b) NC marking

- marking line
- 토치 옵셋(torch offset)
- 백 래쉬(back lash)

(1) 절단 정밀도

절단 정밀도는 다음과 같은 4 가지 조건을 가리킨다.

- 절단면 상태(모서리부 정확성, 평면도, 거칠기 및 노치(notch) 등)
- 절단 부재의 치수 정밀도(곡선 정밀도 포함)
- 개선(groove) 정밀도
- 직선 정밀도

이러한 절단 정밀도를 좌우하는 요인들을 설명한다.

1) 열변형

절단시 강판은 열변형을 받는다. 이것은 절단부재 형상 정밀도에 영향을 주기 때문에 브릿지(bridge) 설치나 절단순서·방향, 구속조건 등에 따라 변형량을 최소화하는 대책을 세울 필요가 있다.

2) 기계고유 오차

NC절단에 의한 기계절단의 경우, 제어장치 및 절단기가 보유한 고유 오차는 기계부분의 마모나 전기부품의 열화 정도에 따라 다르다. 일상적인 정비와 전기검사를 중심으로 적정한 예비부품으로 예방보전과 사후보전을 할 필요가 있다. 또 절단기 지지구조 및 지지 레일의 정밀도가 중요하고, 이것들의 진동과 같은 동적요인이나 경년열화(經年劣化)가 오차 요인을 만들기 때문에 상시적 검사와 정밀도 편차 등의 원인발견에 많은 노력을 해야 한다.

3) 절단 조건

절단속도, 토치 화구, 산소 압력 및 순도, 사용가스 순도 및 예열온도 등 절단조건이 적정하지 않으면 절단면 거칠기, 평면도 및 슬래그(slag) 부착상태가 변화하고, 균일한 품질을 보증하기가 곤란하다. 이를 막기 위하여 절단조건의 표준화를 시도할 필요가 있다.

4) 정반 수평도

절단 정반의 열화에 의하여 수평도가 나빠지는 것과 절단 중 열변형(熱變形)에 의해 철판 크기변화 등이 일어나기 쉬운데, 그 경향은 소형부재 절단의 경우 특히 현저하다. 그러므로 정반 수평도에 대한 정기적인 검사와 보수가 필요하다.

5) 작업자 기량

작업자에 따라서 개인 기량차이가 가스절단에 주는 영향은 지대하다. 그러므로 적정한 교육과 훈련을 하여 작업자 기량향상을 도모할 필요가 있다.

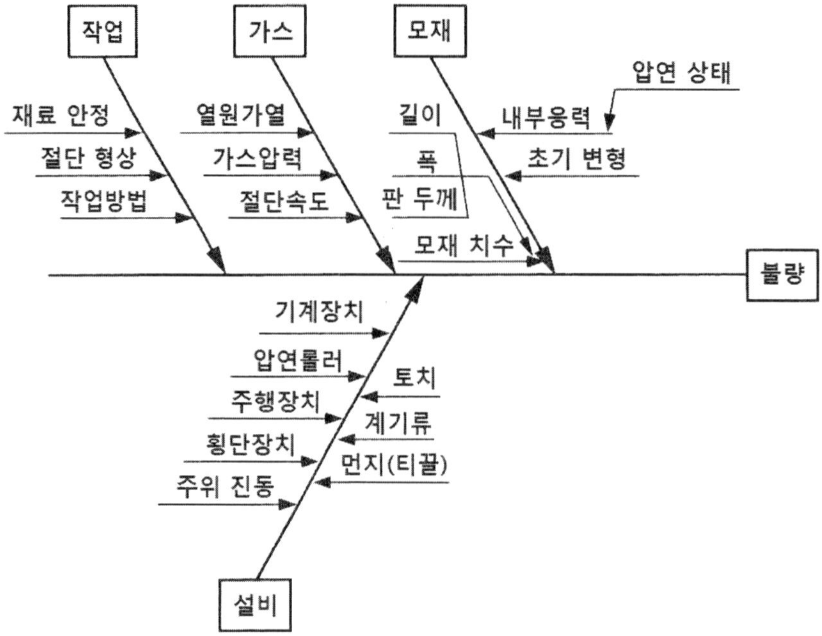

그림 5-8 NC절단 정밀도 불량에 관한 특성요인도

6) 마킹 정밀도

마킹 정밀도에 의하여 절단 정밀도가 좌우된다. 그림 5-8에 NC절단 정밀도 불량에 관한 특성 요인도를 나타냈다.

(2) 설비기계나 치공구 정밀도

설비기계와 치공구가 정밀도에 영향을 주는 구체적인 예를 이하에 나타냈다.

1) 측정기기

줄자 그 외 측정기기 및 직각정규(定規) 등의 치공구 정밀도는 제품 정밀도와 밀접한 관계가 있으므로 주의를 해야 한다. 특히 현도용 기본 정규(스케일)는 중요하게 보관해야 하고, 다른 스케일은 정기적으로 비교·검사할 필요가 있다. 일

표 5-2 철제줄자 허용오차

길이(m)	5	10	15	20	25	30	35	40	45	50
허용오차(mm)	±0.7	±1.2	±1.7	±2.2	±2.7	±3.2	±3.7	±4.2	±4.7	±5.2

반적으로 치공구는 반복하여 사용되기 때문에 검사와 보관할 때 충분한 관리를 해야 한다. 참고로 철제 줄자의 허용오차를 표 5-2에 나타냈다.

2) 프레스 기계

내업 공장의 설비기계 가운데, 빈번하게 사용되면서 여러 가지 가공 정밀도상에 문제가 되는 것은 프레스기계이다. 일반적으로 굽힘 가공을 하는 부재는 가공 후 정밀도를 정량적으로 확인하는 것이 곤란하다. 플랜지 가공 경우, 프레스 기계의 칼날과 받침대 역할을 하는 지그(jig)가 부재의 판 두께에 의해 굽힘 반경이 일정하게 되므로 부재 판 두께에 따른 적절한 지그를 선택해야 한다. 또 강재의 부재성질 및 크기에 따라서도 큰 영향을 받기 때문에, 항시 기하학적 형상공차(幾何學的 形狀公差) 오차를 조사할 필요가 있다.

3) 조립공정에서 기계설비와 치공구

조립공정에 사용되는 기계설비나 고정장치가 정밀도에 영향을 주는 요인은 아래와 같은 것을 들 수 있다.

- 블록 조립용 고정장치 형상과 변형 유무
- 조립 정반 치수 정밀도와 수평도
- 조립용 각종 설비기계 정밀도

(3) 부착 정밀도

부착 작업은 마킹선(marking line)에 따라서 정확하게 할 필요가 있고 길이, 각도 및 수평도 등을 면밀하게 확인해야 한다. 부착 정밀도에서 관리 항목은 아래와 같다.

- 부재 사이 간극 및 오차
- 용접선 근접
- 구멍 가공
- 마무리 가공
- 부착 작업 중에 만들어지는 절단면 결함

문제가 되는 것은 부재들의 간극 및 오류 등이다. 이것들은 용접시공 및 선체 강도에서 중요한 항목이기 때문에 충분히 주의하여 작업할 필요가 있다. 부착 정밀도에 영향을 미치는 요인으로 전 단계에서 서술한 마킹 이외에도 이하에서 언급한 것들을 들 수 있다.

- 조립순서
- 가 부착 방법
- 조립공정에서 하는 마킹·절단 품질
- 블록 구성부재의 가공 정밀도
- 선행 의장품 부착
- 운반용 피스, 받침대 피스, 블록 받침용 피스 등의 부착

(4) 용접 정밀도

용접품질은 용접변형, 용접비드 외관 및 내부결함 등으로 크게 나눌 수 있는데 그 가운데에서도 정밀도 관리대상이 되는 것은 용접변형과 용접비드 외관이다. 용접 변형에서는 많은 종류가 있는데(2.6.6절 참조), 이것들은 정밀도에 국한되지 않고, 선체 외관이나 좌굴강도 관점에서도 검토되어져야 한다.

용접변형과 용접비드 외관에 영향을 미치는 항목은 아래와 같다.

- 용접순서와 용접개시 시점
- 적절한 사용전류 및 전압의 조정
- 용접속도 및 운봉법(運棒法)
- 적정한 용접 와이어와 용접봉 선정
- 용접기 조작요령

- 개선(groove)형상과 이음부 구속
- 가 부착 요령

이러한 인자를 감안하여 작업표준을 확립하여도, 작업자 개인 기량에 의한 편차가 발생하기 때문에 용접 작업자에 대한 효과적인 교육지도를 하는 것이 중요한다.

(5) 블록 치수 정밀도

블록 형상치수 불량은 외업 공정의 공정수 증가를 초래할 뿐 아니라, 블록 이음새 부근에 국부적 변형을 유발힌다. 동시에 내부응력의 국부적 집중을 일으기기 쉬워, 선체 외관과 강도에 문제를 남기는 경우가 많기 때문에 주의하여 관리를 해야 한다. 용접 완료 후에 일어난 블록의 변형이 선체 정밀도에 문제를 발생시키는 경우가 많다. 입체 블록 및 타 축(rudder shaft) 또는 타 축을 포함한 블록에서도 신중한 관리가 이루어져야 한다.

그러나 블록이 완성된 시점에 치수 정밀도 불량을 발견했을 때는 보수작업을 하여 수정을 하는 것이 지극히 곤란한 일이기 때문에 지금까지 서술한 각 항의 정밀도 관리를 충분하게 수행하기 위해 처음부터 용접변형을 예측한 조립과, 용접이 완료된 후 판 이음 연장을 절단하는 등의 후속 조치가 필요하다.

(6) 선체 치수 정밀도

외업공정에서 정확한 선형확보 관점에서 관리되는 정밀도 항목으로 아래의 두 가지를 들 수 있다.

- 주요 치수 : 선박 길이, 폭, 깊이
- 선형 : 선저 킬(keel), 선수와 선미의 지지, 폭 방향 수직거리

이것들을 적정한 상태로 관리하기 위해서 각각의 블록에서 정밀도를 관리하고, 외업공정에서 실시하는 결정작업 관리가 중요하다. 선체결정 작업은 조선분야 외업공정에서 독특한 기술로서 5.4.3에서 상세하게 설명하겠다.

(7) 의장품 부착에 대한 치수 정밀도

지금까지 서술한 정밀도 관리항목과 달리, 의장품과 부착장소 치수 정밀도에 관해서도 정밀한 관리가 되어져야 한다. 해치코밍(hatch coaming) 이나 램프웨이(ramp way)등, 의장품과 부착장소 개구부 치수나 평면도는 외업공정에서 확인할 수 있지만, 해당하는 장소를 구성하는 블록 혹은 부재의 단계에서 정밀도 관리를 하는 것으로서 외업공정에서 마무리 작업량을 최소화 시킬 수 있다.

5.2.3 강선공작법 정밀도 기준

강선공작법 정밀도 기준에서는 과거에 건조되어진 선박 또는 당시 건조 중의 선박을 대상으로 공작 정밀도를 계측하고, 이 값을 통계처리하여 표준범위와 허용한계를 정하고, 전자를 품질관리 지표, 후자를 수정할 필요가 있는 한계로 하였다.

선각관계에서 기준범위는 재료, 가공, 조립에서 정밀도를 포함하여, 선형 확보, 용접, 마무리 가공 및 변형량까지를 포함하고 있기 때문에 정밀도 기준의 백데이터(back data)와 해설 형태로 정리되어 있고, 의장과 도장 관계에서도 기준을 설정하고 있다.

강선제작법의 정밀도기준 적용에서 표준범위에 합격한 공작 정밀도를 관리하고 허용범위는 선급협회나 선주에게 확인받는 것을 생각할 수 있다. 조선소는 강선제작법 정밀도기준에서 정하고 있는 건조 스테이지 정밀도 기준을 만족시키는 것은 물론, 각각의 조선소마다 건조법이나 공장설비, 선박종류 차이 등을 고려한 독자적인 정밀도 기준을 설정하여 정밀도 관리를 하고 있다.

5.3 검사

5.3.1 검사 목적

선박 제작과정에서 검사를 하는 목적은 두 가지로 나눌 수 있다.

- 각 공정에서 제작된 제품이, 설계단계에서 결정되어진 항목과 후속되는 공정이 요구하는 품질기준의 만족 여부 판정
- 선주와 더불어 선급협회에 대하여 그 제품 품질을 보증

본 절에서는 처음에는 검사대상이 되는 항목을, 다음에는 검사를 실시하는 방법에 관하여 설명한다.

5.3.2 검사 대상

선각공사에서 검사는 블록을 제작하는 조립공정에서 하는 경우가 많다. 이것은 내업공정에서 취급하는 제품 회전이 빠르고, 또 취급부품의 개수가 많기 때문이다.

(1) 형상, 치수에 관한 검사

형상, 치수 등에 관한 검사 대상이 되는 항목은 아래와 같다.

- 절단 부재의 치수
- 굽힘 가공을 하는 부재의 치수
- 블록 길이, 폭, 굽힘 및 수평도 등
- 선체 길이, 폭, 깊이 및 길이와 폭 방향의 변형량

(2) 용접부에 대한 육안검사

용접비드 외관 검사를 육안으로 검사하는 것은 신뢰성을 높일 수 있는 중요한 방법의 하나이고, 블록 조립공정과 외업공정에서 공통으로 실시하는 검사이다. 선체 구조의 용접외관 검사에서는 강선공작법의 정밀도기준에서 규정하고 있는 것과 같이, 덧살(reinforcement)의 높이, 언더 컷, 각장(脚長) 등을 검사하는 대상으로 하고 있다.

(3) 비파괴 검사

용접 비드의 외면에 나타난 결함은 육안검사로 판명할 수 있으나, 용접비드 내부 결함은 분석할 수 없다. 이 용접비드 내부결함 유무를 판정하는 방법은 비파괴 검사인데 제품을 파괴하지 않고 제품의 적합 또는 부적합 여부를 판정하는 것이 때문에 이와 같이 부르고 있다. 비파괴검사 종류 및 사용범위는 표 5-3과 같고, 장점과 단점을 표 5-4에 각각 나타냈다.

조선소 현장 작업자들은 어떤 방법을 적용하더라도 제품이 가지고 있는 기계적 성질, 일어날 수 있는 결함 등을 숙지하고 실시해야 한다. 또, 비파괴검사를 용접부 전체길이에 하는 것은 불가능하기 때문에 계획이나 사전 준비 등에 유의해야 한다.

표 5-3 비파괴 검사의 종류와 사용범위

종류	원리	사용 범위
X선 투과 검사	방사선 투과능력 이용	표면 부근 및 내부결함
γ선 투과검사	방사선 투과능력 이용	내부 결함
초음파검사(UT)	초음파 지향성과 철판내부 전파력 이용	내부 결함
자기검사 (MT)	자기 이용	표면부근 결함
침투검사(PT)	침투액 모세관 현상 이용	표면 결함
누유검사	정수압, 공기압 이용	표면 결함

표 5-4 비파괴 검사 장점과 단점

종류	설비비	검사비	위생문제	기록
X선 투과 검사	×	×	×	남는다
γ선 투과검사	△	×	×	남는다
초음파검사(UT)	△	△	○	남지 않는다
자기검사 (MT)	×	○	○	남지 않는다
침투검사(PT)	○	○	○	남지 않는다
누유검사	○	○	○	남지 않는다

(4) 블록 완성 검사

조립작업 완료 후 블록 최종품질을 보증할 목적으로 블록 완성검사를 하고, 불량부가 발견되면 필요한 처리를 하고, 소정의 품질을 확보되었다고 판정된 후 외업공정으로 인도한다. 블록 검사는 아래와 같은 점을 한다.

- 블록에 부착되는 부품의 결함 유무 및 용접 미시공 유무
- 부품 형상치수 및 블록전체 치수
- 용접 품질
- 강재 표면처리

블록 완성검사를 마치면, 측정결과 기록과 양부(良否)판정 및 불량품 처리방법에 관하여 자료를 만들고 검사 성적보고서를 작성한다. 이 검사기록은 불량을 유발한 원인제거와 기술향상을 위해 활용한다.

(5) 부착에 관한 검사

외업공정에서 블록들의 연결 및 부착 정밀도는 내업 및 조립 스테이지에서 오차의 누적, 선대(도크)에서 건조 부착오차, 용접 및 변형에 의한 열팽창과 열수

축에 의해 일어나는 개선(groove)간격 과소 등의 요인에 의해 영향을 받는다. 또 가스절단도 지상 조립에 비해서 작업환경이 나쁘기 때문에, 절단면이 거칠어져 노치(notch)가 만들어지기 쉽다. 부착의 양부를 판정할 검사는 강선공작법 정밀도 기준이나 각 조선소 사내 기준에 의거한다.

(6) 구획 밀폐성 검사

기밀, 수밀 및 유밀과 탱크 등의 밀폐성이 보증되어져야 하는 구획에서는, 수압 테스트나 에어 테스트 등을 하여 누설여부를 검사한다.

5.3.3 검사 방법

지금까지 서술한 각종 검사항목은 각 공정에서 조선소 자체적으로 작업 중에 실시할 수 있는 자주검사이며, 완성시킨 제품을 후 공정에 인도하기 전에 실시하는 완성검사와는 구별될 수 있다.

자주검사는 완성검사에 앞서, 그 공정에 종사하는 작업자 본인이나 작업감독자에 의해서 이루어진다. 목적은 품질기준을 충족시키지 못한 부위에 수리 및 보수공사를 하는 효율악화를 최소화시키기 위해, 검사를 하는 사람을 지도교육하고 작업자의 품질제고 의식을 향상시키려고 하는 것이다. 한편, 완성검사는 선주, 선급협회에서 주도적으로 하는 경우가 많고, 검사대상에 관해서도 제품이 요구하고 있는 품질기준을 만족시키고 있다는 것을 보증할 목적으로 한다.

제품 흐름이 신속하고 취급부재 개수가 많은 내업공정에서는, 선주 및 선급협회에 의한 완성검사는 거의 실시하지 않지만, 자주검사를 하는 경우는 많다.

5.4 선각공작 품질관리

5.4.1 특수강 관리

내업공정에서 다루고 있는 강재들은, 철강제조사가 발주자(조선소)에게 재료의 화학성분이나 기계적 성질을 증명을 위해 발행하는 증명서인 밀 시트(mill sheet)가 부착되어 있지만, 작업자는 납품되어진 강재가 가지고 있는 성질을 만족하는지 여부를 검토해야 한다. 또 고장력강이나 저온강은 관리 면에서 주의할 필요가 있기 때문에 강판에 고장력강 또는 저온강이라는 것을 반드시 표시해야 한다.

열간가공에 의한 철판 굽힘 가공은 가열온도가 재질에 미치는 영향이 매우 크기 때문에 상당한 주의깊게 작업을 해야 한다. 이것들은 강판의 두께, 토치 이송속도, 화구 크기, 토치와 강판면의 거리 등에 관계가 있기 때문에 여러 가지 조건에 대하여 적정한 가열요령과 작업표준을 작성할 필요가 있다. 고장력강이나 저온강의 열간 가공할 때는 가열온도와 냉각 온도를 일반적인 연강재보다 약간 낮게 하고 세심하게 관리를 해야 한다.

열간가공에서는 표면온도를 측정하면서 수행해야 하고 이것은 온도 센서나 초크(chalk)로 관리하는 것이 일반적이다. 감온 도료를 사용하는 방법과 화염 빛깔로 판별하는 방법도 있으나. 감온도료(感溫塗料)는 비교적 낮은 온도에서 적용되어지기 때문에, 열원에 직접적인 영향을 받지 않은 부분이나 경합금에 사용되어진다. 화염 색깔로 이루어지는 판별은 숙련을 필요로 하지만, 확실성은 저하된다.

5.4.2 표면처리 품질관리

쇼트 블라스트에서는 사용할 쇼트 또는 입자 크기와 분사속도에 따라서 재료 표면조도(粗度) 및 경화(硬化) 상태가 변한다. 표 5-5에 표면처리 후의 표면조도 예를 들었다. 하지(下地)처리의 기준은 ISO-8501-1이 이용되는 경우가 많다.

표 5-5 표면처리 후 표면거칠기

		임펠러회전수 (rpm)	분사량 (kg/min)	쇼트 거칠기 (Φmm)	분사시간 (sec)	거칠기(조도)	
						고장력강	연강
쇼트 블라스트	1	1,500	120	0.5~1.0	10	22.5	25.0
	2	1,750	150	0.5~1.0	10	31.6	33.0
	3	1,750	150	1.5~2.0	10	58.0	60.0
샌드 블라스트		모래 거칠기 : 0.9~2.5 Φmm 공기압력 : 6 kg/㎠ 노즐과 판 거리 : 약 200 mm				440	57.0

표 5-6 각종 표면처리 규격 대응표

ABRASIVE BLAST CLEANING	ISO	SSPC	NACE	JSRA
Blast cleaning to visually clean steel-white metal blast cleaning	Sa3	SP5	No.1	Sd3
Very thorough blast cleaning-near white metal blast cleaning	Sa2.5	SP10	No.2	Sd2
Thorough blast cleaning-commercial blast cleaning	Sa2	SP6	No.3	Sd1
Light blast cleaning-brush-off blast cleaning	Sa1	SP7	No.4	(none)

ISO-8501-1에서는 철판에 녹이 발생한 정도, 처리방법 및 그 등급을 규정하고 있고 각 등급별로 사진 견본을 수록하고 있다. 피 연마재 발청 정도는 A, B, C 및 D의 4 단계로 나누어지고, 블라스트 연마정도(처리 등급)을 Sa1, Sa2, Sa2.5 및 Sa3으로 분류하고 있다.

이것에 의해 예를 들면 발청 정도가 "A"의 것에 "Sa2.5"정도의 쇼트 블라스트를 가하는 경우, 표면 마무리 가공을 "ASa2.5"라고 표시할 수 있다. ISO-8501-1 이외의 규격으로는 미국 SSPC(steel structure painting council : surface preparation specification) 및 NACE(national association of corrosion engineers)의 규격이나, ISRA(일본조선연구협회)의 도장 전 강재표면처리기준(JSRA-SPSS) 및 이것들의 PSPC대응판인 JSTRA(일본선박기술연구협회)의 JSTRA-SPSS for PSPC 등이 있다. 각종 규정의 블라스트 표면의 마무리가공 등급비교는 표 5-6에 있다. ISO-8501-1은 2.7.5절에서 해설한 IMO 도장성능기준(PSPC/WBT 및 PSPS/COT)를 참조하라.

5.4.3 외업공정 품질관리

(1) 결정방법

결정방법이 관리할 항목으로는 아래와 같은 것을 들 수 있다.

- 블록들의 이음새에서 절단 정밀도
- 선체 건조 중에 블록 위치 정밀도
- 선체 치수 즉, 길이, 폭, 높이, 킬(keel) 및 축심 정밀도
- 블록들의 용접작업 정밀도

또 결정방법에서 정밀도에 영향을 미치는 인자는 아래와 같은 것이 있다.

- 건조방법과 블록 연신량
- 용접작업에 의한 블록 상호간 이송량
- 도크(선대)의 강도와 선체 이동
- 기온변화에 의한 선체 변형
- 블록 정밀도 오차
- 용접 입열(入熱)

(2) 축심 투시와 타심 투시

축심 투시는 다음의 목적으로 실시한다.

- 중간축 길이 결정
- 주기나 감속기 부착위치 결정
- 선미관 보링 센터(boring center) 및 축심 위치 결정

- 각 베어링 위치 결정

또 타심 투시는 다음의 목적으로 실시한다.

- 스터핑 박스의 받침대 기울기 결정
- 타축 길이 결정
- 보링 센터 및 타심위치 결정

(3) 선저 투시

선저 투시에서는 선저 킬(keel)의 기울기량을 계측한다.

(4) 드래프트 마크, 프리보드 마크 및 선체깊이 검사

연습문제

(1) 그림 5-9에 나타낸 것과 같이 보강재가 기울어져 사다리꼴 모양의 판 길이 10 cm를 용접하였다. 용접에 의한 횡수축 및 종수축이 각각 0.5 mm일 때, x 방향, y 방향의 늘어난 길이는 얼마정도 하는 것이 좋겠는가?

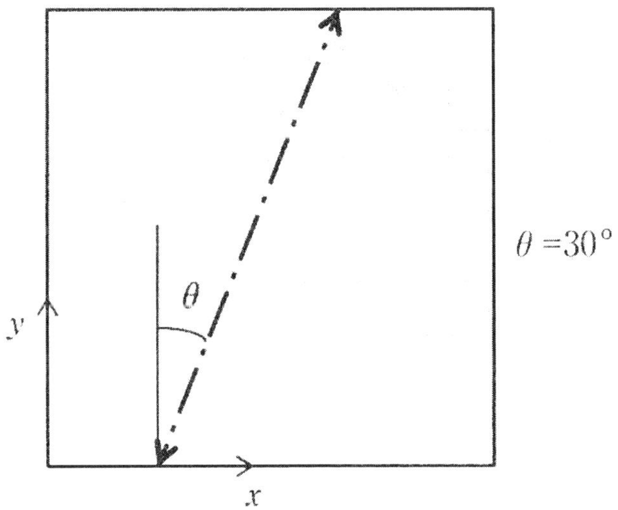

그림 5-9

(2) 선각공작에서 정밀도 관리에 관해서 그 관리대상이 되는 항목을 4개 이상 쓰시오

(3) 선체 건조공장에서 생기는 블록이나 선체의 형상요차에 기인하는 요인에 관하여, 아래의 질문에 답하시오

1) 종통재 부착공정에서 제작되어진 블록에 관하여 특성요인도를 이용하여 외형 치수(탑재공정 또는 총 조립공정에서 블록 합치부)의 오차요인을 설명하시오.

2) 선대 또는 건조 도크에서 생기는 선체 변형에 관하여 특성요인도를 이용하여 오차요인을 설명하시오.

(4) 용접 품질을 관리하기 위하여 어떠한 검사를 수행하는가, 주된 시험 또는 검사 대상과 검사방법을 정리하시오.

06

진수공작법

6.1 진수 종류

선박건조 중 선각공사가 거의 완료될 시점에 선대 또는 건조 도크에서 선체를 진수시켜 해상에 배를 띠운다. 이러한 작업을 진수라고 하고, 크게 나누면 선대 진수와 도크진수의 두 종류가 있다. 선대진수는 선대에서 하는 진수가 있고, 킬(keel) 반목, 선복 반목 및 여러 지주에 의하여 지지되는 선체 중량을 단기간에 설치되어진 진수대로 옮겨서 약 수십 초 사이에 선체를 바다로 활주시키고 배를 띠워서 부양한다. 중량물이 한 순간에 육상에서 바다로 이동하여 선체에 급격한 하중과 응력이 작용하기 때문에 위험성이 높으므로, 매우 정교하게 이루어져야 하는 공정이다. 그러므로 선대 진수공사는 면밀한 이론적 계산과 과거의 실적, 경험을 가미하여 계획을 세워야 하고 더불어 숙련된 작업원의 신중하고 적절하게 대응하는 판단에 따라서 실시해야 한다.

도크 진수는 건조 도크에서 하는 진수이며 도크에 물을 넣어 선체를 부양시키는 것이므로 선저가 손상되지 않고 트림(trim), 힐(heel)의 수정 때문에 발라스트량의 계획에 세밀하고 충분한 검토를 필요로 한다.

선대 또는 건조 도크에서 하는 진수는 조선소 지리적 조건, 설비 조건 혹은 경험적·역사적 조건 등에 따라서 여러 가지 종류가 있으며 각 조선소 마다 최적의 방법으로 진수를 하고 있다.

6.1.1 선대진수 개요

선대진수에서는 일반적으로 배를 선수·미 방향으로 진행시키기 때문에 진수대를 그것과 동일한 방향으로 통상 양현 대칭으로 2조를 설치한다. 이 진수대는 고정대와 활주대가 있고 고정대는 선대위에서 적당한 경사를 가지고 배치되어져 있고, 이 위에 선체와 결합된 활주대에 놓여 있다. 고정대와 활주대 사이에 마찰이 적고 미끄러지기 쉽게 하기 위하여 펫트(fat, 동물 기름의 일종) 또는 볼(ball) 등이 삽입되어 있다.

그러나 대형 선박에서는 양현 2조의 다른 쪽 중심선에도 진수대를 설치하여 합계 3조의 진수대를 설치한 것도 있고 덧붙여 좌우 2조로서 도합 4조의 진수대를 설치하는 경우도 있다. 또 1조에 소형선 진수를 하는 경우도 있다.

진수는 일반적으로 선미부터 활주를 하는데 이것은 선미가 부양할 때 과대한 중량이 선박 앞부분 포핏(poppet, 진수 때 선수와 선미를 지지해 주고 감싸는 부분)에 부과되어 이 중량을 이겨낼 수 있는 것은 구조상 선미보다 선수방향이 안전강도 상 유리하기 때문이다. 더불어 드롭(drop, 진수에서 선대를 미끄러질 때 마지막 부분에서 떨어지는 것)을 일으키지 않도록 선미부터 진수하는 것이 바람직하기 때문이다.

진수날짜 결정은 부양 후에 선체안전은 물론이고 진수 중에도 하중을 충분하게 이겨낼 수 있는 강도를 완성한 시점이며, 일반적으로는 최대만조 때를 목표로 하고 있다. 진수 시점은 만조 시 약 30분 전후이며, 조수 흐름이 멈추는 시각을 이용하는 것이 일반적이다. 조선소에 따라서는 반드시 만조시각이 아니더라도 그 조선소에 적당한 수위를 선택하여 진수를 하는 방법도 바람직하다.

진수일 근방은 관계 직종의 혼재작업이 많기 때문에 진수공사 전에 면밀하게 공사계획을 검토하여 모든 직종이 원활하게 마무리 공사를 진행할 수 있도록 조정할 필요가 있다.

(1) 펫트(fat) 진수(그림 6-1)

고정대 위에 펫트 및 연비누를 바르고 그 위를 선체와 연결된 활주대를 활주시켜서 진수를 하는 방법으로, 오래 전부터 많이 사용되었던 방법이다. 특징은 정숙한 진수와 원활한 활주가 이루어진다는 것이다. 그러나 펫트의 최대 재화시간(載貨時間)은 약 4시간 이내이므로 장시간 하중이 걸리지 않게 하기 위하여 진수당일 진수중량을 고정대에 한 번에 이동시켜야 하기 때문에 진수 공사량이 많아져 작업 평준화에는 어려운 점이 있다.

또 펫트는 온도 영향을 받기 때문에 계절에 따라서는 펫트 종류를 바꿀 필요도 있다. 추운 날씨나 평균압력이 높은 경우, 눌러 붙어서 움직이지 않는 경우도 있다. 펫트의 경우, 허용 가능한 최대허용 압력은 30 ton/㎡ 정도로 알려져 있다. 그렇기 때문에 대형선은 평균압력을 저하시키기 위해 3조 또는 4조 진수 등이 이루어진다.

그림 6-1 펫트 진수

그림 6-2 볼 진수

(2) 볼 진수(그림 6-2)

고정대 상면, 활주대 하면에 궤도판을 부착하고 펫트, 연비누의 대신에 직경 90 ㎜의 강제(鋼製) 볼을 삽입하고 볼의 간격을 일정하게 유지하기 위한 장치를 배열하여 볼 회전을 이용하여 활주대를 미끄러지게 하여 진수시키는 방법으로 펫트 진수보다 새로운 진수방법이다. 볼 진수 특징은 계절에 따라서 볼 신뢰성이 변함없다는 점이며 또 장시간 큰 하중을 부과하는 것이 가능하기 때문에 진수일로 부터 수일 전부터 서서히 킬(keel)반목, 선복반목, 지주 등을 제거하는 것이 가능하기 때문에 진수 공사량의 평균화가 가능하여 진수작업량은 펫트 진수에 비교하여 60~80% 정도로 줄어들어 생산성 향상에 큰 효과가 있다. 또 볼 진수의 경우 허용되어지는 최대 평균압력이 커서 대형선도 3조나 4조 진수 등이 필요하지 않고, 2조 정도만으로도 충분하기 때문에 펫트 진수에 비교하여 진수 공사량이 절감된다.

6.1.2 도크진수 개요

건조 도크(dock)에서 선각공사가 완료된 시점에 도크 내에 물을 주수(注水)하여 선체를 부양시키는 것이 도크 진수이다. 도크 진수는 선대진수와는 크게 다르게 중량물이 짧은 시간 내에 이동이 없기 때문에 큰 위험성은 없다. 도크 저면의 경사가 거의 없어 선박 흘수(draft)까지 부양하기 위해서는 진수 전에 탱크 내에 발라스트수를 넣을 필요가 있고 이 발라스팅을 위하여 선체중심의 정확한 추정을 해야 한다. 또 발라스트 계획을 할 때는 선체 저면의 손상이 없도록 충분한 검토를 해야 한다.

6.1.3 기타 진수법

진수대를 이용하지 않고 차륜 가대에 선체를 실어서 궤도 위를 굴려서 하는 대차진수, 혹은 롤러진수가 있다. 또 소형선에는 크레인을 이용하여 선체를 들어 올려서 진수를 하는 것도 있다. 또 어떤 조선소에서는 복원력이 좋은 선박의 경우, 선체를 횡 방향으로 활강시키는 횡방향 진수를 하는 조선소도 있다.

6.1.4 진수시 해양오염방지(ISO-14001)

진수할 때 해양오염 원인은 오니, 슬러지, 유지류, 도료 가루, 그 외 부양물 쓰레기 등이 있는데, 도크 진수 또는 선대 진수 등 어떠한 진수를 하더라도 오염원인은 배제해야 한다. 또 진수 후에는 해양 쓰레기 회수를 위한 오일펜스를 설치하여 주변의 바다로 유출되는 것을 막아야 한다.

6.2 선대진수 계획

6.2.1 선체부착 위치 결정

선대 상의 선체부착 위치는 진수중량, 선체 중심, 조고(潮高)에 따른 고정대의 경사, 캠버(camber), 킬(keel) 경사 등과 더불어, 진수성능에 따른 진수대 공사와 밀접한 관계를 가지고 있다. 그러므로 선체부착 즉 킬(keel) 경사, A.P. 위치, 선대상 높이의 계획에 합당한 고정대 경사, 캠버, 선체 전후 끝단, 트리거(trigger)의 위치 등을 고려하여 결정해야 한다(그림 6-3). 물론 부착위치는 각 조선소의 노하우, 선대, 선형 등의 특수한 사정을 고려하여 최적한 장소를 결정하지만, 일반적으로 다음과 같은 사정을 고려하는 것이 바람직하다.

- 고정대 표면부터 선체 저면까지 최소 치수는 활주대, 지그, 반목 등이 충분하게 들어가고 또 펫트 칠하기 또는 볼의 삽입이 가능한 높이일 것
- 고정대 후단부에 있는 반목 높이는 안전성 및 고정대 후단부 압력을 작게 할 수록 바람직
- 트리거의 성능이나 시동력이 확보되는 경사도 고려
- 선대 전후부에서 반목 높이가 크거나 과도하지 않을 것
- 트리거 위치는 선체 중심위치 보다 가능한 선미측에 둘 것
- 건조 상의 여러 가지 제약, 예를 들면 크레인 높이, 선체 저면하의 작업성을 양호하게 할 것

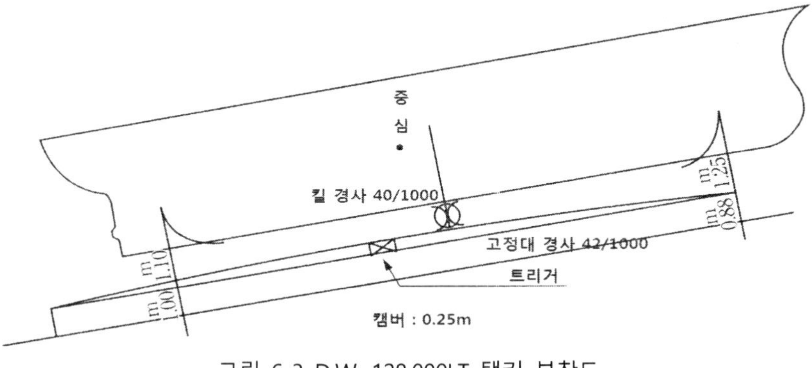

그림 6-3 D.W. 128,000LT 탱커 부착도

이상은 일반적인 사항이며, 선박이 대형화되면 중형 선대를 연장시켜 만든 선대에서는 무리가 되는 경우도 있다. 예를 들면 초 대형선에 적당하다고 생각한 경사를 취하면 고정대 후단부가 현저하게 높게 되고, 또 고정대 후단부 높이를 적당하게 하면 경사가 커진다. 그러므로 선미 부양시 앞부분 포핏에 걸리는 힘이 크게 되어, 트리거 능력에 불안감을 느낄 수 있다. 이러한 경우에는 현장공사 난이도, 기존 설비능력 등을 감안하여 진수계획을 할 필요가 있다.

6.2.2 선대진수 계산

진수계산은 선체부착 위치 결정 혹은 분할건조에서 선수·미 분할 길이결정에 따라서 실시하고, 최적이라고 생각하는 선체 부착위치나 분할 길이를 결정해야 한다. 어떤 선박의 건조에서 같은 선박이나 동형선 건조실적을 가지고 있는 경우, 과거의 실적으로부터 용이하게 그 배의 진수성능을 추정하는 것이 가능하기 때문에 상세한 계산이 필요하지는 않는다. 그러나 새로운 선형 혹은 특수한 대형선박이나 분할건조선을 건조 및 진수할 경우는, 사전에 면밀한 계산 후 선체 설치위치 혹은 분할 길이를 결정해야 한다.

종래 선형과 현저하게 다른 선박, 예를 들면 대단히 빠른 배나 대형 해상구조물, 진수중량이 큰 배 등에 대해서 진수 타당성에 대한 가부(可否)를 확인하기 위해, 혹은 선대시설의 확장과 신설 등의 필요성 유무를 검토하기 위하여 건조 계약 이전에 진수계산을 하는 경우도 있다. 이와 같이 건조 실적이 없는 특수선이나, 대형선박 건조 때는 설계변경, 현장공사의 진척상황에 따라서 진수계획을 세우고 진수 안전에 대하여 충분한 방법을 설계해야 한다. 여기서 진수계획은 진수 중에 선박의 운동, 선대 내외의 해면 움직임, 침하에 따른 선체, 진수대, 선대의 스프링 상수 등을 고려하지만 계산법의 상세한 설명을 하지 않는다.

(1) 진수중량 및 중심추정

진수중량 분석을 위한 제 1단계는 진수중량 및 중심의 추정이다. 추정은 설계도와 현장공사 진척상황에 의하여 기준을 삼으며, 특히 복원력이 작은 선박이나 선수 또는 선미 침하의 티핑(tipping)이나 드롭(drop)을 일으킬 수 있는 선박 등에는 보다 정확한 추정이 필요하다. 또 추정된 진수중량이나 중심은 설계변경이나 공사 진척상황에 따라서 좌우된다는 점을 주의해야 한다.

진수중량이나 중심을 추정한 결과로 티핑이나 드롭이 예상되는 경우에 발라스트 탑재에 의해서 선체 균형을 확보하는 것이 가능하다. 그러나 발라스트 탑재는 진수중량을 증가시키는 것과 마찬가지이므로 가능한 피하는 편이 바람직하다. 이를 위하여 진수 중량과 중심은 어느 정도의 변화를 고려하고 진수계산을 할 필요가 있다.

또 건조를 시작할 때 선체가 움직이는 것은 가능하지 않기 때문에 진수중량 및 중심 추정은 진수시의 상태를 정밀하게 검토하여 추정해야 한다. 분할 건조선 경우는 선수·미와 선체 등에도 중량·중심을 특히 신중하게 계산해야 한다.

(2) 조고의 추정

진수 당일의 조고는 조석표 또는 자기검조계 등에 의하여 기록되어진 실적을 기초로 추정한다. 조석은 기상상태에 따라서 크게 좌우되어지기 때문에 진수일시의 예정조고를 중심으로 여러 종류의 조고를 예상하여 진수계산을 해야 한다. 또 진수는 조류 등과도 관계가 있어 만조시각에 실시하는 것이 많기 때문에, 만조시각 전후의 조위(潮位) 변경에 관해서도 주의를 해야 한다. 조석표에는 항구의 최저 조면상에서 기준 해면상의 값이 표시되어 있기 때문에 진수계획을 할 때에는 고정대 끝단점 높이 기준으로 나타내는 편이 편리하다.

(3) 진수 요목

진수 중량 및 중심위치, 조고를 추정하고 정확한 선체 부착위치, 킬(keel) 경사, 고정대 경사, 고정대 캠버 등을 결정하여, 진수계산을 시작하는 것이 가능하다. 그 계산 결과는 진수 요목표에 정리하고, 진수 요목표 예를 표 6-1에 나타냈다.

표 6-1 진수 요목표

항목	D.W. 12,500 t 화물선	D.W. 128,000 t 탱커	D.W. 180,000 t 탱커(선수부)	D.W. 180,000 t 탱커(선미부)
선체중량	4,013 t	21,750 t	7,635 t	22,750 t
제동체인 중량	0	0	0	0
활주대 및 포핏중량	120 t	550 t	200 t	500 t
발라스트 중량	0	0	0	0
총 추진 중량	4,133 t	22,300 t	7,835 t	23,250 t
Kg	7.85 m	12.31 m	11.68 m	11.73 m
ⓍG	4.13 m	11.61 m	2.07 m	5.41 m
추진후 흘수 df	1.78 m	0.90 m	1.98 m	0.64 m
da	3.20 m	4.77 m	4.04 m	6.86 m
트림	1.42 m	3.87 m	2.06 m	6.22 m
GM	4.35 m	37.81 m	50.91 m	37.42 m
조고(기준 해면상)				
case 1	2.00 m	2.65 m	3.20 m	3.24 m
case 2	1.80 m	2.35 m	2.90 m	2.94 m
case 3	2.20 m	2.95 m	3.50 m	3.54 m
조고(고정대 後端上)				
case 1	3.00 m	3.45 m	3.16 m	3.92 m
case 2	2.80 m	3.15 m	2.86 m	3.62 m
case 3	3.2 m	3.80 m	3.46 m	4.22 m
고정대 길이	137.62 m	234.02 m	87.00 m	237.70 m
경사	60/1000	42/1000	43/1000	42/1000
캠버	0.50 m	0.35 m	0.25 m	0.25 m
폭	1.19 m	2.49 m	2.49 m	2.49 m
활주대 길이	112.68 m	210.58 m	61.71 m	184.28 m
폭	0.99 m	2.44 m	2.44 m	2.44 m
펫트 폭	0.95 m	2.44 m	2.44 m	2.44 m
지압 면적	214.1 ㎡	1,027.6 ㎡	301.1 ㎡	899.3 ㎡
평균 압력	19.3 t/㎡	21.7 t/㎡	26.0 t/㎡	25.9 t/㎡
선체 킬 경사	50/1000	42/1000	50/1000	42/1000
앞 늘리기	15.38 m	20.68 m	4.41 m	1.20 m
뒤 늘리기	16.94 m	23.74 m	21.59 m	28.96 m
선미부양 case 1	79.8 m	109.6 m	59.8 m	137.5 m
부력 case 1	2,950 t	16,490 t	6,685 t	19,780 t

(4) 제동 계획

선박이라는 거대한 강철 구조물이 바다로 미끄러져 들어가는, 선대진수에서는 진수한 후에 선체를 어떻게 정지시킬 것인가가 중요하며, 이것을 제동 계획이라고 한다. 특히 선대 앞쪽 해역이 협소한 경우에는, 진수의 여러 성능 중에서도 진수속도에 따라 선체 정지위치에 큰 비중을 두어야 한다. 협소한 해역에서는 반대편 해안과 충돌방지를 위하여 제동이 반드시 필요하다. 비교적 넓은 수면의 경우에도 진수에 의해 발생하는 파도가 육지로 상륙하거나, 혹은 부근에 계선 중인 배, 잔교 등에 파손을 입힐 수 있는 가능성이 있는 경우에는 선체가 활주를 개시한 직후, 제동을 하여 발생파도를 작게 하는 노력을 해야 한다.

일반적으로는 선체에 콘크리트 블록 혹은 앵커 체인, 케이블(동싱 드래그(drag))을 끌어당김으로서 제동을 한다. 드래그는 선대상에서 끌어당기는 것도 있지만 일부는 해중에 설치되어져 있는 드래그를 끄는 방법도 있다. 전자는 선체를 소정 위치에서 정지시키는 것이 주목적이고 후자는 진수 중에 속력저하가 주목적이다.

진수속력에 영향을 받은 선체 정지위치는 진수방법(볼 또는 펫트)나 선형, 진수중량, 조고, 고정대 경사 등에 의하여 달라질 수 있지만, 각 선대별로 진수중량을 기준으로 또는 위치에너지를 기준으로 "드래그 예인(曳引) 모멘트"실적을 모아보면 그 데이터를 기초로 필요한 예인 모멘트를 추정할 수 있다. 이것은 예인 가능한 거리에서 제외하고 최소한의 드래그 량을 구한 후 최종적으로 진수속력 계산을 하여 결정한다.

정지위치는 선대와 반대편 해안의 중앙부로 정해지지만 이상적으로는 계획과 오차, 혹은 바람, 조류에 의한 표류에 대해서도 안전하게 해야 한다. 그러나 선체 크기와 선대 측의 입지조건 등에 관련하여 선수부가 선대 내에 남아 있는 상태에서 정지를 시키는 경우도 있다. 드래그 예인에 대해서는 선체가 받는 충격이나 예인 와이어 인장강도를 고려하여 수행한다.

선체가 완전하게 부양된 후에 예인을 개시하면 안전이 보다 확실해지지만, 모멘트(moment) 관계에서는 빠르게 예인 개시할 필요가 있다. 보다 엄격한 경우에는 10 m 활주한 시점에 순차적으로 100 ton 이상의 드래그를 여러 그룹으로 예인을 하고, 그것이 해저까지 이어지도록 한 예도 있다.

또 그 외의 제동방법으로 선미에 여러 개의 케지 앵커(kedge anchor, 작은 앵커)를 채워서 예인한 후, 회전으로 정지 및 선미를 끌어 들리는 방법, 갑판상 위에 드래그를 배치하고 소정 위치에서 낙하를 시키는 갑판 드래그법도 있다. 보다 협소한 해면에서 오버 라인이 허용되지 않은 경우에는 소정 위치에서 강제적으로 정지되는 장치를 이용하는 경우도 있다.

이상과 같은 제동계획이 정해지면 다음 단계에서 진수속력 계산을 해야 한다. 계산에서 펫트(볼)의 마찰계수 μ, 해수 저항계수 Ca, 드래그 마찰계수 μ_d를 추정할 필요가 있지만, 각각의 계수가 영향을 주므로 또 각 선대 등의 조건에 의해 그 영향은 다르기 때문에 주의해야 한다.

(5) 시동력

시동력 등은 선박 자체가 미끄러지기 시작하는 힘이며

$$F = W\sin\theta - \mu W cos\theta = W cos(\tan - \mu) \quad (6\text{-}1)$$

과 같다. 여기서 F는 진수 시동력, W는 진수중량, θ 고정대 평균경사, μ는 마찰계수(0.005~0.03)이며 여러 종류 조건에 의해서 변화한다. 예를 들면 펫트의 질, 연비누의 질, 재화시간, 볼 등에 따라서 달라진다.

트리거에 걸리는 시동력은 각 조선소에 따라 계산방법이 다르지만, 펫트 진수에서는 안전 측에서 보면 μ=0.005, 볼 진수에서는 μ=0.02를 사용하고 있다. 진수속력을 계산할 때는 대부분 μ=0.02~0.025를 사용하고 있다.

선체 위치에너지는 각 그룹의 드래그 중량과 예인거리를 w_i, l_i라고 한다면, 드래그 예인모멘트는

$$M = \sum_{i=1}^{n} w_i \times l_i \quad (6\text{-}2)$$

가 되며 선대 위에 부착되어 있을 때의 선체중심과 부양 후 중심사이의 연직거리에 진수중량을 곱한 것으로 정의된다.

선체가 움직임 여부를 계산할 때는 μ=0.03~0.035를 이용한다. 식(6-1)로 계산되어진 진수 시동력에 대하여 트리거 등의 미끄러짐을 멈추는 장치는 시동력

지지가 한쪽인 것을 고려하면 평균치의 1.5~2.0배 정도의 힘을 가질 필요가 있다. 트리거 한쪽 면에 걸리는 힘의 크기는 진수공사 정밀도, 트리거 종류 등에 따라서 일정하지는 않고, 각 조선소의 실제 상황에 따라서 가감해야할 필요가 있다. 일부 예에 의하면 수압 트리거에서 최대치는 평균치의 약 2배, 기계적 트리거에서는 약 1.5배 정도로 보고하는 조선소도 있다.

(6) 진수계획 사항

진수할 때는 아래와 같은 항목을 대상으로 계측하고, 다음 선박의 건조시 진수계획에 참고를 하는 것이 좋다.

- 진수시 바다의 조류, 기상상태
- 조고와 슬립(slip)
- 선체 침하량
- 진수 속력
- 선미 부양시기 및 위치
- 진수 후 흘수(draft)

연구를 목적으로 시동력, 선체 각부의 응력, 고정대 침하량, 선체 및 선대측벽 사이 간극, 항적, 제동 체인 등에 부과되는 응력, 활주대 베어링 응력, 선수 포핏에 걸리는 하중, 고정대 후단부가 받는 하중 등을 계측하는 것이 좋다.

진수를 시작하여 선체에 의한 압축하중을 반목에서 활주대로 이동을 시킬 때, 선체는 활주방향으로 수 mm부터 수십 mm 이동하고 선체를 지지하는 활주대는 고정대에 대하여 수 mm에서 수십 mm 정도 내려간다. 전자의 이동량을 슬립(slip)이라고 하고, 후자를 선체의 침하량이라 한다. 슬립은 표 6-2에 있는 것이 여러 종류 조건에 좌우되므로 큰 편차가 존재한다.

진수속력도 고정대에서 처음 미끄러질 때는 여러 가지 조건에 좌우되는데 일반적으로는 최대 진수속력은 5 m/sec 전후이다. 선체가 처음부터 해수에 닿는 경우에는 3 m/sec, 육상에서 활주거리가 큰 경우에는 8 m/sec에 도달한 경우도 있다.

표 6-2 슬립(slip) 및 선체 침하량

항목		D.W. 22,000 t 화물선		D.W. 28,000 t 탱커		D.W. 80,000 t 탱커(선수)		D.W. 80,000 t 탱커(선미)	
		좌현	우현	좌현	우현	좌현	우현	좌현	우현
슬립	제1회 반목빼기 (약 34%)	4	4	0	0	0	0	0	0
	제2회 반목빼기 (약 65%)	14	14	1	1	1	0	1	1
	진수 직전	30	28	3	4	4	1.5	3	3
선체 침하량	제1회 반목빼기 (약 34%)	2	2	4	14	14	14	15	16
	제1회 반목빼기 (약 65%)	12	12	10	24	24	24	24	23
	진수 직전	18	17	29	30	27	27	35	35

주 (a) 단위 ; mm
(b) 선체 침하량은 ⓧ부근 진수대 위치
(c) 볼 진수 경우를 표시
(d) 펫트 진수의 경우 슬립은 20~30 mm

6.3 도크진수 계획

6.3.1 일반사항

대형조선소들은 특수한 경우를 제외하고는 대부분 도크건조 방식을 사용하여 대형 크레인에 의한 대블록 탑재, 용접작업 자동화 등을 하고 있으며 공기단축, 고정밀도를 지향하면서 고성능 선박을 건조하고 있다.

도크 건조방식이 많이 사용되고 있는 이유는 선체 대형화에 따라서 선대진수 공법은 매우 위험하고 비경제적이기 때문이다. 즉,

- 진수대 평균하중이 증가하였다.
- 진수대의 거대화가 수반되고 진수공사가 어려워졌다.
- 진수 수역이 대단히 넓어져야 할 필요가 있다.
- 진수시의 드래그 하중이 증대하였다.
- 선대 양측의 탑재크레인 높이가 매우 커야 한다.

도크건조 방식을 채용하면 이러한 문제점을 해소시킬 수 있고, 진수작업 뿐만 아니라 건조작업도 용이해지고 보다 안전하게 진수공정 작업할 수 있다. 더불어 동적이며 경험적 요소가 많은 선대진수에 비교하여 도크진수의 경우는 정적이며 간단히 선체를 부양시켜, 예인을 하는 작업이 주체되는 이점이 있다.

이 진수방법에서 파이널 도크(final dock)를 사용하시 않은 경우, 건조 도크 중에서 선체에 물이 닿는 부분(沒水部)의 마무리 도장(특히 반목에 닿는 부분의 도장)이 완전하지 않으면 곤란하다. 파이널 도크를 하지 않은 경우 주의할 점으로 반목이 닿는 면의 폴리에틸렌 시트 및 탈크(talc) 도포에 의해 도장막 보호를 하여야 하고, 필요에 따라서는 진수 후에 선저 도상상태를 수중 카메라 등으로 확인해야 한다.

도크진수에서 중요한 것은 선체 부양시의 트림(trim)을 얼마나 적게 할 수 있는가 문제이다. 선체 부양의 이상적인 것으로 수평 부양 되는 것을 가장 희망하지만, 선체 중심위치의 추정오차 등에 의하여 선체 또는 반목을 손상시키기도 하므로 계획적으로 처음부터 선수 또는 선미에 트림을 부과하는 경우도 있다. 진수계획으로 우선, 트림의 방향과 크기를 결정하고, 다음에 발라스트량과 피보팅 로드(pivoting load, 리엑션이라도 한다)의 크기를 정하고, 그것에 기초하여 선체에 따라서 도크 바닥판 어떤 범위에서 지지할 것인가를 검토한다.

일반적으로 진수시 중심위치와 진수시 선체 흘수(draft)에서 부양중심과의 상대위치는 후자 쪽이 전자보다 선수부 쪽에 있기 때문에 발라스트 중량에 따라서 진수시 소요되는 수심점에서 볼 때, 선미측으로의 경사(trim by the stern)가 되도록 하는 것이 유리하다. 이 경우 피보팅 로드가 걸리는 위치는 선체에서 비교적 강력한 부분을 선택할 필요가 있고, 진수 전에 선미 프레임 부분 근처를 100~200 mm 정도 반목 뽑기를 하고, 강도상으로 문제가 있는 부분을 손상되지 않도록 하는 배려를 꼭 해야 한다.

한편 편평한 바닥(flat bottom) 범위는 선미부 쪽이 넓기 때문에 지지범위를 많게하고, 또 선체강도상 선수부 쪽이 강도상 문제가 되는 부분이 적은 점을 고려해야 한다.

트림량은 보통 200~300 mm의 범위로 계획되고 있지만 오차가 적은 것이 중요하므로, 각각의 블록 중량을 모아서 계산한 중량계산이 정확해야 한다. 특수형상의 선체 또는 세미텐덤(semi tandem) 방식에 의한 선미부 선체 계산은 특히 신중해야 한다.

주수량은 선체중심과 더불어 부력중심 등에 의하여 공사시작 전에 미리 산출되어지고 더불어 발라스트에 의해 증가되는 반목을 정확하게 계산할 수 있어야 한다.

6.3.2 설비

선체를 부양할 때에는 도크 바닥판, 선체 반목 및 선체구조를 손상시키지 않고 안전하게 부양되는 것이 대단히 중요하며 선체부양 후, 예인작업에 이르는 시점까지 손상방지도 매우 중요하다. 진수 전용설비로서는 다음과 같은 것이 있다.

(1) 안벽 펜더(fander)

일부 조선소에서는 도크 폭을 크게 하기 위하여 진수시의 예항(曳航)은 해수를 채운 도크내까지 예인 선박(tug boat)를 진입시켜, 직접 선체를 도크 밖으로 커내는 방법을 사용하는 경우도 있지만 일반적으로는 도크 입구 측에서 선미 또는 선수에 로프로 접속시켜 예인선으로 도크에서 꺼내는 방법을 많이 쓴다.

선형이 얼마든지 커져도, 진수 시 흘수는 그다지 변하지 않지만, 선체 풍압면적이 커지면 바람 방향에 따라서 도크 한쪽 면을 접촉하거나 누르게 된다. 도크의 한쪽면을 누르는 드리프트(drift)에 의한 손상방지를 위한 안전대책은 여러 종류가 있지만, 만일을 대비하여 안벽에 펜더를 설치하면 안전을 더욱 기할 수 있다.

(2) 캡스턴(capstan)

선체 부양 후 선박을 예인하는 순간(정적에서 동적으로 넘어가는 시점)에서는 매우 큰 저항이 수반된다. 이것을 움직일 수 있게 도와주기 위한 목적으로 도크 입구의 끝단 가까운 위치의 양현에 캡스턴을 설치하고, 도크에 해수 주입이 완료된 후 본선과 사이에 가이드 와이어를 당겨주고 예인하여 움직임이 시작하여 후진방향이 안정적으로 이루어지면 와이어를 풀어준다.

(3) 예출(曳出) 가이드 레일 및 캐리지

선박 예출 시에 관해서는 선형 또는 도크 조건에 따라서 다소 차이는 있지만 일반적으로는 본선 예출시 기상조건으로서 풍속 8~10 m정도 풍속까지는 진수(출거)가 가능하다. 무풍상태에서 출거작업이 용이하고 이상적이겠지만, 대형선 경우는 3~4 m의 풍속에서 드리프트(drift)가 발생한다. 드리프트에 의한 선체 손상방지를 위하여 선체를 도크 중앙부근으로 지지하면서 예출할 필요가 있다. 이 경우에 필요한 장치로서 예출용 캐리지가 있다. 이 기계는 각 조선소에서 장점으로 모아서 만들지만, 선체를 안전하게 도크에서 예출하기 위한 것임에는 변함이 없다.

예출용 캐리지는 선형에 따라 형상 및 사용개수가 다르지만 일반적으로 진수 시에는 한쪽 현마다 2~3개소에서 지지하는 것이 보통이다. 그림 6-4에 본선 예출 직전의 선체 서포트 과정을 나타냈다. 풍압에 의해 선체에 작용하는 힘은 아래의 식과 같이 근사적으로 계산할 수 있다.

$$R_a = k\,V_a^2\,A_a \ ; k = \frac{1}{2}\rho_a C_a \tag{6-3}$$

여기서 R_a : 풍압 합력(N), ρ_a : 공기밀도 = 1.20 (kg/m³)

C_a : 풍압 합력계수, V_a : 상대풍속 (m/sec), A_a: 풍압 면적(m²)

이며 풍압 합력계수 C_a의 값은 풍동실험 등에 의한 측정치나 다른 자료를 참고하는 것이 바람직하다.

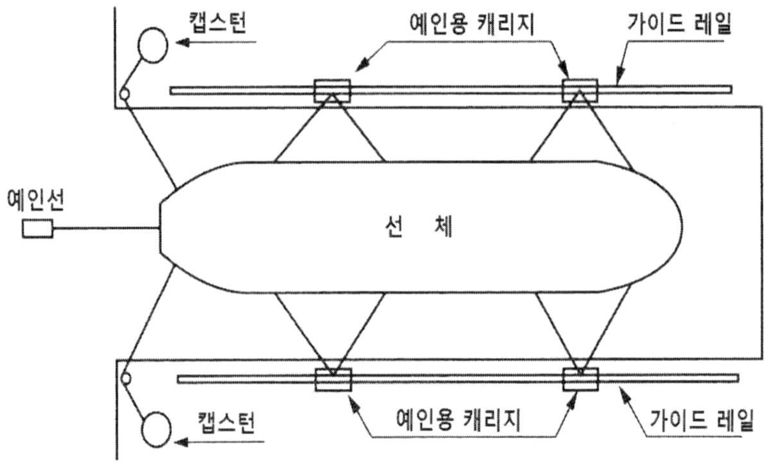

그림 6-4 선체 서포트 예

6.3.3 주수 준비

도크에 해수를 넣는 주수(注水)의 준비작업은 체크리스트 항목을 살펴보면서 작업하는 것이 바람직하다. 체크 항목은 주로 다음과 같은 것이 있다.

- 외판 마무리 가공과의 관계(발판 받침대 철거, 도장 등)
- 선미, 타 관계(Keel부 뽑기 반목, 타 정류판 부착 등)
- 선저 외판 관계(반목 부양 저지장치, 도크내 불필요 물품 철거 등)
- 진수 발라스트 관계(덧붙임 반목, 주수량 확인)
- 선저 검사(사내 및 선주, 선급협회 등)

각 부문의 작업 책임자는 공사 종료 후, 신속하게 총괄책임자에게 연락한다.

6.3.4 주수와 선체부양

도크에 주수 준비작업이 완료되면 주수작업이 시작된다. 주수할 때는 반 주수 또는 일정 수심까지 주수를 천천히 하여 선저부의 관계장소에 대한 여러 점검을 한 후, 본격적인 주수를 하여 선체를 천천히 부양하는 것이 보통이다. 이 경우도 준비작업과 마찬가지로 체크리스트에 의해 진행해야 한다.

주된 항목으로는 다음과 같은 것들이 있다.

- 도크 주수장치의 기기 및 주변점검, 확인
- 도크 입구주변 및 도크내 장애물 확인
- 게이트(gate) 선체 점검
- 예출 장치 점검
- 일정 주수후 각 탱크 침수 체크
- 진수시 날씨(특히 풍속) 확인
- 잔교철거 연락
- 예인선과 연락확인
- 계류장치 확인 및 기타

이상과 같은 각 작업 스텝에서 체크항목에 의해 점검과 확인하고 주수하며 선체를 부양시켜, 도크 밖으로 빼낸다. 진수(출거)작업은 별도의 진수작업 공정표가 작성되어지지만, 선대 진수의 경우에 그것을 비교하면 작업 내용도 간단하여 각 장소에서 와이어 정리, 잔교철거 시기 및 예인선 배치 등이 있는 정도로 단순하다.

6.3.5 진수(출거)

진수를 할 때는 선체 안전면과 게이트 선박의 폐쇄한계 시기에 따라, 부양과 예출 시기는 조수가 높은 시간대(만조에 이르기 직전)를 선정하는 것이 일반적이다.

조수 높이와 출거시기에 관해서는 조위곡선과 게이트 선박의 폐쇄한계선과 주수 관계에 특히 주의할 필요가 있다. 주수준비에서 시작하는 일련의 진수작업 소요시간은 도크 크기, 주수 능력 및 게이트선박 폐쇄한계선 등에 의해 다르지만 이른 아침작업 및 일몰 후 작업을 피하기 위해 진수 전날에, 미리 반 주수(半注水)를 하는 쪽이 유리하다.

연습문제

(1) 선대진수에 관한 사항으로 아래와 같은 질문에 답하시오.

1) 선대에 캠버가 있는 이유를 설명하시오

2) 진수는 통상 만조 시에 하고 있다. 그 이유는

(2) 4륜 차의 대차를 4대 사용하여 선대진수를 실시한다. 진수 중량이 160 ton일 때, 대차의 차륜 한 개에 걸리는 평균하중을 계산하시오.

(3) 선체는 건조 중, 반목이나 지주로 지지되어져 있다. 선대 진수에서는 선체를 활주대로 옮기기 위해서 어떠한 작업이 필요 하는가.

(4) 다음 경우, 선대진수의 시동력을 계산하시오.

1) 진수중량 : 180 ton, 활주대 평균경사 : 60/1000, 마찰계수 : 0.03

2) 진수중량 : 12,000 ton, 활주대 평균경사 : 40/1000, 마찰계수 : 0.02

3) 진수중량 : 20,000 ton, 활주대 평균경사 : 1/20, 마찰계수 : 볼 진수

07

안전 위생

7.1 리스크 액세스먼트와 OSHMS

7.2 각종 작업에서 노동재해와 대책

7.3 건강장해와 대책

7.1 리스크 액세스먼트와 OSHMS

조선소에서 노동재해 방지대책은 발생한 노동재해 원인을 조사하여, 재해의 재발방지 대책을 확립하여, 각 현장에 철저하게 준비시키는 방법을 기본으로 하여, 그 결과 노동재해 감소건수의 비율은 감소하였다. 이것은 과거의 재해사례만을 중요시한 대책으로 강구한「근시안적인 대책」이 원인이라고 생각한다. 노동재해 건수를 혁신적으로 감소시키기 위해서는 위험·유해 요인을 특정(特定)시키고, 리스크(risk)평가 및 이것을 저감시킬 수 있는 조치를, 조직적이고 체계적으로 실시하여 안선위생 수준을 단계적으로 항상을 도모하는 리스크 액세스(risk access)를 위한 조직체를 수립할 필요가 있다. 또 요사이는 ISO9001 품질 매니지먼트시스템 및 ISO14001 환경매니지먼트 시스템 보급이 진행되어, 노동 안전위생에 이러한 기법을 도입하려는 움직임이 많아졌다. 이것들을 받아들여, 노동안전위생법이 개정되고 리스크 액세스번트 수법인 OSHMS(occupational safety and health management system)의 도입을 추진되었다.

OSHMS는 고용주나 사업자가 노동자와의 협조하에서「계획(plan) - 실시(do) - 평가(check) - 개선(action)」(PDCA 사이클)의 일련 과정을 정하여 지속적인 안전 위생관리를 자주적으로 진행하는 조직체이다. 목적은 노동재해 방지와 노동자 건강증진, 더 진행하면 쾌적한 직장환경을 형성하여 조선소의 안전위생 수준향상을 도모하는 것이다. OSHMS의 특징에 대해서는 아래와 같다.

(1) PDCA 사이클 구조의 자립적 시스템

PDCA 사이클의 시스템화에 의하여 종래 안전위생 관리에서 없거나 미약했던 시스템감사 실시에 의한 체크기능이 작동하였다. 이 때문에 OSHMS가 효과적으로 운용된다면, 안전위생 목표 달성을 통하여 조선소 전체의 안전위생 수준이 수직적으로 향상되는 것을 기대할 수 있다.

(2) 순서화, 명문화 및 기록

OSHMS에서는 시스템을 적정하게 운용하기 위하여 관계자 역할, 책임 및 권한을 명확하게 문서로 기록해야 한다. 이 기록은 안전 위생관리의 노하우가 적절하게 계승되게 하는 것이 목적이다. 순서를 중요시하고 문서에 의해 명문화하고, 그 기록 보존을 중요하게 생각하는 것이 OSHMS 특징이다.

(3) 위험성 또는 유해성조사 및 그 결과에 기초한 조치

OSHMS에서는 노동 안전위생법에 있는 기본방침에 따라서 위험성 또는 유해성 등의 조사를 하고, 그 결과를 기초로 노동자 위험 또는 건강장해를 방지하기 위해 필요한 조치를 취하기 위한 순서를 정하고 있다. 이것은 리스크 액세스먼트의 핵심부분이다.

(4) 전체 회사적 추진체계

OSHMS에서는 경영 CEO에 의해 안전위생 방침을 표명하고, 다음에는 시스템 관리를 담당하는 각급 관리자 지명과 그들의 역할, 책임 및 권한을 정한 시스템을 적정하게 실시, 운용하는 체제를 정비하여야 한다. 또 경영자에 의해 정기적으로 시스템 점검을 하여, 안전위생을 경영과 일체화하는 조직체를 구축하여 경영 CEO의 지휘에 의해 전체 조선소내 안전위생이 추진되어져야만 한다.

7.2 각종 작업에서 노동재해와 대책

리스크 액세스먼트 실시에 있어서 작업에서 위험성·유해원인을 특정하고 리스크 평가 및 저감시키는 조치를 강구해야만 한다. 여기에서는 조선업계에 수반되는 위험성과 유해성에 관하여 개략적으로 서술한다.

7.2.1 추락·전락

조선소에서는 선박 대형화에 따라 높은 장소에서 작업이 많기 때문에 생산 현장에서는 추락사고가 다수 발생하고 있다. 추락사고의 대부분은 중상·사망재해이며, 원인 대부분은 부적절한 작업행동이다. 사고예방을 위해서는 추락방지 설비 설치와 작업원 안전의식 향상을 위한 안전교육이 필요하다. 방지설비는 발 받침대, 안전 그물망 등이 있다.

(1) 일반적인 방지대책

① 몸을 다칠 수 있는 햄머나 스패너 등의 공구를 사용하는 경우, 특히 조심한다.

② 높이 2 m 이상 장소에서 작업에는 구명 로프를 설치한다. 구명로프를 설치할 장소가 없는 경우는, 안전 그물망을 설치한다.

③ 미끄러지기 쉬운 신발을 착용하지 말고 비 오는날, 눈 오는 날에는 특히 미끄러지지 않도록 주의해야 한다.

④ 안전모를 고정하는 턱끈을 확실하게 맨다.

⑤ 몸의 상태가 좋지 못할 경우, 고소작업은 피하는 것이 바람직하다.

(2) 발 받침대 대책

① 판, 둥근 봉, 네발 달린 받침대 및 로프 등이 파손을 되는 것을 방지해야 하고 항상 발 받침대를 완전한 상태로 유지해야 한다.

② 발 받침대 구조재는 항상 정해진 방법으로 검사하고 손상된 것, 상태가 불량한 것, 목재는 마디(옹이)가 많은 것 등을 사용하지 않아야 한다.

③ 발 받침대는 핸드레일 등이 확실하게 부착되어져야 하기 때문에 전문적으로 설치하는 사람 이외는 이설하지 않도록 한다.

④ 발 받침대를 이설하는 경우에는 작업자를 모두 대피시키고 크레인 등을 사용한다. 이동은 위험하지 않은 방법이나 인원들로 신중하게 해야 한다.

⑤ 발 받침대 위에 중량물을 설치해서는 안된다. 또 치공구나 철 조각 등을 방치해서는 곤란하다.

⑥ 발 받침대 위에서는 용접 및 가스절단 불꽃 등, 화재원인이 되는 것을 아래로 떨어뜨리지 않도록 조치해야 한다.

⑦ 발 받침대 위에서 기름이나 절삭 칩(chip) 등이 나오지 않도록 주의해야 하고, 만일 일부라도 배출되었을 경우 신속하게 제거해야 한다.

⑧ 발 받침대 위를 달리거나, 뛰어내리지 않는다.

⑨ 발 받침대 위에서 발판, 사다리 등을 사용하지 않는다.

⑩ 발 받침대에서 위험을 발견했을 때는 위험표시를 설정하고 전문가에게 빠른 조치를 의뢰한다.

⑪ 발 받침대 가설 중에는 관계자만 출입하도록 주위를 정리하고 표시등(表示燈)을 설치한다.

(3) 사다리, 잔교 등의 대책

① 사다리는 완전한 것을 이용한다.

② 사다리는 미끄러짐 방지 장치를 설치하고, 반드시 고박해야 한다.

③ 사다리 승강시는 손에 공구를 들지 말고, 전용 로프를 사용한다.

(4) 개구부 대책

① 개구부 주위는 견고한 가림막을 설치한다.

② 개구부는 잘 보이도록, 조명을 완전하게 한다.

③ 커버 등으로 가릴 때는 주의환기를 위해 표시설치를 한다.

7.2.2 비래·낙하

비래와 낙하 재해의 원인은 정리·정돈 불량, 높은 장소에서 운반 작업, 노후화 등 여러 가지 들이 있는데, 그 가운데 중대한 재해를 초래할 가능성이 많은 것은 대형 크레인에 의한 운반 작업이다.

① 매달기 작업을 할 때는 불의의 사고(강풍, 진동, 충돌 등)에 대비해야 한다.

② 무거운 것을 매달은 장소 아래의 작업을 피할 것. 꼭 필요한 경우는 안정된 반목 위에 무거운 것을 내려두고 작업할 것. 또 크레인 운영자는 가능한 작업장소를 피해서 운반한다.

③ 중량물을 매달 때는 와이어 로프를 팽팽하게 신상시켜 한번 멈춤 후, 매달린 상태를 확인하고 그 후 다시감기를 해야 한다. 또 무거운 하중을 내릴 때는 매달린 하물이 착지하기 직전에 한번 멈춤을 한 후, 하물의 상태를 확인하고 다시 감기를 풀어서 목표 위치에 내린다.

④ 작업 중에 문제가 발견되었을 때는 일단 하중을 내린 후, 매달기를 다시 해야 한다.

⑤ 매달릴 하중 상태를 잘 확인하고, 그것에 적합한 매달기 방법을 선택한다.

⑥ 매달 장치(보조기구 등을 포함)는 반드시 품질이 확인된 것을 사용해야 한다.

⑦ 매달기에 대한 교육을 한다. 특히 와이어 로프 선정, 매달린 하중, 중심 위치 등에 대한 교육을 한다.

⑧ 작업자는 반드시 안전모를 착용해야 한다.

⑨ 고소작업장에서 특히 정리정돈을 잘 해야 한다(불필요한 것을 고소 작업장에 남겨둘 수 없다).

⑩ 고소 작업장의 개구부 등에서는 물건 낙하를 방지하기 위해 가림막 등을 설치해야 한다.

⑪ 상하층에서 작업하는 경우, 그물을 설치하여 물건이 떨어지는 것을 막아야 한다.

⑫ 매달기 운반작업을 하는 작업자는 항상 물건이 매달린 상태를 육안으로 확인할 수 있는 위치에서 작업해야 한다.

7.2.3 감전

조선소에서 감진사고가 발생하는 경우 대부분이 사망사고이다. 발생빈도 수는 다른 재해에 비해 다소 적지만, 건수에 비교한 사망률은 매우 높다. 감전재해를 유발하는 작업은 용접작업과 배전작업 등이 있다.

(1) 전기용접 작업

용접 작업중에 감전사고는 여름철, 협소한 장소에서 단독 또는 소수 인원작업 시에 대부분 발생한다. 즉, 작업복이 땀에 젖어 감전이 쉬운 상태가 되는 것이 주원인이다. 용접작업에서 감전방지 대책으로서는 여러 가지가 있지만, 주로 아래와 같은 항목을 들 수 있다.

① 전기충격 방지장치를 사용한다. 이것은 노동안전위생 규칙에 의해 이중 선저 또는 선수부 탱크(peak tank)의 내부 등 현저하게 협소한 장소에서 교류 아크 용접을 하는 경우는 사용을 의무화하고 있다. 이 장치를 사용하면 사망재해가 대부분 방지되고 있다. 따라서 전기충격 방지장치의 점검은 철저하게 이루어져야 하며 완전한 상태로 정비를 해야 한다.

② 용접용 홀더는 용도별로 종류가 규정되어 있는데, 절연체를 확실하게 점검하여 완전한 것만 사용해야 한다.

③ 용접기는 항상 양호한 상태로 보수되어져 있어야 한다. 또 피 용접물과 결합은 소정 위치에 확실하게 설치되어야 한다.

④ 작업장 환기에 유의하여 작업자의 땀 배출을 예방해야 하고, 협소한 장소에서의 작업은 복수의 인원이 작업하는 것이 바람직하다.

(2) 배전작업

배전작업에 의한 감전재해는 특별한 계절적인 관계는 없으나, 대부분 재해는 작업행동과 사전확인 불량 및 보호구 미착용 등이 원인이다. 대책으로서 작업규정을 엄수하는 동시에 아래와 같은 조치를 강구해야 한다.

① 송전을 중지하고 작업한다.

② 정전작업을 할 때는 검전기 등으로 정전을 확인하고, 활선 작업(活線 作業)을 할 때는 높은 전압에 대응할 수 있는 보호구를 사용한다.

③ 보호구, 전기충격 방지 커버, 장갑 등은 어떠한 경우라도 항상 착용하고 있도록 지도교육을 할 필요가 있다. 2차 재해를 방지하기 위하여 고소작업에서는 구명로프 사용을 잊지 말아야 한다.

④ 활선과 사선(死線)을 명료하게 표시한다. 변전소 작업 등은 특히 전체 회로에 전력공급을 멈추는 것이 곤란한 경우가 있기 때문에 위험표시 설치를 명확하게 하는 것이 필요하다.

⑤ 사다리, 발 받침대 등은 완전한 것을 사용한다.

7.2.4 폭발·화재

조선소에서 발생하는 화재나 폭발사고에서 가장 많은 것이 가스용접과 절단에서 사용되는 산소 및 가연성 산소 또는 도료 및 유증기 등에 의해 발생하는 가스에 의한 것이다. 이와 같은 재해를 방지하기 위해서는 폭발성 혼합가스를 발생시키지 않을 것과 외부에서 이러한 가스로 열에너지를 공급하지 못하도록 하는 것 등이 있는데, 동시에 작업자에 대하여도 교육 철저, 설비나 기구의 충실성이 필요하다.

(1) 산소, 가연성 가스, 도료에 대한 방지대책

① 가스용접, 용접 절단작업에 종사하는 작업원은 가스용접 기능사 자격증을 취득 해야만 한다.

② 작업을 시작할 때는 반드시 공구를 점검하고, 결함이 없는 것을 사용해야 한다.

③ 협소한 장소에서 가스작업을 할 때는 환기를 충분히 해야 한다.

④ 특히 도장 후에는 작업전에 가스검지 및 점검을 반드시 해야 한다.

⑤ 버너, 호스 등은 체결부속 등이 확실하게 결합되었는지 확인하여 가스 누설이 없도록 주의해야 한다.

⑥ 작업 종료 후 또는 중단 시에는 버너, 호스를 작업장에서 회수해야 한다.

⑦ 도장 작업시에는 출입금지 표시, 차단막 등을 설치해야 한다.

⑧ 환기나 조명 등에 산소나 가스를 사용할 수 없다.

⑨ 작업자에게 가스의 특성, 위험성 및 공구취급 방법 등 작업표준을 철저하게 주지시킨다.

⑩ 폐쇄된 밸브를 다른 작업자가 오인하여 개방하지 못하도록 원래 취급자의 명찰을 붙이는 등 오조작에 의한 누설방지 조치를 강구한다.

(2) 작업자 화재 대책

① 유분(油分)이 부착되면 인화가 쉬우므로, 타기 쉬운 복장을 착용하지 않아야 한다.

② 협소한 장소에서 작업할 경우, 복장단정에 주의한 후 작업해야 한다.

(3) 발 받침대, 반목 등의 연소 대책

① 가연성이 있는 경우는 위험이 없는 장소로 이동하여 작업을 개시한다. 가연물을 이동시킬 수 없는 경우는 충분한 소화장치를 준비한 후 작업한다,

② 작업 종료 후 화재로 인한 손실여부를 확인한다.

7.2.5 산소 결핍증

탱크 내부나 선창 및 바람이 통하기 힘든 장소에서 작업하는 경우, 산소 결핍증이 발생하는 실제 사례가 있다. 일반적으로 인체가 정상적인 기능을 유지하기 위해 사용하는 공기 중에 산소농도 하한치는 16%정도이고, 이것보다 낮을 경우에는 산소 결핍증 증세가 나타나고, 계속 산소농도가 낮은 공기를 흡입하면 단시간에 사망에 이르는 위험성이 있기 때문에 다음과 같은 대책을 필요로 한다.

① 밀폐된 공간이나 선창 등에서 작업할 경우는, 처음부터 산소 농도를 측정하여 작업자의 안전을 확인한 후 작업을 해야 한다.

② 산소결핍 위험성이 있는 작업에 종사하는 경우는, 주변에 작업 감독관이나 확인자를 상시 배치하고 공기호흡기·산소호흡기 등을 장착한다.

7.2.6 가스 중독

조선소에서 가스중독 요인으로 다음과 같은 것들이 있다.

① 아크 용접시 발생하는 가스에 의한 것

② 도료 및 유증기에서 발생한 가스에 의한 것

③ 가스용접 및 절단에 사용되는 가스에 의한 것

아크용접에 의한 것으로 탄산가스 용접에서 일산화탄소(CO)가 국부적으로 발생하여 일산화탄소 중독에 걸리는 위험성이 있다. 도료에 의한 것으로는 유기용제 함유도료의 도장에 의해 발생하는 유기가스나 콜타르 에폭시도료에서 발생하는 가스 등에 의해 중독을 일으킬 위험성이 있다. 한편, 가스 용접 및 절단에 사용되는 탄화수소계 가스가 불완전 연소한다면, 일산화탄소가 발생하여 밀폐된 구획 내에서는 가스중독이 일어날 우려가 있다. 이러한 가스중독을 예방하기 위해서는 아래와 같은 대책이 필요하다.

① 자연환기, 강제 환기 등에 의해 충분한 환기를 한다.

② 도장 직후 탱크 내에서 작업하는 경우는 작업 전에 반드시 가스검지를 하고 문제가 없다는 것이 확실해진 후 작업에 착수한다.

③ 가스발생 위험이 있는 장소에서 작업하는 경우에는 가스 종류에 따라서 적절한 마스크를 착용하고 작업한다. 또, 고소작업에서 안전벨트를 확실하게 사용하고 조명은 밝고 방폭 구조를 사용하며 작업관리자에게 연락을 취한 후 작업한다.

④ 요철부(撓鐵部)는 가능한 적게 하고 너무 더러워진 작업복을 입고 작업해서는 안된다.

7.2.7 고온물체 접촉

조선소에서는 가스용접 및 절단, 아크 용접 시 등의 작업에서 고열을 이용한 작업을 하는 경우가 많은데 협소한 장소에서 작업이 많기 때문에 화재, 용융금속 및 불꽃 등에 의한 화상이 많이 발생한다. 이것들은 작업자 본인뿐만 아니라 주위 작업자를 부상당하게 할 수 있으므로 화재에 주의를 필요로 한다. 화상을 방지하기 위한 대책으로서 다음과 같을 것을 생각할 수 있다.

① 장갑, 보호커버, 안전화 및 보안경 등의 보호구를 완전 착용한다.

② 작업에 앞서 주위를 확인하고 주위 작업자에게 위해를 가하지 않도록 한 후, 소화기 등을 설치한다. 그래도 위험성이 있는 경우는 주위 작업자를 일시 대피 등의 조치를 취한다.

③ 작업복은 청결을 유지해야 하고, 기름오염이 없는 것을 사용한다. 또 불꽃이나 슬래그 등이 침입하여 화상을 입을 수 있기 때문에 접혀지지 않은 바지와 호주머니, 찢어지지 않은 옷을 착용해야 한다.

④ 작업 중에 피부를 노출시키면 않아야 한다.

⑤ 절단 후 남은 재료 등은 방치하지 말고 소정 장소에서 정리해야 한다.

⑥ 가스 버너를 작업 목적 외에 조명이나 건조 목적으로 사용하지 말아야 한다.

⑦ 협소한 장소에서는 옷매무새를 단정히 하고, 발 받침대 등을 확보한 후 작업에 착수한다.

7.2.8 협착

조선업계에서 협착 재해는 기계, 장치 크레인과 블록, 부재 사이에서 끼임 등의 여러 가지 경우가 발생한다. 이런 종류 재해의 특징은 재해가 발생하면 그 대부분이 중대한 인명 손상사고에 도달하는 점이다. 이와 같은 재해를 방지하기 위한 대책은 다음과 같다.

① 기계와 기계 사이 통로, 크레인이나 차량 및 장애물과 간격을 확보한다.

② 기계, 장치 등은 취급 책임자를 결정하고 그 이외의 사람들은 다루지 못하게 한다.

③ 작업표준을 정하고 철저하게 이행한다.

④ 이동하는 기계나 움직이는 장치 등에서는 경보장치를 설치한다. 또 출입금지 표시, 가림막 설치, 필요에 따라서는 근무 당직자 등의 조치를 강구하여 위험 구획에 외부자 출입을 제한한다.

⑤ 기계 및 장치 등의 조정, 청소, 검사 등을 하는 경우는 기계와 장치를 완전하게 정지시킨 후 실행한다.

⑥ 기계와 장치에서 협착 및 끼임 위험성이 있는 장소는 덮거나 가림막을 설치한다.

⑦ 작업자의 보호구는 끼임 등의 위험성이 없도록 단정하게 옷차림을 한다.

⑧ 기계와 장치의 정지 중에 다른 사람이 조작하지 못하도록 잠금 장치 등의 조치를 취한다.

7.3 건강장해와 대책

인간은 누구라도 건강하기를 원한다. 그 때문에 건강에 대하여 각자가 노력을 하지만 직장 환경에 따라서 건강에 손상이 있을 수 있다. 그 때문에 회사에서도 근로자들의 건강관리에 대하여 충분히 주의를 하고 특히 작업환경 개선에 노력하며, 직장체조, 정기 건강진단 실시, 혹은 건강을 훼손하는 위험성이 있는 작업에는 특수진단 등을 시행하고 있다. 그렇지만 자신의 건강은 자신이 지키는 의식이 필요하며, 휴식과 수면 등을 충분하게 하면서 편식을 피하고 적당한 운동을 하는 등의 일상생활에서 각자 건강관리를 하는 것이 가장 중요하다. 아래에 조선소에 관계되는 건강장해와 그 대책을 서술한다.

7.3.1 난청

만성적으로 큰 소음에 노출되는 경우는 서서히 난청으로 진행된다. 이와 같은 경우 직장의 노동안전 기준은 85 dB 미만으로 정해져 있다. 조선소에서는 단계적으로 진행하고 있는 난청이 많고, 근속 3~4년부터 시작하고 15~20년의 작업자들이 많다. 예방법으로는 방음설비 설치나 귀마개 착용 등이 있다.

7.3.2 진폐

가래, 목통증 및 가슴 통증 등의 증상이 나타난다. 특히 결핵과 합병에 의해 증상이 진행된다. 원인은 작업 중 미세가루, 유리, 규산, 석면, 금속가루 등이 유해하며 이것들이 폐에 침착되어 섬유증식을 하여 발병된다. 그러므로 근속년수가 길어질수록 가능성이 높다.

예방법으로는 제진장치 설치나 방진마스크 착용, 정기적인 신체검사에 의해 폐의 건강상태를 감시하는 것이 있다. 진폐법에 따라서 진폐법 시행규칙이 정해졌고 가루나 분진작업에 종사하는 작업자의 위생관리를 의무화시키고 있다. 이 법률에서 정한 분진작업에는 「실내, 갱내 또는 탱크, 선박, 관, 차량 등의 내부에서 금속을 용단하고 아크용접 또는 아크를 이용하여 가우징하는 작업」이 포함되어져 있다. 그 후에는 「실내에서 금속을 용단하고 아크용접하는 작업, 자동용단 또는 자동 용접하는 작업」도 분진 작업으로 추가되었다.

7.3.3 방사선

각종 방사선 사용으로 백혈병, 피부염 등의 장해가 걸릴 가능성이 있다. 조선소에서는 X선, γ선 등의 의해 비파괴검사에 종사하는 작업자를 대상으로 하고 있다. X선 장치, 동위 원소 등을 사용하는 경우의 대책으로서는 다음과 같은 것을 들 수 있다.

① X선, γ선 장치를 사용할 경우는 주위를 차폐시키고 취급자 이외 출입을 금한다.

② 방사선장치 취급자에게는 장갑, 보안경, 보호복 등의 보호장비를 착용시키다.

③ 취급자가 받는 피폭량을 조사하기 위하여 취급자에게 포켓 챔버, 또는 필름 패치(film patch)를 휴대시켜 작업 전후 챔버(chamber) 눈금에 기록한다.

④ 취급자의 건강진단을 정기적으로 하고 혈액검사, 피부검사를 한다.

7.3.4 전광성 안염

용접시에 발생하는 아크는 다량 자외선과 소량 적외선을 방출한다. 이것이 눈에 직접 들어오면 각막, 결막, 수정체 등에 침입하며, 이른바 전광성 안염을 유발한다. 증상은 아크가 눈에 들어온 시간이 길수록, 또는 거리가 가까울수록 위중하게 된다. 특히 적외선은 안질 조직을 파괴하기 때문에, 각막이나 수정체를 침입하여 통증을 일으킨다. 광선이 눈에 들어와 수 시간이 지나면 통증이 시작되는 것이 보통이며 눈물과 콧물이 나오기 시작하며 많은 통증을 수반하고, 이것들이 반복되면 시력이 급속하게 나빠진다. 또 적외선은 각막이나 수정체를 투과하여 망막을 혼탁하게 만들어 백내장을 유발하고 실명에 이르게 할 위험성이 있다.

방지대책으로 용접 아크에서 발생하는 유해 광선을 차단하여 눈을 보호하는 것과 더불어 가시광선을 적정하게 통과시키는(용접작업을 용이하게 하기 위해) 차광 보호구를 사용한다. 조선소 등에서는 많은 용접작업자가 제한된 공간에서 동시에 작업하는 경우는 산란광선을 차페시켜 눈을 보호하는 전문장비를 사용해야 한다.

7.3.5 용접연기와 금속열

금속열 등은 금속증기 또는 금속산화물 미립자 흡입에 의해 일어나는 급성발열증이다. 아연 또는 카드늄 도금재료의 용접, 납을 함유한 도료를 칠한 것의 용접 또는 동, 주석, 아연 등을 주성분으로 하는 비철 금속의 용접을 할 때 발생한다.

또 용접 연기 등은 앞에서 서술한 진폐를 유발하는 것이기 때문에 법령에 의해 분진장해 방지대책을 세워야 하는 의무가 있다. 용접 연기에 의한 건강피해 방지대책은 다음과 같다.

① 방진 마스크나 방독 마스크 착용

② 아크 발생부 근방의 국부환기, 블록, 탱크 등의 강제 환기 및 지속적인 공장 전체 환기

7.3.6 열중증

열중증 등은 기온·습도가 높은 환경에서 체온조절이나 순환기능 등의 움직임이 장애를 일으키는 병들의 총칭이며 열실신, 열피로 및 열사병으로 나누어지며, 최근에는 조선소에서 넓게 인지되어지고 여름에 특히 예방책에 관하여 주의를 촉구하고 있다. 열중증은 증상의 정도에 따라서 다음과 같이 분류할 수 있다.

(1) 경증도

열경변 : 사지나 복근 등에 통증 수반한 경변(복통만 있는 경우도 있음)

열실신 : 실신(수초 간 정도일 때)

(2) 중등도

열피로 : 피로감, 허탈증, 두통, 실신, 구토증 등의 몇 가지 증상이 겹쳐서 발생

(3) 중상도

열사병 : 의식장해, 이상한 언동과 행동, 과호흡, 쇼크증상 등이 중등도 증상과 겹쳐서 발생

열중증의 주된 대책은 신선한 수분과 염분보충, 땀을 배출하기 쉬운 복장, 규칙적인 생활로 충분한 수면과 올바른 영양섭취 등을 들 수 있다.

7.3.7 석면섬유

석면섬유를 대량으로 흡입한 경우, 인체에 나쁜 영향을 주며 폐 섬유증, 폐암 및 악성 중피종(惡性 中皮腫)의 원인이 되고 있다. WHO의 부속기관인 IARC에 의하면 석면은 발암성이 있다고 판명되었고, 세계적으로 석면섬유 사용을 자제하고 근절하는 방향을 지향하고 있다. 우리나라도 석면섬유 사용금지나 석면 1 %이상을 포함하고 있는 제품 출하를 원칙적으로 금지하였고, 석면섬유 원료 및 석면섬유를 사용한 자재를 생산하는 기업 종업원과 가족, 그리고 공장주변의 주민들 사이에 사망자가 속출하였다는 보도 이래, 석면섬유에 의한 건강장해가 사회적 문제를 유발하였다.

조선업계에서도 내장용 재료나 가스켓(gasket) 또는 패킹(packing) 등에 사용되어진 경우가 있어, 배관계 근로자의 건강장해 대책의 충실을 도모하기 위해 석면장해 예방규칙이 시행되어졌다.

7.3.8 멘탈 헬스(mental health) 부전

ILO(국제노동기구)는 멘탈헬스(심적 건강)를 「곤란에 대처하여 생활을 향상시키는 제어로서, 인생의 보다 높은 목표에 도전하는 상태이고 과제를 달성시키는 것으로서 충실감을 느낀다」, 「정신기능을 훌륭하게 발휘하는 것에 의하여 다양한 인간활동을 생산적으로 하고, 타인과의 관계를 유지하며 환경변화에 적응하고 역경에 대처가능한 상태」에 있는 것으로 정의하고 작업자의 심신이 이러한 상태에 없는 경우를 「멘탈헬스(mental health) 부전(不全)」이라 한다.

멘탈헬스 부전은 노동의욕 저하, 효율 저하, 실수 증가 및 결근 증가 등으로 연결되는 경우가 많으므로, 관리감독자는 조기에 발견하는 노력이 중요하다. 최근에는 인터넷 웹사이트를 이용하여 직업성 스트레스 셀프 체크(stress self check)를 실시하고, 보건의사나 산업의사가 조기에 대응할 수 있는 의료·보건 조직체를 만드는 조선소들도 증가하고 있다.

연습문제

(1) 조선소에서 재해를 발생시키는 배후의 인적요인(육체적 요인과 정신적 요인)을 고찰하시오.

(2) 선박 생산현장 용접부서의 가우징 작업이나 고소 작업대에서 작업할 경우, 노동재해의 발생 위험성(risk)과 그 대책을 고찰하시오.

(3) 수리선박 검사에서 선수부 피크탱크(peak tank) 내에 들어가 선체부식 확인 검사를 한다. 공사담당 기사는 사운딩 파이프에서 탱크내로 들어가는 것에 지장이 없는 정도로 남은 유체가 없다는 것을 확인하고, 맨홀 개폐 지시를 하려고 생각하고 있다. 이 후 담당기사가 탱크내로 들어갈 때 안전상 필히 해야 하는 주의사항을 서술하시오.

(4) 조선소에서 안전작업을 계몽하기 위한 표어를 생각하시오.

(5) 열중증(熱中症) 예방에 필요한 것을 5 가지 이상 서술하시오.

08

현도(現圖)

8.1 선각공사 현도작업

8.1.1 현도작업 의의

현도작업(mold loft)라는 말은 원래 선박설계에서 구체화된 형상이나 치수의 부재를 강재로부터 절단 및 조립하기 위해, 평면이나 곡면 등의 설계정보를 평탄한 바닥에서 현척(現尺), 또는 실제 크기로 전사(轉寫)하는 작업을 의미했던 것인데, 현재는 CAD(computer aided design)을 이용한 작업들을 총칭으로 현도작업이라 한다.

현도작업은 선각작업을 착수하기 위해 필요불가결한 작업이며, 그 기능의 습득에서는 기하학 도형의 풍부한 경험과 2차원 도면에서 3차원 선체구조 형상을 상상하는 공간인지 능력이 필요하다.

현도작업이 가지는 의의를 살펴보면

① 부재의 정확한 형상을 묘사할 것

② 부재 형상을 선각공작법에 적절한 형상으로 결정할 것

③ 절단 데이터를 만들 것

④ 공작법을 정확하게 전달할 것

⑤ 굽힘 정보나 굽힘 모형을 만들 것

이상과 같은 현도 작업은 설계도나 공작관리 도표의 설계정보를 부재 형상으로 전사하기 위한 단순작업이 아니라 공작가능성이나 선각구조의 강도보장 등에 관련한 상세한 재검토를 하는 것과 부재의 필요 충분한 정보를 작성하는 중요한 작업이다. 결국 선박 제작과정의 초기단계인 설계와 하부의 선체공작을 연결하고 더불어 선각구조와 의장 등을 융합 정보를 만드는 중요한 역할을 담당한다. 그러므로 현도작업은 매우 폭넓은 선박설계 및 제조기술 지식이 필요하고 정보의 생성과 제공은 상호간 명료하게 하는 것이 바람직하다.

8.1.2 현도작업 종류와 변천

(1) 현척현도

현척현도 등은 오래전부터 이루어졌던 실물 크기의 모형을 만드는 작업이다. 이것들은 굽힘모형 제작이나 각종 정규(定規)제작, 검토용 모형 제작 등을 포함하고 있다. 전산화 이전에는 작업 바닥위에 실물 크기의 선체 현도를 그리는 것으로 부터 공사용 선체선도가 작성되어져 현도 전개가 원래치수로 작업되었다. 현재는 뒤에서 서술하는 것과 같이 축척현도를 경유하여, CAD에서의 작업이 주류를 이루고 있다.

(2) 축척현도

건조하는 선박들이 대형화됨에 따라 현척현도는 원래 치수 모형이 되기 위해서는 넓은 작업장이 필요하며, 또 취급이나 보관도 곤란한 점이 많았다. 이러한 결점을 보완하기 위하여 1/10의 축척으로 현도작업을 하였으며, 이러한 현도작업이 축척현도이다. 이 축척현도는 전자사진 마킹법(electro photo making method)이나 트레스(trace) 방식의 장치에 의해 현척으로 확대 되었지만, 선의 확대에 따라서 오차가 발생하기 때문에 정밀도가 저하되었다.

(3) 수치현도(數値現圖)

현도 정보를 컴퓨터내에서 디지털에 의해서 표현하는 작업이 수치현도(numerical mold)이다. 수치현도 우수성은 다음과 같다.

- 기하정밀도 : 수치현도에서는 온도변화나 선 굵기 오차가 생기지 않는다.
- 재현성 : 수치현도에서는 데이터가 백업되어 보관되기 때문에 전송도 용이하고 데이터 변형이 되기 않기 때문에 재현성이 높다.
- 작업성 : 컴퓨터를 사용하면 작화하기 위한 공구가 필요하기 않기 때문에 경험이 적은 작업자도 매뉴얼 작업으로 효율 높게 수행할 수 있다.

이상의 우수성과 컴퓨터 기술 진보에 따라서 현도작업은 수치현도 쪽으로 이행이 촉진되어 졌다. 아울러 설계부분도 설계지원 CAD나 해석지원 CAE(computer aided engineering)가 도입되어 설계정보도 수치화되어져 설계에서 현도 및 가공까지지가 일관된 정보로 처리하는 시스템이 개발되었다. 현도작업의 질적 변천에 따라서 제조부분에 속해있던 현도를 설계부분으로 옮긴 조선소도 증가하였다. 다만 작업자 부담이 경감되는 반면, 매뉴얼작업으로 습득된 지식이나 기술력 저하가 현안문제로 떠올랐다.

8.2 선체 현도

8.2.1 선체 현도 의의

선체는 복잡한 곡면으로 구성되어 있다. 이것을 표현하는 것이 선체곡선(lines)이고, 선체작업의 기초가 되는 것이다. 선체선도는 선체 단면의 선들의 집합체인 정면선도, 평면선도 및 측면선도로 그려지고, 초기 계화단계(計畫段階)에서는 선박의 주요치수, 각종 성능계수, 동형 선박의 사양, 모형실험 등에 의해 조정되어진 계화선도(計畫線圖)가 기본설계부터 선체치수표(offset)과 병기되어 그려진다.

현도작업에서 선도 작업 등은 개략적 정보인 계획 선도부터 공사용 선체선도를 작성하는 것이다. 공사용 선체선도에서는 프레임 라인, 시임(seam) 라인, 내부 구조선(構造線)에 의한 공사정보가 나타나 있고, 선수·선미나 주물과 결합하는 복잡한 형상도 상세하게 표현되어져 있다. 여기에서는 기본적인 선도 묘사방법의 흐름을 설명한다.

8.2.2 선체선도 기초

선도를 그리기 위한 기준선으로서 베이스 라인(B. L.), 워터 라인(W. L.), 버톡스 라인(B. L.), 스테이션 라인(S. L.), 포어 펜데큘러(F. P.), 애프터 펜데큘러(A. P.) 등이 있다.

베이스 라인은 기초가 되는 직선으로서 선체 중앙에서 킬(keel)의 상면을 통과하는 만재흘수선(L.W.L.)에 평행한 직선을 이용한다. 베이스 라인을 기준으로 수선(垂線)인 A. P.와 F. P.가 그려진다. F. P.은 만재흘수선과 선수재 앞쪽 끝단과 교점으로 베이스 라인에 수직한 직선이다. 또 A. P.은 타두재(舵頭材)중심을 통과하고, 베이스 라인에서 수직한 직선이다. 이것들의 기준수선 및 베이스 라인을 기초로 B. L.과 S. L.을 그린다.

S. L.은 횡단면, 즉 선체를 횡으로 절단시키는 방향의 선으로서 F. P.와 A. P.를 각각 10 등분(선수미와 같이 굴곡이 큰 장소에서는 2등분 또는 4등분)한 절단면과 선체의 교선이다. S. L.은 측면, 평면에서 보면 직선이지만 정면에서는 곡선이 된다. W. L.은 수평단면, 즉 만재흘수선에 평행평면에서 자른 선으로서, 측면과 정면에서 보면 직선이 되고, 평면에서 보면 곡선이 된다. B. L.은 선측 수직단면, 즉 측면에서 평행한 평면으로 자른 선으로서, 평면과 정면에서 보면 직선이 되고 측면에서 보면 곡선이 된다.

8.2.3 선도 페어링(fairing)

페어링은 선체를 표현하는 곡면 및 곡선이 매끄럽게 유선형이 되도록 조정하는 작업이다. 초기는 계획선도가 작성되고, 이 계획선도는 대략적인 선도이므로 상세한 생산전개를 시행할 때는 다수의 모순점이 발견될 수 있다. 그러므로 계획선도를 모순이 없는 평활 또는 원만한 선도로 조정할 필요가 있는데, 이 조정작업이 페어링이다. 페어링 작업을 할 때는 굽힘가공이 가능한 곡면을 고려할 필요가 있다.

8.2.4 구조 정면도

프레임 라인을 나타내는 선도에서 외판의 배치를 하기 위해서 구조 정면선도가 마련되어져야 한다. 구조용 정면도는 프레임 라인에서 선도가 그려지기 때문에 종통축(longitudinal), 사이드 거더, 이중저 마진 플레이트(margin plate), 선수미 구조내 사이드 스트링거(side stringer), 수평 거더(girder) 및 각각의 갑판 등의 선도를 선각구조도에서 구하여 그린다.

이 내부 구조선도에서는 실제 부재의 판 두께를 어느 쪽에 배치해야 하는가를 선각구조에서 중요하게 생각해야 한다. 내부 구조의 한쪽 면은 기준선을 몰드 라인(mold line)이라 부르고, 그림 8-1의 모양으로 몰드 라인과 판 배치 방향을 지시하는 것에 의하여 판 두께가 다른 부재를 결합할 때 두 개의 면사이 단차가 없이 수평적인 상태가 되는 측면과 판재에 골재를 붙이는 위치 등을 결정한다.

판 배치를 몰드 라인의 어느 쪽에 할 것인가는, 골재(骨材)의 부착위치를 고려하여 결정하는 경우가 많다 골재 부착면 등은 갑판이나 외판, 격벽 등의 판재에서 골재가 비교적 많이 배치되어 있는 면을 가리킨다. 두께가 다른 부재를 접합해야 하는 판에서는 골재의 부착면 단차를 만들지 않고 평편한 면으로 되는 방향이 몰드 라인(mold line)이 되는 편이 바람직하다.

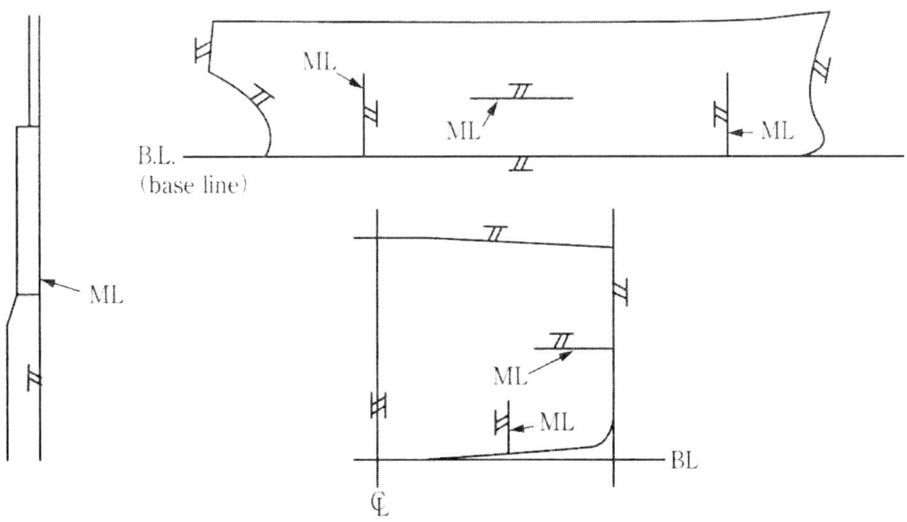

그림 8-1 몰드 라인과 판 배치

8.2.5 외판 랜딩(landing)

구조용 정면선도나 외판전개도 등을 기준으로, 공사용 선체선도에 시임(seam) 및 버트(butt)를 배치하는 것을 외판 랜딩이라고 한다. 이것을 할 때는 아래와 같은 유의점을 생각해야 한다.

- 탑재 시에 위치 결정을 용이하게 하도록 시임을 평행하게 한다.
- 부착 조건을 고려하여 만곡부를 피하고 평행부에 시임을 배치한다.
- 갑판 등의 위치를 피하고, 외관이 손상하지 않은 모양의 라인을 결정할 필요가 있다.

8.3 현도 전개

선체의 구조부재, 특히 외판에 접해있는 부분은 3차원 곡면으로 형상이 만들어지는 것이 많다. 이것들의 부재는 평평한 소재로부터 냉간·열간 가공에 의해 굽힘 하중을 부과하여 곡면이 형성된다. 결국 최종적인 곡면을 만들기 위해 구성하는 판재를, 평면에서 전개하고 평편한 소재의 형상을 도입할 필요가 있다. 현재는 이 전개방법 대부분을 컴퓨터에서 수행하는 것이 일반적이다. 여기서는 선체의 입체구조 절단면 투영도에서 그 형상을 평면으로 전개하는 방법 및 이것들의 작업과 공작법과의 관련성을 설명한다.

8.3.1 전개작업

현도 전개작업에서는 기하학이나 도학에 관련된 지식이 필요하기 때문에 전문적으로 교육을 받은 후 그 작업에 종사하는 것이 바람직하다. 이전에는 현척 1/10 및 1/50의 축척 등으로 그려졌기 때문에 전용공간을 설치하고 작화 공구를 이용하였지만, 컴퓨터 기술의 급속한 발달로 인하여 현도전개 작업의 환경은 크게 변하였다.

비교적 간단한 전개 부분은 선도나 랜딩이 데이터화 되어진 것에 의해 자동화가 이루어졌고, 간단한 조건 설정으로서 전개처리까지 가능하다. 전개 처리된 결과는 NC데이터로 활용되어진다. 외판 및 종통재(longitudinal frame)의 일품 전개, 흘수의 문자기입, 외판의 일품 굽힘모형이나 외판고정 지그의 전개 등이 해당한다. 선수·미와 같이 외형 변화와 굴곡이 심한 선체에서는 컴퓨터에 의한 작업이 곤란하기 때문에, 숙련작업자가 처리해야 하는 점과, 컴퓨터나 기계의 발전으로 전개도 작업자 부담이 경감된 반면, 정밀도가 높은 전개도를 작성하는 전문지식을 가진 숙련자들이 감소하여, 기술수준 저하가 우려되는 문제도 남아 있다.

8.2.3 외판 전개방법

선박의 외판은 구조용 정면선도를 기초로 평면에서 전개한다. 외판 전개에는 각 조선소 마다 다양한 종류의 전개방법이 사용되는 것으로 알려져 있고, 전개하고자 하는 외판형상에 따른 최적한 전개법을 선택하여 전개 처리를 한다.

현재는 컴퓨터를 이용하여 처리를 하는 것이 일반적이기 때문에 컴퓨터에서 대상 선박의 시임번호, 버트번호와 개선(groove) 등 필요한 정보를 입력하여 계산한다. 랜딩 데이터와 입력시킨 데이터를 기초로 강판을 전개처리 시킨 결과는, 판의 전개정보(전개 형상도 등)이나 판의 굽힘 가공을 위한 정보로 출력된다.

8.3.3 전개 판굽힘

전개시키는 정보는 절단 데이터나 전개도(현척 필름)가 되는 형태로 가공 작업장에서 출력되어 진다. 이것을 사용하여 굽힘에 필요한 기준선이나 보조선을 강판에 마킹하고 절단한다. 또 굽힘 가공에 필요한 굽힘 모형도 제작한다.

절단한 강판은 그 굽혀질 형상에 따라서 롤러 기계나 프레스 기계 및 요철작업 등으로 나누어져 가공한다. 그 순서나 작업방법은 숙련된 기능에 의하여, 작업시간이나 마무리 가공 정밀도가 큰 차이를 나타낸다. 근래는 숙련된 기능인력이 부족하기 때문에 굽힘 가공 기술을 수치화시키고, NC고주파 유도가열장치를 사용하여 가공하는 기술도 실용화되고 있다. 그렇지만 전개작업과 마찬가지로 굽힘가공도 전문지식이 필요하며, 우리나라 조선산업 발전을 위해서는 이와 같은 기술 전승이 향후 과제로 남아 있다.

8.3.4 현도작업 선각공작 주의사항

부재의 상세형상은 단순히 부재강도를 만족시키는 것만 아니라 공작이 용이하고 완전한 형상으로 만들 수 있는 것이 중요하다. 이를 위하여 구조상세 형상에 관해서는 회사내 표준 등의 상세규정을 두고, 현도작업 단계에서 이 규정을 적용시켜 상세형상을 결정할 필요가 있다.

8.3.5 용접 주의사항

용접선은 그 부근에 배치되어 있는 다른 용접선(모서리 용접을 포함)과의 관계를 고려하여 설정해야 한다. 만일 오류가 발생하면 효율적인 용접이 불가능해지고, 용접결함의 원인이 되므로 신중한 검토가 필요하다.

(1) 용접선 부근

그림 8-2부터 그림 8-4에 나타낸 것과 같이 용접선 접근은 단순히 용접작업이 곤란해지는 것뿐만 아니라 용접변형 발생이 쉬워, 용접부 균열발생 원인이 되는 경우도 있다.

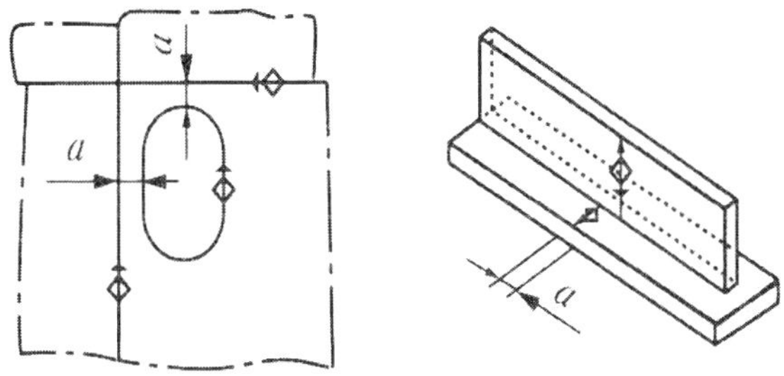

그림 8-2 맞대기 용접선 접근

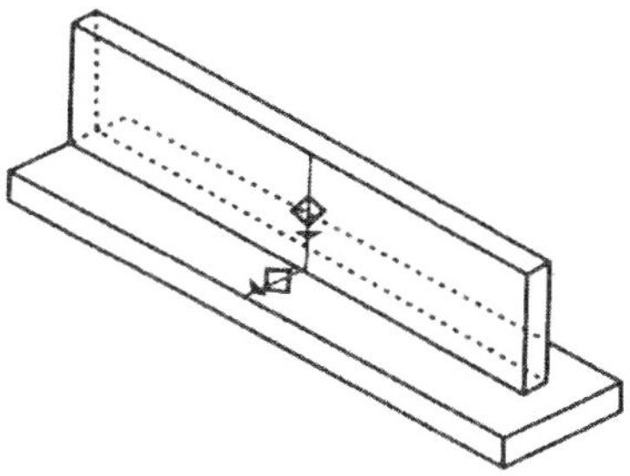

그림 8-3 선 한개 이음 용접

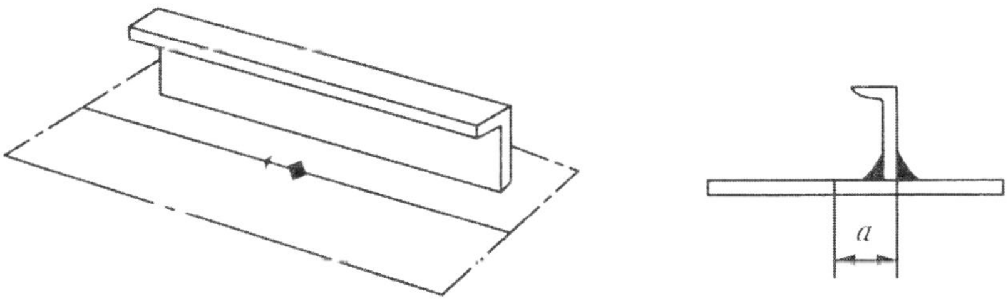

그림 8-4 맞대기 용접선과 모서리 용접선의 접근

(2) 용접선 교차부 상세

모서리 용접선과 모서리 용접선 또는 모서리 용접선과 맞대기 용접선의 교차부는 용접을 완전하게 수행하기 위하여 일반적으로는 스캘럽(scallop)을 설치한다. 수밀격벽(water tight bulkhead), 유밀격벽(oil tight bulkhead) 및 안전강도 상의 문제로 스캘럽의 설치가 허용되지 않은 장소에는, 그림 8-5와 같이 소형 스캘럽(최종적으로는 용접으로 매립)을 설치한다.

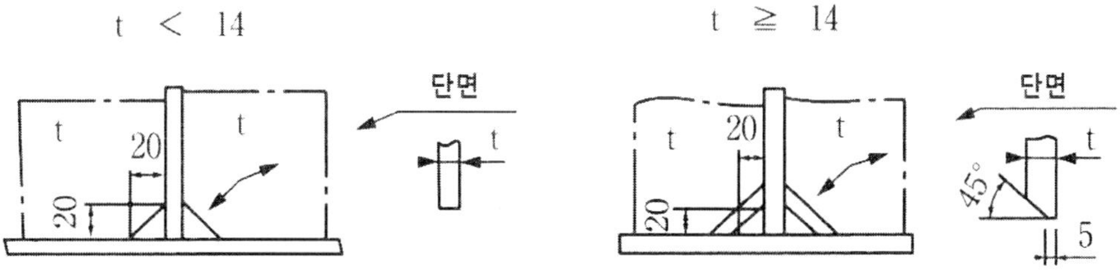

그림 8-5 용접 교차부에 소형 스캘럽 형상

각도	$a < 3mm$	좌측 그림 $a > 3mm$ 까지 $\theta > 45°$	$\theta \leq 45°$
Groove 형상	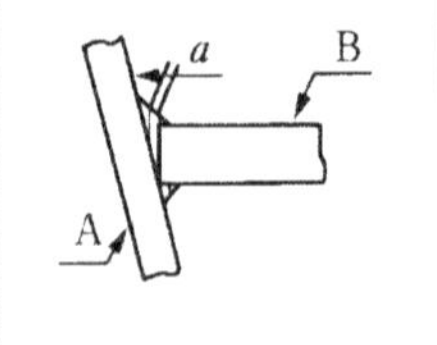	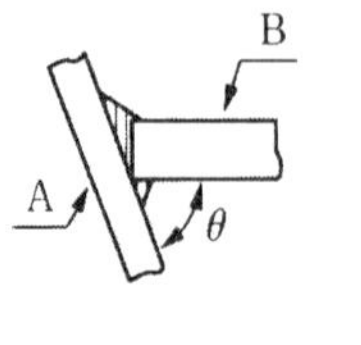	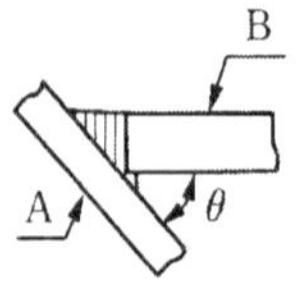 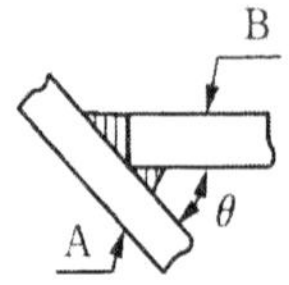

그림 8-6 부착 각도를 가진 모서리 용접부 상세형상

(3) 모서리 용접 개선(groove)요령

모서리 이음용접에서는 단순 모서리 용접과 개선(groove)을 설치한 두 가지가 있다. A부재에 대하여 B부재가 일정한 각도를 유지하면서 부착될 경우는, 완전한 용접을 하기 위해 부착각도에 따라서 모서리 용접부의 상세형상을 규정하고 있다. 모서리 사이 예를 그림 8-6에 나타냈다.

(4) 테이퍼 조정

판 두께가 다른 부재들을 맞대기 용접으로 접합하는 경우, 판 두께차이에 의해 그 위치에 작용하는 응력집중이 문제가 된다. 이것을 피하기 위해 그림 8-7과 같이 테이퍼(taper) 모양으로 형상을 조정하는 것이 필요하다.

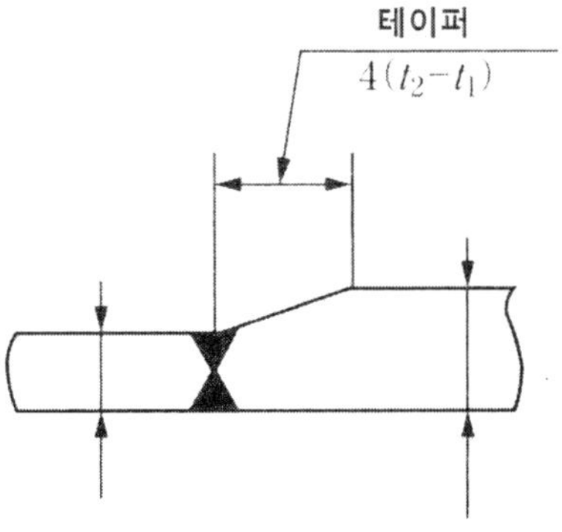

그림 8-7 테이퍼 조정

8.3.6 부재 끝단처리

일반적으로 형강, 면재 및 플랜지 플레이트(flange plate) 등의 끝단은 반대편 부재에 직접붙이는 경우를 제외하고 경사지게 자른다. 이것을 스닙(snip)이라 한다. 스닙 형상은 평강, 형강, 빌트 업(built up)재, 플랜지 플레이트 등에 의해 다르다. 그 형상 결정은 구조강도를 만족시키는 것이 전제되지만, 공작면에 의해 가공작업(마킹, 절단, 굽힘)이나 용접작업이 용이하고 또 완전하게 될 수 있도록 충분히 검토한 후 결정해야 한다. 그림 8-8과 그림 8-9에 그 실례를 나타냈다.

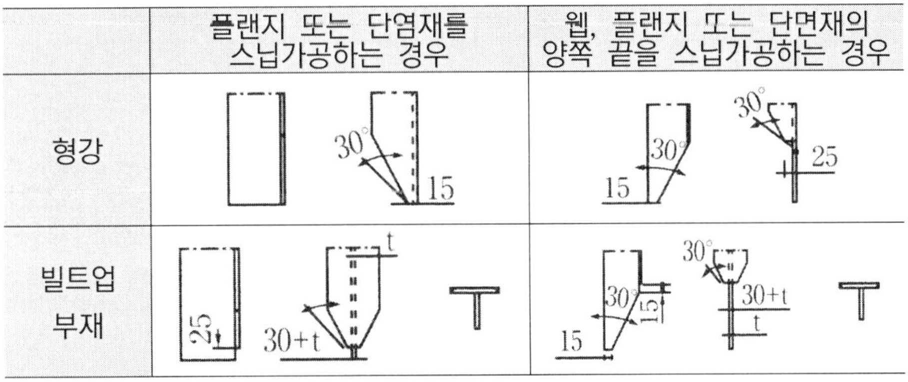

그림 8-8 형강, 플랜지 플레이트, 빌트 업재의 스닙 형상

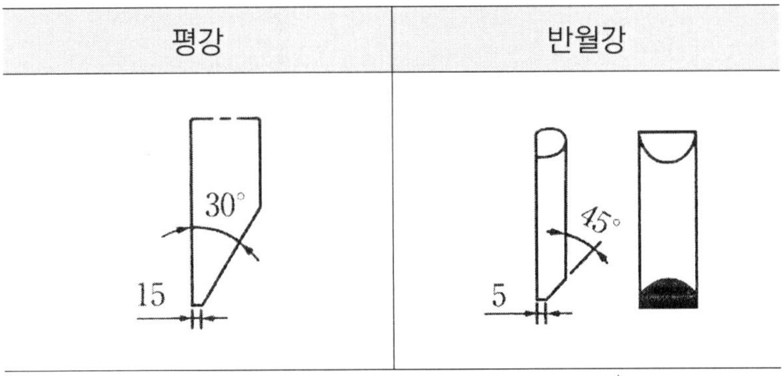

그림 8-9 평강, 반원봉의 스닙 형상

8.3.7 오려내기 구멍 주의사항

오려내기 구멍 종류는 많지만, 여기에서는 거더(girder), 트랜스 웹(transe web), 플로와(floor) 등을 관통하는 파이프, 전선, 종통재의 보강이 불필요한 오려내기 구멍의 한계 및 스캘럽 등에 관해서 서술한다.

(1) 보강이 필요 없는 오려내기 구멍의 한계

오려내기 구멍은 구멍을 만드는 장소와 구멍 크기 등의 두 가지 요소를 고려하여 막힘판, 이중판, 판두께 증대, 코밍(coaming) 등에 의해 보강이 필요하기 때문에 설계부서와 협의하여 현도작업을 수행한다.

(2) 물막이 홈

물 또는 기름 탱크 주위에는 그 구획과 다른 구획과의 물 또는 기름의 침입을 차단해야 하는데, 물과 기름 격벽을 관통하는 종통재(longitudinal) 등의 부재를 그림 8-10과 같이 물막이 홈 구멍을 설치하고 용접으로 완전하게 매립해야한 한다.

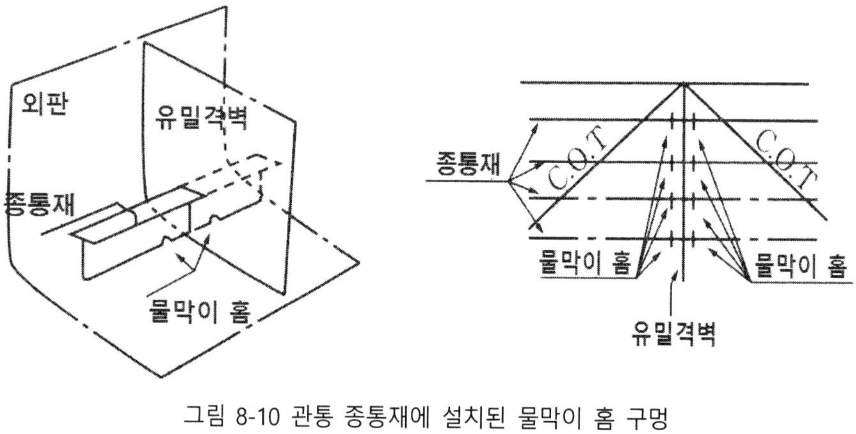

그림 8-10 관통 종통재에 설치된 물막이 홈 구멍

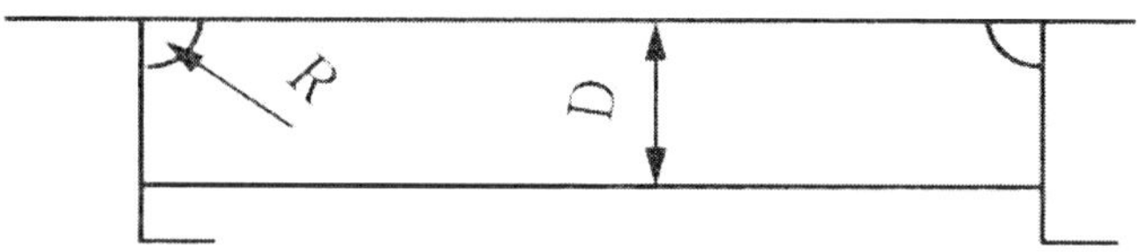

그림 8-11 갑판 밑면에 설치된 스캘럽(scallop)

(3) 스캘럽(scallop)

스캘럽은 부재가 용접선과 교차하는 장소에 설치되는 것으로서 일부는 드레인 홀(drain hole), 에어 홀(air hole)을 겸하는 것도 있고, 그 형상은 반원 또는 1/4 원 형태의 것이 많다. 드레인 홀을 겸한 것은 다소 큰 경우가 있다. 그림 8-11에 스캘럽의 예를 나타냈다.

8.3.8 플랜지 및 형강 굽힘가공

(1) 플랜지 구부리기

강판의 플랜지 구부리기는 프레스 기계에서 이루어지는데, 그림 8-12에 나타낸 굽힘부 R(굽힘 반경) 크기는 강판의 판 두께 t 에 따라서 다르고, 보통 2.5~3 t의 크기로 만든다. R 크기에 따라서 플랜지 부분에 부착되어지는 부재의 형상을 설정한다.

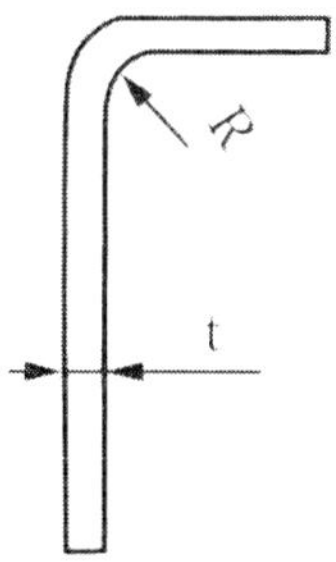

그림 8-12 플랜지 굽힘 단면

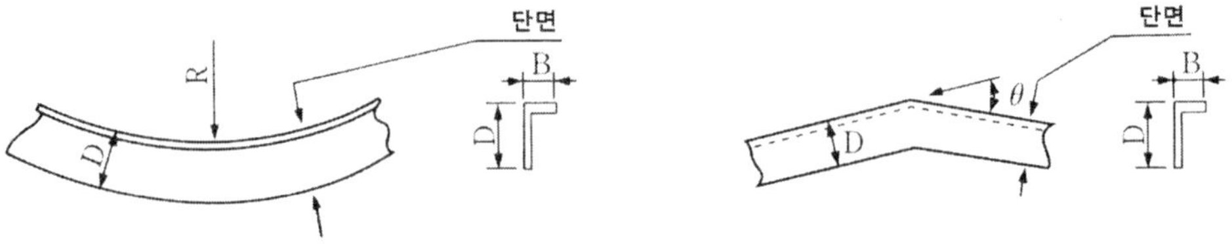

그림 8-13 형강 굽힘가공

(2) 형강 굽힘가공

그림 8-13(a)와 (b)에 나타낸 것과 같이 프레스 기계에 의해 형강을 R형상으로 굽혀 너클(knuckle)모양으로 만드는 경우, 굽힘 반경 R이 작을수록, 또는 너클 각도 θ가 클수록 구부리는 작업은 어렵다.

8.3.9 기타

(1) 부재형강 부가(付加)

도면 치수대로 부재모양을 절단하면, 굽힘 가공이나 용접작업, 운반 작업으로 형상 변형이 일어나는 것이 있다. 이러한 것들은 부재 형상을 부가하여 절단하고 그 후 공정에서 도면에 맞도록 형상을 가공하여 정확하게 만드는 경우도 있다.

1) 굽힘가공면에서 부재형상 부가

너클 라인에서 오려내기 구멍이 근접된 경우나, 강판 모서리와 너클 라인(KL, knuckle line)이 좁은 각도로 교차하는 경우에는 굽힘 가공이 곤란하기 때문에 그림 8-14와 같이 사선부(斜線部)를 남기고 절단하며 굽힘 가공 후 사선부를 절단한다.

2) 용접 작업면 부재형상 부가

이음새 끝부분이 곡선으로 되어 있는 장소에서 탭(tap)을 붙이는 경우, 탭도

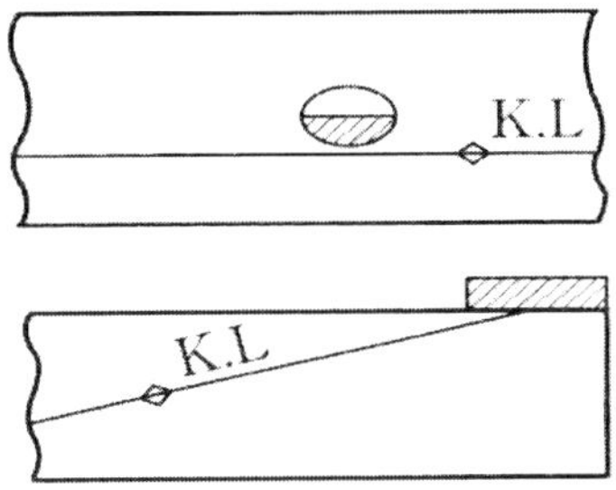

그림 8-14 굽힘 가공 부재 부가

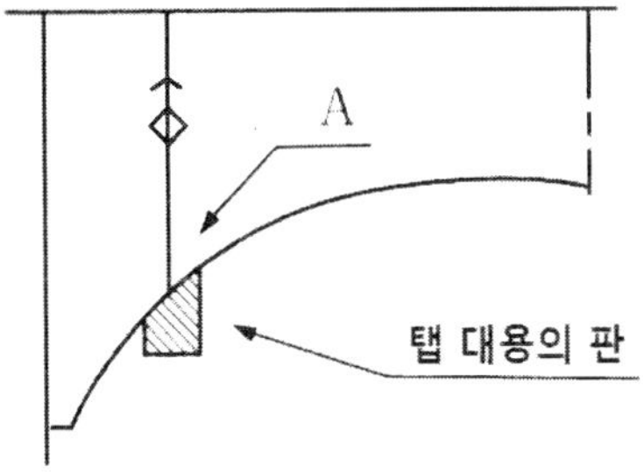

그림 8-15 이음부분 부재 부가

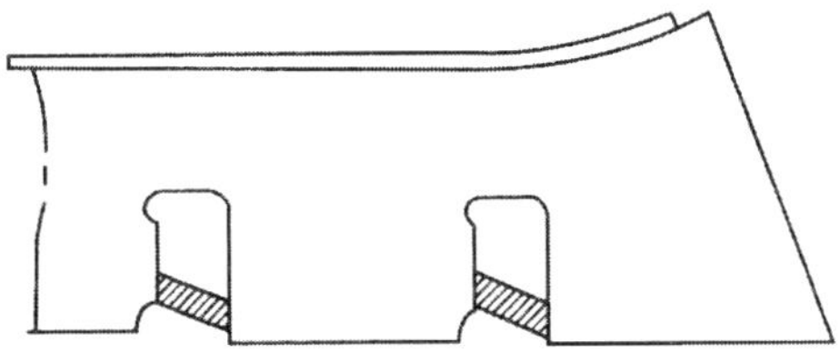

그림 8-16 운반작업 고려한 부재 남김

그 곡선에 합쳐지는 형상이 된다. 또 그림 8-15의 A부가 손상되기 쉽기 때문에 사선부를 부가시켜 용접 후에 절단하는 방법이 있다.

3) 변형방지를 위한 부재형상 부가

부재를 이동시키거나 또는 용접하는 경우는 슬롯(slot)부에서 변형을 하는 경우가 종종 있다. 이 변형을 방지하기 위한 수단으로 그림 8-16과 같이 슬롯의 밑부분(사선부)을 남기고 절단하고, 다음 공정에서 사선부를 절단하는 방법도 있다.

(2) 차월선(accuracy control mark)

차월선 등은 부재 절단 및 부착를 하는 치수를 확인하기 위한 수단으로서 그림 8-17에 나타낸 것과 같이, 판 모서리에서 50 mm 또는 100 mm의 간격으로 판 모서리와 평행하게 그린 선이다. 절단가공에서는 차월선을 기준선으로 절단하고, 차월선과 판 모서리 간격을 계측하여 절단오차를 확인한다. 또 그림

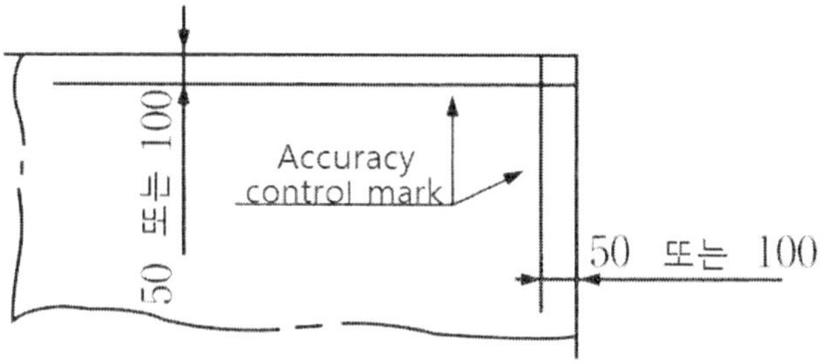

그림 8-17 절단부 차월선(accuracy control mark)

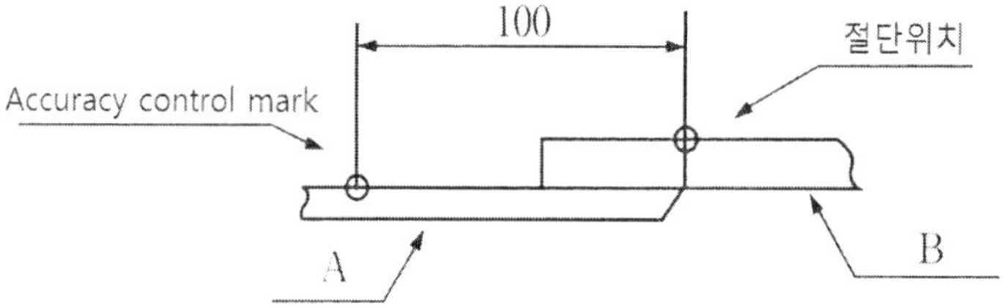

그림 8-18 부재 절단차월선(accuracy control mark)

8-18에 나타낸 것과 같이 상판에 있는 B부재를 A부재에 대해 맞추어 절단할 경우, 절단선 위치를 구하는 작업도 차월선이 이용된다.

8.4 현도 자동화

컴퓨터 하드웨어의 고성능화 및 처리용량의 대형화와 더불어 소프트웨어 이용 기술 향상과 보급에 의해 조선업계 현도작업에서 도입이 진행되고, 선체도면에 관한 여러 가지 전개 작업의 수치화가 추진되었다. 컴퓨터에 의해 선체 선도의 수치 페어링을 처음으로, 각종 내부 구조부재의 수치현도에 이르기까지 일련의 작업이 완성되고 내용의 충실도가 향상되었다.

동시에 공장내에서 FA(factory automation)가 수반되어 디지털 또는 전자화 되어진 정보를 그대로 생산현장으로 전송되고 수치화 정보로 그대로 자동기계에 의해 생산활동을 하는 CAM(computer aided manufacturing)시스템도 발전하였다.

그 후 컴퓨터 기술의 발달로 상용 소프트웨어 활용, 컴퓨터 다운사이징, 네트워크 기술 향상에 의해 시스템 효율화, 적용률 향상 및 각종 시스템 통합화가 진행되어 각 조선소에서 생산원가 절감요인이 되었다. 이러한 선박 설계 및 생산 작업의 자동화, 현재 상태에서 중요성과 더불어 향후에 지향하는 방향에 대하여 서술한다.

(1) 현도 자동화 경위

우리나라 조선업계는 다른 업계에 비교해 선구적으로 컴퓨터 기술도입 및 시스템 개발에 착수하였다. 조선분야는 전형적인 다품종 소량생산이며 조립 산업으로서 대규모이고 건조설비도 고정되어 있다. 이와 같은 특수한 상황에서 타 업계에서 사용하고 있는 기술을 도입하는 것은 곤란하기 때문에 각 조선소마다 독자적인 시스템을 개발하게 되었다.

(2) 2차원 CAD(Computer Aided Design)

현도작업에서 처음 시도한 것이 축척현도에서 2차원 CAD의 적용이다. 종래의 현척현도에서는 제도작업 그 자체가 전문기술이어서, 넓은 공간, 많은 작업시간을 필요로 하였고 작업 효율화가 곤란하였다. CAD를 도입함으로서 사용공간을 줄이고 작업시간 단축, 데이터 재사용에 의한 효율화를 목표로 하였다. 또 여러 부재 형상을 CAD내에 등록시켜 필요한 수치를 입력하는 것만으로 간단하게 부재 데이터를 작성시키는 프로그램을 개발하여 효율화를 실현하였다.

(3) 네스팅(nesting)

NC 절단 데이터를 구성하는 공정에서는 CAD로 작성되어진 부재의 일품 데이터를 강판위에서 어떤 모양을 효과적으로 절단할 수 있겠는가를 결정하는 네스팅이 중요하다. 이 작업의 성과에 따라 선박 전체에 가장 큰 생산원가인 강판 재료비가 크게 변동을 받기 때문에 네스팅이 생산단가에 미치는 영향이 지대하여 매우 중요한 작업이다. 그리고 100,000개 정도 부재들의 조합은, 무한개의 경우 수가 존재하여 인간 두뇌작업으로는 한계가 있다. 그러므로 네스팅 작업으로 인공지능(AI, artificial intelligence)을 도입하는 것에 의해 효율화를 도모할 수 있다. 네스팅에 필요한 규정을 모두 컴퓨터 프로그램에 담아 가능한 많은 조합을 시뮬레이션하고, 최적한 결과에 근접한 해를 구하는 시스템을 개발하는 것이다.

최근에는 유전적 알고리즘(GA, genetic algorithm)등의 최적화 기술을 도입하여 보다 빠르게 효과적인 근사치 해답을 구하는 것이 가능하게 되었다.

(4) 공장 자동화(FA, factory automation)

공장 내에서 FA가 이루어져 작동 기계를 움직이는 데 필요한 데이터로 현도가 작성되며, 조선소 현장에서 순차적으로 진행하면서 선박을 조립하는 방법이 확립되어 졌다. 주로 NC절단에서 데이터 공급을 중심으로 굽힘 가공정보, 옵셋 지그(jig)정보, 소 조립·대 조립 및 용접로봇 정보 등의 데이터 공급으로 적용범위가 확대되어 졌다. 초기에는 이동저장 메모리 등을 이용한 기억장치에 의해 오프 라인(off line)방법으로 공급으로 되었지만, 네트워크 기술진보에 따라 공장 내에 LAN(local area network) 케이블을 도입하여 온 라인(on line) 데이터 공급이 실현되었다.

(5) 수치처리 페어링

선박의 기본설계에서 작성되지는 않지만, 선수·미 형상을 평활하게 하는 페어링 시스템화도 발달되었다. 기본설계의 성능설계 단계에서 선박 전체를 개략선도로 그리는 것이 가능하지만, 선수미 끝단부의 상세한 형상을 표현할 정도의 정밀한 시스템은 없고, 작업자에 의해 수작업으로 많은 시간을 소요하면서 작성하였다. 유선형 선체 곡면을 다루는 시스템들의 진보에 의해 페어링 시스템이 도입되어져 어려운 현측 곡면도 용이하게 표현할 수 있게 되었다. 현재에는 기본설계 단계에서 선수와 선미까지 작성가능하기 때문에, 현도작업과 구별이 존재하지 않는다.

(6) 통합시스템과 CIM(computer integrated manufacturing)

각종 시스템 발달로 인해 각 조선소에서 독자적인 통합시스템을 개발하였다. 이것들은 거대한 데이터 베이스를 기본으로 2차원 데이터를 핵심으로 다루는 현도 작성 이후를 중심으로 한 시스템이었다.

각 작업에서 특화되어진 개별적 시스템이 되었으나, 막대한 데이터를 다른 시스템을 위해 변환하는 시간이나, 같은 데이터를 다른 시스템에서 재구성하는 번거로움이 큰 문제가 되었다. 이것을 해소하기 위해 각 스테이지(stage)에서 구축되어진 데이터를 데이터베이스에 등록시키고, 그것을 다른 시스템과 호환하여 사용함으로서 효과적으로 데이터 공유를 할 수 있게 되었다. 이러한 시스템 발달로 인해 각 조선소 등에서도 현도작업이 데이터 입력 작업으로 급속하게 변화와 작업 효율화가 진행되었다. 현재 많은 조선소에서 이러한 시스템을 현도시스템 중심으로 널리 활용하고 있다. 그러나 이러한 시스템에서는 아래와 같은 문제점이 존재하는 것도 사실이다.

① 거액 개발비와 유지비

② 호스트를 중심으로 한 시스템의 다운 사이징

③ 비대한 데이터 입력 시스템

④ 오래된 개념의 소프트웨어를 사용에 의한 threh, 상세도, 신뢰도, 용량 부족 등을 들 수 있다. 이러한 문제점을 해결하기 위해 새로운 시스템 구입 및 개발 또는 기존 시스템의 사용률 향상시키는 등의 대책을 강구하고 있다.

이상적인 개념은 컴퓨터 통합생산(CIM, computer integrated manufacturing)이다. 조선업계에서는 타 업계보다 선구적으로 그 중요성을 인식하고, 대형 조선소를 중심으로 시스템을 구축하고 노력하였다. 그 시스템은 프로덕트 모델(product model)이라는 3 차원 형상정보는 물론이고, 형상이외 다종 다양한 제품정보에서 정의된 모델을 중심으로, 많은 어플리케이션 시스템을 통합한 시스템이 되었다.

한편, 많은 CAD 벤더들도 3차원 형상을 다루는 조선설계 시스템을 구축하고 3차원 형상 모델을 베이스로 현도시스템의 보급이 급속도로 확대되고 있다.

8.5 현도 시스템 전개와 고도통합 시스템

앞에서 서술한 조선분야 CIM 개념을 현실화하기 위한 여러 가지 노력이 적극적으로 이루어져야 한다. 현재 3차원 CAD를 중심으로 한 CAE & CAM이 선박설계에서 생산까지 모든 것을 컴퓨터를 이용하여 통합시키는 시스템 구축이 시도되고 있다. 여기에서는 조선에 필요한 정보시스템의 중심을 담당하는 현도시스템 전개와 정보 시스템 고도화에 따른 신속하게 전개하는 통합 시스템의 장래와 기대에 관해서 논의한다.

(1) 선각과 의장의 일체화

종래 시스템은 선각과 의장이 개별적으로 발전해 왔다. 선각구조가 결정되어지면 의장품의 배치가 이루어지고, 또 의장품 배치가 결정되면 고정부착 위치가 정해지므로 상호간 밀접한 관계를 가지고 있었다. 종래 개발시스템에서는 상호간 정보를 교환하는 것이 큰 문제를 수반하였고, 만족스런 검토가 이루어지지 못한 상태가 되면 설계가 진행되지 못하는 상황이 발생하였다. 그러므로 선각과 의장의 양쪽을 일체화시키는 시스템 개발이 큰 과제가 되었다.

(2) 정보 공유

선박 설계 및 검토를 할 때 한 사람이 실시하는 것은 불가능하기 때문에 실제로는 다수 작업자가 같은 배에 관하여 검토를 하고 있다. 어느 작업자가 검토한 결과가 다른 작업자의 검토 결과와 상이한 대답을 도출하는 경우도 많이 발생한다. 그러므로 작업자들의 정보가 실시간으로 교환되고, 어느 작업자가 도출한 결과를 다른 작업자가 수신하며, 상호간 작업 정합성과 일치성을 도모하기 위해 협조와 소통을 하는 작업환경을 만들어서, 검토 작업 정확성과 신속한 검토수행이 이루어지는 것이 바람직하다.

(3) 초기설계

현재 상황은 각 조선회사가 보유하고 있는 현도 이후의 상세설계 시스템에 관해서는 대단히 우수하고 적용율도 높다. 상세설계 단계에서 기존 데이터는 변경의 여지가 많아, 시뮬레이션에 의한 검토효과는 기대할 수 없다. 실제의 시뮬레이션에 의한 검토가 효과를 발휘하는 것은 초기설계 단계이다. 또 데이터를 고정시키지 않은 초기단계에서 사용함으로서, 보다 다양한 케이스나 경우를 신속하게 검토하는 것이 가능하기 때문에 효과 높은 설계안을 도출하는 것이 가능하다.

(4) 프로세스 모델(process model)

현재 조선업은 소수의 숙련 작업자에 의하여 운영되고 있다고 하여도 과언이 아니다. 숙련자 사고개념을 유형의 전문지식으로 남기는 것이 각 조선소의 큰 과제이다. 통상적으로, 검토 결과는 도면이나 데이터로 남고, 그것에 이르기까지의 검토사항이니 시고방식에 대한 근기는 기의 남지 않는다. 그리므로 CIM에서 프로덕트 모델을 구축할 때는 그것을 구축하기 위한 검토단계 데이터나 사고방안의 진행과정 프로세스도, 같은 모양으로 보관하는 프로세스 모델을 생성시키는 것이 중요하다.

(5) 최적화(optimization)

선박 설계나 계획단계에서 여러 가지 아이디어의 비교·검토가 반복되면서 보다 좋은 검토 작업이 이루어진다. 그러나 각각의 아이디어는 장단점이 있고, 어느 쪽의 아이디어가 실제에 유력하는가를 검토하는데 시간이 걸리기 때문에, 실제에는 중요한 요소들만 검토하고, 감안하여 진행하는 것이 많아 가장 최적한 해를 얻는 것은 어려운 일이다. 그러나 복수의 아이디어 중에서 비교대상이 되는 요소를 변수(variable)나 파라메터(parameter)로 하고 전제가 되는 경계조건(boundary condition)의 가운데에서 어느 아이디어가 최적인가를 계산하여 도출시키는 최적화 프로그램은 바람직하다. 파라메터나 경계조건의 설정 방법이 어렵지만, 종래에 시간이 없어 검토 곤란했던 항목에 대하여 최적해가 구해지는 유효한 수단이 되고 있다.

(6) 공작법 검토

종래 시스템은 선박을 갑판 위에서 선체형상을 만들고, 그것들의 여러 가지 의장품을 부착하는 것에 의해 만들어졌다. 그러나 실제에 선박을 건조할 때는 선체를 대 조립·소 조립 블록으로 나누고 그것들이 여러 가지 모양을 취하고 각종 라인에 맞추어져 조립하여 완성되어 진다. 따라서 설계되어진 배의 모델 선박을 조선소에서 제작하는 경우, 어떠한 공법으로, 어떠한 형상의 블록으로 나누고, 어떤 라인에 맞추어 제작할 것인가를 정확하게 정의함으로서 보다 실제에 부합하는 정보를 취득하는 것이 가능하다.

(7) 공장 모델

각종 철판과 부재의 공작법을 치열하게 검토하는 과정에서, 선박을 건조하기 위한 최적한 방법을 얻게 된다. 그러나 실제 조선소에서는 여러 대의 배가 동시에 건조되고 있기 때문에 이것을 가장 효율좋게 건조하기 위해서는 각 선박에 대한 최적해를 구하는 것은 아니고, 각 공장에서 어떠한 최적해를 구할 것인가가 중요하다. 그러므로 공작법이 정의되어진 배의 모델을 다양하게 다루면서, 각각의 공장의 상황에 따라 최적해(optimal solution)를 구하는 공장 모델이 필요하다.

(8) 공작부재와 도면의 자동 넘버링

선체 공작도를 검토한 것을 구체화시키고, 개개의 부재 전부에 대하여 최적한 공작법을 결정하려면 생산설계도에 있는 전체의 공작 부재와 도면에 대해 자동 넘버링(numbering)을 해야 한다. 이것을 작업원이 일일이 하는 것보다는 컴퓨터나 기계를 이용하여 자동으로 하는 것에 의해 부재 착오를 방지하고 넘버링의 수고를 덜어주는 효과가 있다.

(9) 정밀도 모델

요사이 선박제조법에서 매우 중요한 항목으로서 블록 정밀도가 주목되고 있다. 블록 제작이나 탑재 시 효율화를 위해서는 치수 정밀도 향상이 크게 관여하고 있다. 설계 시에 제작된 선박 모델에 대하여 용접에 의한 변형예측을 고려한 것과, 실제에 만들어진 블록형상을 계측한 데이터을 비교하여 어떤 것이 좋은가, 어떤 것이 문제가 되는가를 분석할 수 있다.

또 탑재 블록 완성형상의 계측 데이터에서, 탑재 시에 어떠한 자세로 탑재되면 적절하고 근접한 상태가 되겠는가를, 선박 데이터를 기초로 미리 해석해 보는 탑재 시뮬레이션 프로그램이 마련되고 있다.

(10) 수명 사이클(life cycle) 지원

선박의 제작은 선주에게 배를 인도함으로서 끝나는 것이 아니고, 그 후 정기검사나 수리를 포함하여 배 수명이 다할 때까지 지원하는 것이 선박제조 이상의 부가가치를 창출할 수 있다.

구체적으로는 항해 중에 선체에 부과되는 하중을 근거로 선박에 작용되는 다양한 종류의 응력거동을 실시간으로 모니터링하여 선박 구조의 건전성 평가와 장기적 해수부식에 의한 선체 현측판 두께의 경년열화를 예측하기도 하고, 정기검사 시 수리상황을 예측할 수 있게 된다. 그 때문에 설계 시에 구축한 프로덕트 모델이나 그 해석결과를, 취항 후 모니터링 결과를 중첩시켜 선박 수명 사이클에 대한 적절한 조치 등을 고려할 수 있다.

연습문제

(1) 현도에 대한 아래 질문에 답 하시오.

1) 현도작업 내용을 열거하시오.

2) 축척현도 등은 어떠한 의미인가.

3) 현도 자동화 의의에 대해 고찰하시오.

(2) 그림 8-19에 나타낸 것과 같이 두 평면이 교차되는 단면이 있다. 횡(수평) 부재가 관통되어진 경우와 세워진 부재가 관통되어진 경우가 있는데, 각각 판붙이기를 고려하여 그림 8-8과 같이 판 끝단부 상세도를 나타내시오.
다만 $a < 3$ mm이고 각각 4 가지 경우이다.

(a) 횡부재 관통 **(b) 입형부재 관통**

그림 8-19

(3) 전개법은 아래와 같이 여러 가지가 존재한다. 각 전개법에 관하여 조사하고 아래의 A, B, C에서 가장 적절한 적용 장소를 선택하시오.

전개법 : ① 측지선 전개법 ② 기선 전개법

적용장소 : A 여유가 적은 장소

B 커브가 급격하게 변하는 장소

C 여유가 있는 판의 전체

(4) 그림 8-20에 나타낸 구조물을 적당한 현척으로 입면도와 평면도를 그리고 전개 도형을 작도하시오.

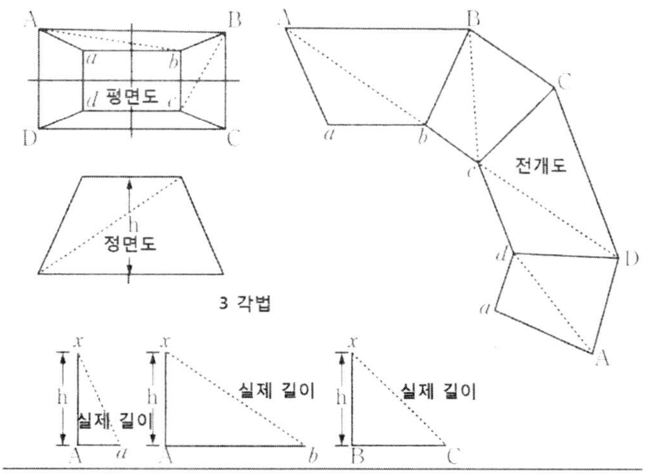

그림 8-20

參考文獻

第1章 總論

[1.1] 日本造船學會 工作法研究委員會編 : 新版 鋼船工作法, 産報出版, 1975.

第2章 船體工作法

[2.1] 鎔接學會編 : 第2版 鎔接·接合便覽, 丸善, 2003

[2.2] 鎔接協會ガス溶斷部會編 : 要說 熱切斷加功のQ&A, 鎔接協會, 2008

[2.3] 中西 實 : やさしいガス切斷, 産報出版, 1971

[2.4] 日本鎔接協會編 : プラズマ切斷の基礎と實際, 産報出版, 1983.

[2.5] 浦井直樹 他 : Q&A レーザ加功, 産報出版, 1993

[2.6] 新井武二 他 : レーザ加功入門シリーズ, レーザ切斷加功, マシニスト出版, 1994

[2.7] 丹後義彦 他 : 線狀加熱自動鋼板曲げシステムの實船適用: システムの概要と適 用實積, 日本造船學會 論文集(193), 2003. pp.85-95

[2.8] 石山隆庸 他 : FEMを應用した線狀加熱自動化の實用化研究, 日本造船學會 論 文集(180), 1998. pp.335-342

[2.9] 石山隆庸 他 : FEMを應用した線狀加熱の精度向上の試み, 日本造船學會 論文集(180), 1998. pp.731-738

[2.10] 松岡一祥 他 : ぎょう鐵作業と曲面の展開, 日本造船學會 講演會論文集 第3 號, 2004, pp.103-104

[2.11] 松岡一祥 他 : ぎょう鐵: 船舶の自由曲面を作る咸臨, 日本船舶海洋工學會誌 (22), 2009, pp.15-20

[2.12] 中尾 學" 船舶の塗料と塗裝, 船舶技術協會, 1988

[2.13] 神浦 眞帆 : 塗裝·防蝕の現狀-船舶塗裝の特色-Techno marine(866), 2002, pp.13-18

[2.14] IMO Resolution MSC. 215(82) : Performance Standard for Protective Coatings (IMO/PSPC), 2006.

[2.15] 日本海事學會 : IMO塗裝性能基準に關するガイドライン, 2010

[2.16] 日本造船研究協會 : 塗裝前鋼材表面處理基準 STANDARD FOR THE PREPARATION OF STEEL SURFACE PRIOR TO PAINTING(SPSS), 1984.

[2.17] Japan Ship Technology Research Association : Standard for the Preparation of Steel Substrates for PSPC-2008(SPSS for PSPC), 2008.

[2.18] 鎔接學會編 : 新版 鎔接·接合技術特論, 産報出版, 2005

[2.19] 鎔接學會編 : 新版 鎔接·接合技術入門, 産報出版, 2008

[2.20] 日本鎔接協會 船舶·鐵構海洋構造物部會編 : 新版·造船鎔接施工ハンドブック, 1999

[2.21] 日本鎔接協會 船舶·鐵構海洋構造物部會編 : 鎔接の管理用語, 1999

[2.22] 渡邊 正泰 他 : 第9回 朝鮮技術者社會人教育·塗裝ユーステキスト, 2009

第3章 工場設備

[3.1] 宮崎 建雄, 中島 義男, 中東 博 :造船における水素ガス 切斷の評價事例, 日本 造船海洋工學會誌 , Vol 22, 2009, pp. 2-9

[3.2] 藤村 淸文 他 : 線狀加熱自動鋼板曲げシテムの效率化, IHI技報 Vol. 49 No. 1, 2009

第4章 生産管理

[4.1] 塹江淸, 澤田善次郞 : 生産管理 總論, 日刊工業新聞社, 1998, pp. 29.

[4.2] 日本造船學會 鋼船工作法研究委員會編 : 造船技術シリーズ(船殼編)第一卷, 船 の建造および工作法槪要, Ⅳ船の生産システム, 産報, 1971, pp. 17-47

[4.3] 日本小型船舶工業會, 通信教育造船科講座, 工場管理

[4.4] 奧本泰九 : 造船技術と生産システム, 成山堂書店, 2010, pp. 41-42, pp. 57-61.

[4.5] 日本小型船舶工業會, 通信教育造船科講座, 船體工作法, pp. 18-21

[4.6] 關根智明 : PERT·CPM, 日科技連, 1965, pp1-40.

第5章 品質管理

[5.1] 眞壁 肇：經營工學講座7 品質管理, 朝倉書店, 1974. pp.1, pp. 97

[5.2] 山岡 照美 ： メカトロエンジニアリング(7) 品質管理, パワー社, 1994, pp.11-14

[5.3] 奧本泰九：造船技術と生産システム, 成山堂書店, 2010, pp. 219

第6章 進水工作法

[6.1] 山野 惟夫, 齊藤泰夫 ：船體に働く風壓力の-推定法, 關西造船協會誌, 228, 1997, pp. 91-100

[6.2] 藤原 敏文, 上野道雄, 二村 正 ：船體に働く風壓力の推定, 日本造船學會誌 183, 1998, pp.77-90

第8章 現圖

[8.1] 日本中小型造船工業會 ：造船現圖指導書-現圖展開-, 1996

[8.2] 日本中小型造船工業會 ：造船現圖指導書-原寸型·定規-, 1996

[8.3] 日本中小型造船工業會 ：造船現圖指導書-數値現圖-, 1996

[8.4] 上田 幸雄, 村川 英一 ： 知能化 高精度加功技術への課題, 第2會「新しい造船學シンポジウム」 p.115, 1992.

[8.5] 野崎 修一：關西造船協會誌, 造船の知慧袋3.「船體を覆う外板はどのようにして作られるのでしょうか」第54號 2002, p.33

[8.6] 野崎 修一 ：關西造船協會誌, 造船の知慧袋5.「船體を覆う外板はどのようにし て作られるのでしょうか-その2」第55號 2002, p.27

[8.7] 佐ヶ木文夫 ： 造船におけゐシステム技術(その3)-數値現圖-, 日本造船學會誌, 第629號, 1981.

[8.8] 伊藤 健 ： 造船 CIMにおけゐ生産管理について, 工作法研究委員會シンポジウ ム 21世紀を拓く 造船技術, 2000

[8.9] 西村 眞司：建造法の將來像·夢 94新しい造船學シンポジウム, 1994

[8.10] 鈴木博之：造船におけゐシステム技術の動向, 日本造船學會誌 773號

[8.11] 野本 敏治：Simulation Based and Manufacturing 96新しい造船學シンポジウ ム , 1996

찾아보기

ㅈ

ㅊ

ㅋ

ㅌ

ㅍ

ㅎ

선박공작법

2018년 2월 25일 초판 인쇄
2018년 3월 01일 인쇄 발행

저 자 오쿠모토 야스히사
역 자 김옥삼
발 행 인 송기수
발 행 처 도서출판 GS인터비전
편 집 처 도서출판 GS인터비전
인 쇄 처 대명프린팅
등록번호 제 25100-2016-000050 호
I S B N 979-11-5576-197-7(93530)

주 소 서울 은평구 증산로 15길 69 2층
전 화 02-976-7898
팩 스 02-6468-7898
홈페이지 gsintervision.co.kr
E-Mail gsinter7@gmail.com

정 가 26,000원